襄阳汉江经济带
生态环境保护规划研究

万 军 秦昌波 熊善高 路 路 张南南 等 编著

中国环境出版集团·北京

图书在版编目（CIP）数据

"襄阳汉江经济带生态环境保护规划研究/万军等编著.
—北京：中国环境出版集团，2020.4
ISBN 978-7-5111-4254-2

Ⅰ．①襄… Ⅱ．①万… Ⅲ．①生态环境－环境规划－研
究－襄阳 Ⅳ．①X321.263.3

中国版本图书馆 CIP 数据核字（2019）第 294933 号

出 版 人	武德凯	
责任编辑	林双双	
责任校对	任　丽	
封面设计	艺友品牌	

出版发行	中国环境出版集团	
	（100062　北京市东城区广渠门内大街 16 号）	
	网　　　址：http://www.cesp.com.cn	
	电子邮箱：bjgl@cesp.com.cn	
	联系电话：010-67112765（编辑管理部）	
	发行热线：010-67125803，010-67113405（传真）	
印　　刷	北京建宏印刷有限公司	
经　　销	各地新华书店	
版　　次	2020 年 4 月第 1 版	
印　　次	2020 年 4 月第 1 次印刷	
开　　本	787×960　1/16	
印　　张	27.5	
字　　数	400 千字	
定　　价	138.00 元	

中国环境出版集团郑重承诺：
中国环境出版集团合作的印刷单位、材料单位均具有中国环境标志产品认证；
中国环境出版集团所有图书"禁塑"。

汉江是长江最大的支流，汉江流域自然资源丰富、经济基础雄厚、生态条件优越，是我国重要的粮食主产区和生态功能区，历史上是我国西部高原通往中部盆地和东部平原的五大走廊之一，现在是连接长江经济带和丝绸之路经济带的一条战略通道。为深入贯彻落实国家长江经济带重大战略部署和习近平总书记关于推动长江经济带发展一系列重要讲话精神，贯彻落实湖北省委对襄阳提出的打造"一极两中心"重大决策部署，积极对接汉江生态经济带发展规划和国家重大利好政策，体现襄阳以"最大作为"担当起"最大支流"高质量发展的时代重要任务与政治担当，襄阳市委、市政府决定开展《汉江生态经济带襄阳沿江发展规划》的编制工作，用于指导规范汉江的保护、整治、利用与管理工作。

《汉江生态经济带襄阳沿江发展规划》包括1个总规划和7个专项规划（空间总体布局、生态建设与环境保护、水资源综合利用、综合交通运输、城镇化建设、产业发展、文化旅游）。在汉江生态经济带襄阳段沿江区域生态建设与环境保护专项规划的研究中，系统谋划了生态环境"共抓大保护"新格局，构建了"三线一单"生态环境分区管控体系，通过"三水统筹"来严保一江清水，重点加强山水林田湖草系统保护与修复，联防联控开展环境综合治理，加快形成绿色低碳生产生活方式。此外，通过谋划实施项目，加强生态环境保护的项目支撑。

本书的核心内容是基于生态环境分区管控的小区域生态环境保护研究的技术方法和具体案例，可以概括为：严守生态功能保障基线，强化生态保护红线刚性约束和非生态保护红线生态空间的弹性管制；严守环境质量安全底线，确保汉江干流水质保持Ⅱ类，支流水体达标进入汉江，主要农产品产地土壤环境安全得到基本保障，大力提高环境风险监测预警及处置能力；严守自然资源利用上线，按照"资源节约和保值增值"的要求，实行用水总量控制和定额管理，保障汉江及其重要支流最小生态流量；实施环境准入负面清单管理，以改善水环境为核心、协同推动"一江五河"（汉江、南河、北河、小清河、唐白河、蛮河）保护与治理为重点，推进实施流域水环境分类管控指引，划分水源保护、水源涵养、工业源、农业面源、城镇生活源五类水环境管控区，制定沿江区域环境准入负面清单管理制度。

本书研究内容与正式颁布的《汉江生态经济带襄阳沿江发展规划》有细微差异，相关内容供有关政府部门和研究机构参考。

研究过程中，我们得到国家发展和改革委员会宏观经济研究院、襄阳市人民政府和各区县人民政府、各市直部门的大力支持，在此表示诚挚的感谢。

全书由万军、秦昌波确定总体思路、基本框架和研究提纲。全书共分为11章，第1章由李新撰写；第2章由容冰撰写；第3章由熊善高撰写；第4章由熊善高、容冰撰写；第5章由路路撰写；第6章由张南南撰写；第7章由路路撰写；第8章由苏洁琼撰写；第9章由容冰撰写；第10章由路路撰写；第11章由熊善高撰写。全书由熊善高负责统稿，秦昌波负责定稿，熊善高负责图件制作。

由于编者能力有限，书中不足在所难免，恳请广大读者批评指正。

编　者

2019 年 11 月

目　录

第1章

背 景 介 绍

1.1 汉江生态经济概况

汉江是长江最大的支流,汉江流域自然资源丰富、经济基础雄厚、生态条件优越,历史上是我国西部高原通往中部盆地和东部平原的五大走廊之一,现在是连接长江经济带和丝绸之路经济带的一条战略通道。汉江连接关中城市群、中原经济群和长江中游城市群,沟通丝绸之路经济带和长江经济带,是长三角、珠三角等地区经济能量向中西部和北方地区扩散和辐射的"二传手",是西北、华北等地区能矿资源和生产要素向中南、华南等地区转移和交流的中转站。在中国深入推进西部开发、东北振兴、中部崛起、东部率先发展的区域发展总体战略中,在实施"一带一路"、京津冀协同发展、长江经济带三大战略中,在统筹东中西、协调南北方,构建各具特色、协调联动的区域发展格局中,汉江经济带发挥着承东启西、呼应南北的枢纽作用,具有十分重要的战略地位。作为南水北调中线工程水源地,汉江经济带还是中国重要的绿色生态屏障,是维护中国用水安全的重要力量。区域内生物资源丰富,是国家重要的生物基因库,是我国生物多样性优先保护区域集中分布地带;矿产资源有近百种,其中锌、钒、钛、磷、银、锑、铼、水晶、萤石、钾长石、耐火黏土、重晶石等储量大、质量优。同时,作为汉朝发祥地,汉江生态经济带孕育和滋养的汉水文化、荆楚文化,在缔造和发展中华文化的过程中影响巨大,是中华文化的重要发源地之一,产生了许多人文历史与自然风情交相辉映的文化旅游资源。经济带农业较为发达，其中安康盆地、南襄盆地和江汉平原，耕地连绵宽广，是我国主要的粮食生产基地之一。经济带水产品、棉花、肉类、油料、粮食等主要农产品产量占陕西、河南、湖北三省总产量的 25%～40%。此外，经济带制造业特色明显，其工业体系涵盖了从原材料到精深加工的多个领域，部分行业已形成了一定的优势和特色，在国内或中西部地区具备较强的竞争力和品牌影响力。

多年来，汉江生态经济带在经济和社会发展中面临一系列突出问题，如生态环境保护形势严峻，南水北调中线工程实施后，丹江口库区及上游地区水污染治理和生态建设任务更加迫切，经济发展与生态环境保护的矛盾更加突出；小清河、唐白河、竹皮河等支流水污染严重，汉江中下游因来水减少水环境自净能力下降。此外，经济社会发展诉求强烈与生态环境保护责任有较大冲突，具体表现为经济带城镇化和城镇发展仍相对滞后，城镇化率落后于全国平均水平，城镇发育不足和区域性中心城市发育不足，发展诉求强烈。但同时，经济带中的汉江中上游地区属于秦巴生物多样性生态功能区和南水北调中线工程水源区，作为中西部地区重要的生态屏障，维护生物多样性、维持和改善物种栖息地生态环境，保护好丹江口库区水质、强化水生态系统保护与修复，是这些地区的重要使命，如何做到"既要绿水青山，又要金山银山"，是经济带首先要破解的重大难题，这将有利于探索流域生态文明建设新模式。

1.2　襄阳沿江段生态环境概况

1.2.1　生态环境基础

生态环境地位十分重要。汉江襄阳沿江区域居于汉江中游、处于中国南北气候分界线，是西部山区和江汉平原的过渡地带，是湖北省"四屏两带一区"生态安全战略格局中汉江流域水土保持带的重要组成部分。生态系统类型多样，以农田生态系统为主，其次为森林生态系统。区域内森林覆盖率为 23.79%，建有省级及以上森林公园 4 个，省级及以上湿地公园 6 个，湿地自然保护区 1 个，风景名胜区 2 个，国家级水产种质资源保护区 1 个，分布有长春鳊、胭脂鱼、鳗鲡、长颌鲚等珍稀洄游鱼类。其下游分布有包括武汉市在内的 23 个县级以上城市集中式饮用水水源地。

生态保护基础良好。近年来，襄阳坚持生态优先，狠抓汉江环境综合整治，大力实施"蓝天碧水""绿满襄阳"工程，完成了汉江襄阳段沿岸区域畜禽养殖污染源整改销号，汉江流域生态系统得以逐步修复。汉江干流水质保持稳定，干流水质常年保持在 Ⅱ 类以上。2017 年，襄阳汉江干流 6 个监测断面水质均达到 Ⅱ 类标准。沿江区域 5 处县级以上集中式饮用水水源地水质达标率 100%。汉江已建堤防 220 km，防洪排涝涵闸 78 座，形成了较为完善的防洪体系。

生态环境管理制度不断完善。近年来，襄阳出台了《襄阳市汉江流域水环境保护条例》《襄阳市环境保护工作责任规定（试行）》《生态文明（生态市）建设考核办法》，制定了《环境行政执法与刑事司法联席联动实施意见》，建立了环保与公检法打击环境犯罪联动机制，初步形成生态环境保护硬约束。初步建立了环境基础库、污染源监控系统、公众监督即现场执法三大控制系统，全面建成覆盖市、县两级环保部门的全市信息专网。

1.2.2　存在的问题

生态系统服务功能呈退化趋势。近 15 年来，沿江区域生态系统格局变化明显，城镇面积增加约 37.73%，农田、森林、草地、湿地生态系统面积减少。森林生态系统结构较为单一、分布不均、抗逆性差、调节功能不足等问题突出。湿地萎缩、过度开发、人为干扰等现象明显。岸线开发存在违规占用、挤占、非法开发利用等问题。受到南水北调中线调水和汉江梯级开发的叠加影响，环境承载力大幅下降。水生生物生态环境恶化，渔业种群结构失衡，重点保护品种、珍稀品种濒临灭绝。

生态环境质量形势严峻。襄阳境内汉江支流个别断面污染严重，市区的小清河入口至唐白河入口江段污染形势严峻。在肖家河等支流入汉江河口处已经发生过小范围的水华。城市内河部分区域污染严重，部分河道黑臭水体依然存在。环境基础设施建设滞后，污水管网配套建设不完善，90%以上乡镇未实施垃圾收集转运，污染治理水平较低。沿江区域氨氮总体处于超载状态。中心城区、老河口市区内化学需氧量、氨氮和总磷均处于超载状态。规模化畜禽、水产养殖和种植业面源污染问题凸显，生活污染排放量大。大气污染形势严峻，2017 年，襄阳市 $PM_{2.5}$ 浓度为 66 μg/m³，在湖北省 13 个地市中排名位列末位。

污染物排放量大，环境风险隐患较多，饮用水安全保障压力大。襄阳沿江区域污染排放总量大，化学需氧量、氨氮排放总量约占全市的 30%。重点污染企业数量多、分布密集，全市约 41%的重点排污企业位于沿江 5 km 范围内。重化工企业多沿江分布，布局总体呈现近水靠城的分布特征。余家湖化工园区距离汉江干流 2～3 km，环境风险隐患较大。沿江城区主要污染物超载或已经饱和，对城镇饮用水水源水质存在潜在威胁，城市备用水源地仍处于建设或规划中，保障饮用水安全压力大。

1.3　规划总体考虑

党的十八大以来，我国生态文明建设作为统筹推进"五位一体"总体布局和协调推进"四个全面"战略布局的重要内容，开展了一系列根本性、开创性、长远性工作，提出了一系列新理念、新思想、新战略，生态文明理念日益深入人心，污染治理力度之大、制度出台频度之密、监管执法尺度之严、环境质量改善速度之快前所未有，推动生态环境保护发生历史性、转折性、全局性变化。

2018 年 5 月，习近平总书记在全国生态环境保护大会上强调："要加快划定并严守生态保护红线、环境质量底线、资源利用上线三条红线。对突破三条红线、仍然沿用粗放增长模式、吃祖宗饭砸子孙碗的事，绝对不能再干，绝对不允许再干。在生态保护红线方面，要建立严格的管控体系，实现一条红线管控重要生态空间，确保生态功能不降低、面积不减少、性质不改变。在环境质量底线方面，将生态环境质量只能更好、不能变坏作为底线，并在此基础上不断改善，对生态破坏严重、环境质量恶化的区域必须严肃问责。在资源利用上线方面，不仅要考虑人类和当代的需要，也要考虑大自然和后人的需要，把握好自然资源开发利用的度，不要突破自然资源承载能力。"2018 年 6 月，中共中央、国务院《关于全面加强生态环境保护　坚决打好污染防治攻坚战的意见》（中发〔2018〕17 号）

明确要求："省级党委和政府加快确定生态保护红线、环境质量底线、资源利用上线，制定生态环境准入清单，在地方立法、政策制定、规划编制、执法监管中不得变通突破、降低标准，不符合、不衔接、不适应的于 2020 年年底前完成调整。" 2018 年 7 月，国务院发布的《打赢蓝天保卫战三年行动计划》（国发〔2018〕22 号）要求："各地完成生态保护红线、环境质量底线、资源利用上线、环境准入清单编制工作。"

2019 年 2 月，习近平总书记在《求是》杂志发表文章《推动我国生态文明建设迈上新台阶》中指出："生态环境问题归根结底是发展方式和生活方式问题，要从根本上解决生态环境问题，必须贯彻创新、协调、绿色、开放、共享的发展理念，加快形成节约资源和保护环境的空间格局、产业结构、生产方式、生活方式，把经济活动、人的行为限制在自然资源和生态环境能够承受的限度内，给自然生态留下休养生息的时间和空间。"因此，空间管控在生态环境保护中具有前置性、引导性和基础性作用，在生态环境保护规划编制研究中需要强化生态环境保护的底线思维和空间管控，将哪些能干、哪些不能干的生态环境保护底线和要求系统化、空间化地立在经济社会发展的前端，形成"生态优先，绿色发展"的规矩观，建立生态环境分区管控体系，来推动解决突出生态环境问题，引导构建绿色发展格局，促进生态环境高水平保护。

1.3.1　从长周期和大尺度入手分析环境演变特征，找准区域环境定位和环境发展目标

（1）技术关键

从经济和社会的角度看，规划首先要明确规划范围及其环境定位，要从区域所处的流域、位置等大系统要求出发，考虑该地对大区域、流域生态环境系统的贡献，明确其功能定位，并分析环境发展历程与地方发展历程，从区域人工和自然系统相互作用关系出发，分析区域环境演变规律，预估未来环境功能和定位面临的挑战。

从驱动导向看，环境规划首先是问题主导型而非愿景带动型规划，要求规划首先要客观分析区域环境问题产生背景和演变形势，而后才能针对性地明确规划

的环境定位和目标指标，落实任务措施和政策机制，并且实现各部分相互关联、前后对应。

从作用方式看，规划总体是主动型而非被动型，要求在区域发展大背景下进行环境问题发展背景和形势分析，这项工作是规划编制中首先面临的重大基础工作，只有路线正确才能确保整个规划从源头奠定环境保护格局，整体路线可概括为"长周期、大尺度、多要素、多情景"。

1）长周期。从自然生态和环境的角度讲，在城镇化和工业化历程由低级到高级的过程中，会不断影响自然生态和环境系统，自然生态和环境系统也会反过来影响城镇化和工业化。可以说城镇化、工业化发展历程和环境问题滋生演变过程在阶段特征上有极强的循环因果和匹配关系，不能以现实代替必然。因此，分析两者内在关联，也就厘清了环境问题滋生的脉络，环境问题分析本质上是找准规划范围内人工系统和自然系统相互作用的规律。

2）大尺度。规划区域在空间地理上总是存在于某个流域中，区域、流域自然特性决定了自然基底。基底特质决定了规划范围，其环境定位思索的首要立足点不是自上而下的资源环境保护工作要求，而是明确规划范围内所处的地理区域、自然流域对环境系统的要求，即明确不同尺度之间的环境相互关系，找准自然系统运行规律。

3）多要素。规划编制关注的环境问题包含了"过去时""进行时""将来时"，主要是看规划范围及其城镇化、工业化各个阶段在空间、总量和结构方面与规划区环境系统的协调性，表现在多个领域，包括与自然生态格局、资源能源禀赋、环境质量本底等的协调性分析，这也与目标指标的体系设计相一致。与以往注重污染减排、环境质量提升等传统环保规划目标体系不同，规划应侧重于生态空间格局保护、资源环境容量控制等空间性、基础性环境保护要求的表达。

4）多情景。规划范围内其发展路径受到诸多不确定因素的影响，未来的真实发展情景难以预测。基于长周期发展历程中的社会经济系统、资源环境系统中规律性的特征，将规划所在区域放置于不同的城镇化、工业化发展情景中加以模拟，能有效缩小预测与真实情景之间的差距，降低预测误差，预估规划区域未来环境形势。

（2）案例

《福州市环境总体规划（2011—2020）》（以下简称"福州规划"）中，规划研究认为，近 30 年来福州城市建设、经济发展和环境保护具有明显的四阶段特征，工业化发展总体滞后于城镇化进程，环境保护基本面良好，但近期能源重化工业加快发展、产业拓展与资源环境保护矛盾明显，环境风险加剧，经济社会发展与环境质量同步提升难度加大，布局性、结构性环境问题日益突出。

从中国东南沿海经济区、海峡西岸、闽江下游河海交汇区域、东南沿海海岸带等多个尺度，依据全国的、区域的、流域的上位规划，考虑福州市相关规划，结合福州市本底自然资源条件、环境特征及福州市城市定位的演变历程，中长期福州市环境功能定位为：①大气环境：我国区域大气污染联防联控的重点区域，维护海峡西岸区域大气环境质量的关键城市。②水环境：闽江入海的最后一道生态屏障，维护闽江流域水环境安全的重要节点城市。③生态：东南山地森林生态屏障的前缘地区，东南沿海陆海交错带的重要维护区。④海洋：具有全球意义的生物多样性保护关键区，重要的国际候鸟迁徙通道，台湾海峡生态平衡与环境安全的重要保障。⑤环境文化：传承开拓融合闽南文化、台海文化的首要基地，海外侨胞守望乡土的精神家园。

在明确环境功能定位的基础上，围绕环境功能的发挥，确定福州市环境功能定位为建设中国宜居城市的示范区、海峡两岸具有竞争力的优质生活区，确定福州市中长期规划目标为：

——构建安全和谐的环境格局，主要包括生态环境红线保护区域控制、岸线保护控制比例等指标；

——保障环境资源可持续利用，主要包括非建设用地比例、污染物排放总量占环境容量的比例、污染物排放总量控制、能源消耗水平等指标；

——维护健康安全的环境品质，主要包括城市内河水质、优良水质海域面积比例提高程度等指标；

——建立公平共享的环境服务体系，主要包括乡镇以上集中式饮用水水源地水质、基层单位环境保护能力、环境公众参与等指标。

1.3.2 规划以空间结构、过程和功能特性为出发点，以空间管制为主要手段，确定"生态功能保障基线"，保障区域可持续发展基底格局不受破坏，由要素领域型规划变空间型规划

（1）技术关键

环境规划要保证能"落地"，一方面建立从空间入手开展规划的思路，另一方面能够将规划文字要求转化为图件，强化空间环境资源配置和保护，才能从根本上扭转改变规划效果低下的局面。从这个意义上讲，环境规划最重要的是要从环境保护的角度提出生态环境空间利用的分级控制要求，关键在于把握构建生态安全格局和风险防范体系的核心工作。

构建生态安全格局的核心工作是界定保障规划区域自然基础格局安全的"生态保护红线"空间。基于环境系统本身的结构、过程与功能特征，评估各部分的敏感性、重要性和脆弱性程度，进行分级评估，划定覆盖不同要素、实施分级控制的"生态功能保障基线"体系，制定基于"反规划"思想的"零方案"。

可以看出，生态功能保障基线根本出发点都是规划所在区域环境系统本身在空间结构、过程和功能方面的特性，最重要的是明确非发展地域的界限，直接目的是确保规划区域可持续发展基底格局不受破坏。

（2）案例

2013 年，宜昌市开展了以生态保护红线划定为核心的城市环境总体规划的编制工作，2015 年该规划通过宜昌市人大审议并批复实施。在生态保护红线的划分工作中，采用"识—评—落—合"的技术流程，提出了一套城市生态保护红线体系与划分方法。其步骤为：第一，根据《全国主体功能区规划》《国家重点生态功能保护区规划纲要》《全国生态功能区划》《全国生态脆弱区保护规划纲要》等国家层级规划，识别所在区域具有的国家重要/重点、敏感和脆弱生态区，明确主导服务功能。第二，参照《国家生态保护红线——生态功能红线划定技术指南（试行）》中的技术方法，利用 RS 和 GIS 技术，按照保护性质不改变、生态功能不降低、空间面积不减少的原则，开展以生态系统服务功能重要性、生态敏感和脆弱性评价为核心的生态保护重要性评估，识别在生态系统涵养水源、土壤保持、防

风固沙、生物多样性保护等方面具有重要作用的生态保护空间和易于发生生态系统退化且不易恢复的脆弱空间。第三，结合区域内法定生态保护区域、禁止开发区域范围，建立保护区域清单，并与前两个步骤的评价结果进行衔接与空间落地。第四，对城市土地利用规划、城市建设规划、重要资源开发规划等重要空间规划进行融合和落地，并建立差异化的管控政策制度，实施分级管控。第五，形成以391 个生态保护红线区管制单元为核心的生态保护红线区、生态保护黄线区和生态保护绿线区三级分区组成的生态保护红线体系。

济南市按照《生态保护红线划定技术指南》要求，开展区域生态功能重要性评估和生态环境敏感性评估，构建"一屏一带多廊多点"的生态安全格局网络，识别了重要生态功能区、各类保护区等禁止开发区，衔接城市开发边界等内容，将生态功能重要区、敏感区，各类保护区以及山体、河流水系、湖库、湿地、泉水渗漏带、泉水补给区等其他需实施保护的陆域和水域划定为生态空间。济南市生态空间面积 2 994.51 km^2，约占全市总面积的 37.44%。济南市在生态空间划定的基础上，将各类禁止开发区，以及生态环境极重要、极敏感的区域，划定为生态保护红线（表 1-1）。

表 1-1　济南市生态空间类型统计表

序号	类型	面积/km^2
1	饮用水水源地一级和二级保护区	532.72
2	重要河流水系	144.06
3	泉水直接补给区	596.16
4	泉水间接补给区	1 681
5	重点渗漏带	282.2
6	保泉四线生态控制线	220
7	重要湖库	35.89
8	具有重要生态服务功能的草地	38.10
9	具有重要生态服务功能的林地	377.73
	合计（扣除重复面积）	2 994.51

1.3.3 依据环境功能的空间分异特征，划定"环境质量安全底线"，由技术改良规划变价值提升规划

（1）技术关键

区域空间具有差异化特征，表现为自然环境空间规律的差异，如地形地貌有所变化、自然资源分布不均等；也表现为单元使用功能的不同，如产业布局、开发建设、人口聚居等的复杂多变。使用不适宜的功能或功能维护不当会形成单元差异性的生态环境问题。

针对环境质量改善需求，任何规划都会从技术角度拟定规划措施、评估和衡量规划成效，如制定措施并评估主要环境质量指标值的改善幅度。技术改良规划的缺陷在于，将质量改善的问题首先转化为宏观的、抽象的数字目标，使得质量改善转化为一个纯粹技术性的改良问题，完成规划也被理解为政府的纯粹行政行为。但实际上，由于单元生态环境存在差异性，同样的质量改善幅度对不同单元的价值存在较大差异性，规划没有最大化提升各单元环境价值。

因此，环境规划应采用差异化、精细化管理思路，通过所在区域层面环境功能区划，承认单元环境功能价值的不同，实行分区管理和分类指导，最大化提高各单元价值。这不仅仅是规划本身的技术思路创新，在实际操作中由于明确凸显各类环境功能区的核心功能价值，能够加强各区域特征性环境要素的宣扬和渲染，唤起人们的环境理念。规划超越一般的现实或技术层面，有助于以理性反思的姿态吸纳政府以外的、与单元环境功能密切相关的群体参与规划，从而建立公共性的规划实施机制。根据环境功能的空间分异特征，结合自然环境空间规律，划定不同类型的环境功能区和环境功能亚区，形成功能区和功能亚区组成的环境功能区划体系。以环境功能区划为基本单元，制定环境质量维护的目标与任务。

（2）案例

在福州规划中，根据《全国环境功能区划编制技术指南》，建立自然生态保留区、生态功能调节区、食物环境安全保障区、宜居环境维护区4个环境功能类型区，以及8个环境功能亚类区组成的环境功能区划体系，执行相应的环境管理要求。福州环境功能区划体系见表1-2，这是对省级环境功能区划体系的有益探索和拓展。

表 1-2 福州市环境功能区划体系

环境功能类型区	环境功能亚类区	区域位置
Ⅰ 自然生态保留区	Ⅰ-1 自然资源保护区	自然保护区、森林公园、风景名胜区、饮用水水源保护区
	Ⅰ-2 后备保留区	天然湿地、尚未开发的沿海滩涂
Ⅱ 生态功能调节区	Ⅱ-1 水源涵养区	闽江及其支流大樟溪的水源涵养区、山仔水库水源涵养区
	Ⅱ-2 土壤保持区	丘陵地区
Ⅲ 食物环境安全保障区	Ⅲ-1 农产品环境安全保障区	平原、河谷、丘陵、台地的农业耕作区
Ⅳ 宜居环境维护区	Ⅳ-1 环境优化区	中心城区的核心区
	Ⅳ-2 环境风险防范区	江阴工业区、罗源湾港区、滨海工业区
	Ⅳ-3 环境治理区	中心城区的南台岛新城、马尾新城、荆溪组团、上街南屿南通组团、青口组团以及各县市的主城区

以环境功能区划为基本单元，提出环境分区管理目标与决策方向和导向。大气方面，在实施空间差异化管理的基础上，针对重点区域、重点大气环境问题，制订城市空气质量限期达标计划，提出维护大气环境质量健康的方案措施。水方面，考虑流域特征，结合区域具体情况，分流域提出包括水资源保护开发、产业结构与布局调整、污水排放、防洪体系建设、湿地保护等保障水环境质量安全的任务措施。

1.3.4 遵循资源环境承载力优化产业发展和人口集聚，明确"资源利用上线"和"排放控制上限"，由专项规划变综合决策规划

（1）技术关键

单从字面上讲，"生态环境保护"和"社会经济发展"是两个概念。基本的规划理念是经济社会与生态环境尺度必须同时作为衡量最佳规划方案的重要标准。资源环境承载约束是经济社会与生态环境的主要关联领域，需在规划中予以落实。环境规划中的资源环境承载约束分析主要体现为局部空间人口和产业集聚强度不

同给资源和环境容量格局带来的压力以及对应的反馈，主要技术途径是通过明确"资源利用上线"和"排放控制上限"，提供人口聚集、空间开发、产业结构等方面的指引。

明确"资源利用上线"，即分析基于人口、资源承载力的城市发展阈值。基于规划区域资源条件和规划期内经济社会发展特征，明确资源消耗制约短板，给出城市人口增长、经济发展规模和布局的建议。

确定"排放控制上限"，即明确与格局挂钩的污染物排放总量控制目标。基于规划范围内环境容量格局和城市空间、产业布局对比评估，提出规划区域布局和产业调整意见。

（2）案例

在 2004 年完成的全国地表水环境容量核定中，生态环境部环境规划院承担核清了全国分行政区、分流域水系容量资源分布和对应的利用格局，并提出了容量核定结果应用于环境保护参与发展综合决策的方向设想。

全国地表水环境容量核定的技术关键是与发达国家惯例接轨，首先从容量核算模型、参数、边界条件等方面进行统一框定，如设计流量取全国近 10 年最枯月平均流量或多年平均（长系列）90%保证率的月平均流量。以控制单元作为最小容量核算单元实现污染源—排污口—水体相互响应，即"水陆响应"的核算方式，体现的是尊重自然水系产汇流规律和承认环境管理行政分割现状两者相结合的技术思想。这一思想直接贯穿到国家重点流域"十一五"和"十二五"污染防治规划中，在数据基础满足的条件下可以往城市、小区域等尺度环境规划渗透。

全国地表水环境容量核定提出了容量的应用方向，包括：

1）以环境容量为约束优化经济增长方式。摸清我国水环境容量的家底后，必须以总量为底线，制定科学的发展模式，优化经济增长方式，通过盘活存量资源，带动整体技术进步水平的提升。

2）以容量分布为底线调整社会经济布局。容量资源具有明显的不均匀性。长期以来，人们只注重从经济资源出发考虑产业布局，而忽视了水环境容量的约束作用，致使大部分地区水环境容量资源被超负荷开发利用，限制了经济的进一步发展。以水环境容量资源为依据，按照容量的空间分布特征，进行产业结构的调整和空间布局的优化，合理规划经济、社会发展的规模和布局，对引导环境、经济、社会可持续协调发展具有重要的意义。

3）实施从区划—容量—总量控制—排污许可的水陆系统集成管理。一是要逐步实施基于容量的总量控制制度。以环境容量为底线，实施污染物容量总量控制是解决水体污染的根本途径，也是社会经济发展的必然要求。考虑到目前很多区域超载严重，可以按照不同保证率环境容量值，由 50%、75% 向 90% 逐步逼近。二是总量要有测量和控制，要从下到上予以落实。容量是一种资源，只有通过科学地测算和对总量指标合理有效地分配才能促进经济、环境的协调发展。完善污染源监测、统计和考核体系，是实施容量总量控制的基础和前提，如此才能落实总量消减空间方案，将总量控制制度做好、做实、做出成效。重要的是，容量有数据上的绝对性和不同区域上对比的相对性，容量核算和应用必须坚持遵循自然规律分自然地理单元进行核算，并将核算结果与社会经济综合决策、具体污染源污染治理挂钩，发挥资源环境承载约束经济产业增长的作用，避免容量变成"伪概念"。

在福州规划中，规划以土地资源和水资源为重点对象开展资源底线分析，以水环境和大气环境容量格局为重点对象开展排放上限分析。其中，土地资源底线分析重点为控制生态用地开发强度，落脚于人口聚集指引；水资源底线分析与水环境容量格局分析相结合，水和大气环境容量排放上限分析落脚点为经济产业指引。

优化利用大气环境容量。明确主要大气污染物环境容量的空间格局与未来福州市各单元的大气环境承载能力，筛选重点超载区块；根据承载力格局和规划压力，明确不同阶段大气环境承载力利用的控制底线，制定主要大气污染物排放上限，提出未来福州市重点废气排放产业布局及产业结构的调控要求。

优化利用水环境容量。以控制单元为单位，确定水环境承载状况的空间差异，根据不同区域的具体情况，针对超标污染物的特征，对不同类别的区域制定相应的产业结构升级与布局调整、污染排放总量与强度控制、水环境综合整治、环境管理水平提升等政策措施。

控制生态用地开发强度。根据维护生态系统稳定和服务功能持续供给的要求，制定市域、城市规划区、城市中心区生态用地的比例，控制综合开发强度。基于生态用地保护要求、城市规划区土地开发的适宜性评价，分析土地承载力，提出基于环境因素的人口聚集引导指引。

　　基于环境承载力的产业调控。考虑环境容量的空间差异，引导福州建设和重大产业布局向环境相对不敏感、资源环境承载力较强的区域发展，优化福州建设和产业布局；以保障环境质量为基准，制定分阶段的环境容量使用程度控制指标，作为优化产业结构的基本依据，结合未来主要行业发展趋势及污染物排放和能源、资源消耗压力，制定污染减排的中长期路线图，制定基于环境承载力的产业结构调整指引，优化产业结构。

第 2 章

生态环境状况与形势

2.1 生态环境现状

2.1.1 自然环境特征

2.1.1.1 地理位置

襄阳市位于湖北省西北部（图 2-1），毗邻豫、渝、陕地区，地处汉江中游，东经 110°45′～113°43′，北纬 31°14′～32°37′。市域范围东起枣阳市新市镇，与随州市和河南省桐柏县为邻；西到保康县马桥镇，与十堰市房县相交，东西两端相距 220 km。南起南漳县东巩镇，与荆门市和宜昌市远安县相接；北到老河口市赵岗乡，与河南省南阳市淅川县和邓州市相接，南北两端相距 154 km，边界线长 1 332.8 km。

汉江生态经济带襄阳沿江区域主要分布在襄阳西北地区，由老河口市穿入，流经谷城县、襄城区、襄州区、樊城区、宜城市，自襄阳东南出口流出，全长 195 km（图 2-2）。横向范围为汉江襄阳段两岸乡镇（办事处）的行政区划范围。

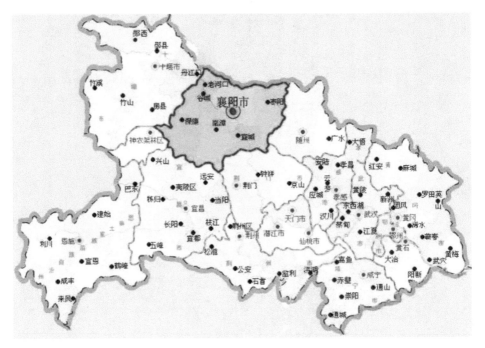

图 2-1   襄阳在湖北省地理位置

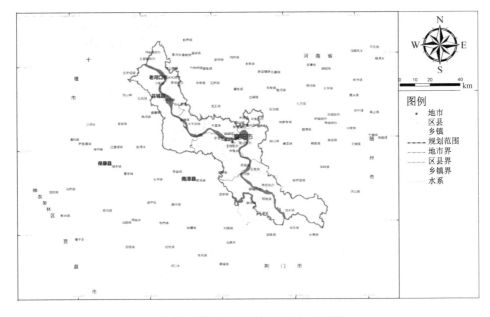

图 2-2   规划区域在襄阳市的地理位置

2.1.1.2　地形地貌

　　襄阳市处于我国地势第二阶梯向第三阶梯过渡地带,秦巴山系和大别山之间,位于鄂北岗地南部,地处汉江中游,地质构造较为复杂。从古生代至新生代,各个地质时期的地层均有分布。地势自西北向东南倾斜,分为西部山地、中部岗地平原和东部低山丘陵三个地形区,汉江纵贯全境,形成一条天然走廊。市域西部山地海拔多在 400 m 以上,全市最高山峰(官山)位于保康县境,海拔 2 000 m,是汉江与长江的分水岭;中部岗地平原包括鄂北岗地(属于南阳盆地南缘)和汉江河谷平原(属江汉平原的北端组成部分);东部低山丘陵为大洪山的余脉及延伸地区。全市土地总面积 317.25 万亩,由丘陵、岗地、河地三部分组成,东、西部为丘陵,面积 192.16 万亩,占 60.57%;中部为岗地,面积 38.38 万亩,占 12.1%;汉江、蛮河沿岸为冲积平原河地,面积 86.74 万亩,占 27.34%。

　　汉江生态经济带襄阳沿江区域海拔在 50～827 m,平均约为 128 m。其中西部地区谷城、樊城交界区域海拔较高,东南部地区宜城等区域海拔较低(图 2-3)。

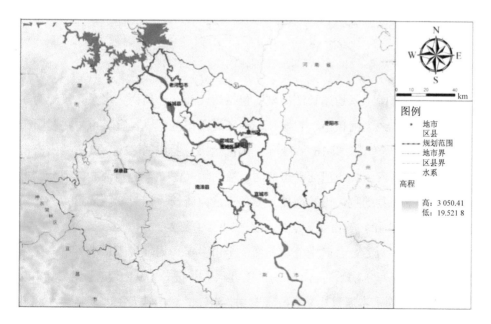

图 2-3　规划区数字高程图

2.1.1.3　气候特征

襄阳属亚热带季风气候，具有我国南北过渡型的气候特征，冬寒夏暑，冬干夏雨，雨热同期，四季分明。全年以南风为主导风向，风频为14%；最大年降雨量1 234 mm（1954年），全年降水期为107～135 d。太阳辐射较为丰富，年平均总日照时数为1 800～2 100 h；年平均气温除高山以外，一般均在15～16℃，极端最高气温42.5℃，极端最低气温-21℃，无霜期在228～249 d，具有较明显的过渡性，兼备了南北气候的特点。

2015年，襄阳市平均降水量786.4 mm，折合降水总量155.053 3亿m³，同比下降8.3%，较常年偏少13.0%，为偏枯年。2015年境内年降水量地区分布不均，趋势为从南向北递减，各县（市）区的年平均降水量，南漳县最大，老河口市最小。年最大点雨量发生在南漳县薛坪镇薛家坪站，为1 199.5 mm；年最小点雨量发生在襄州区石桥镇西排子河站，为508.0 mm；年最大点雨量与年最小点雨量之比为2.4。全市降水量年内分配不均，1—3月、10—12月降水量占年降水量的21.3%，4—9月降水量占年降水量的78.7%，其中4—6月降水量占年降水量的45.5%。

2.1.1.4　水文水系

襄阳市域范围水系均属长江流域，包括汉江和沮漳河两大水系。汉江为襄阳市域最大河流，经老河口市、谷城县，横穿襄阳市区，纵贯宜城市，在襄阳市境内流长216 km，流域面积16 202 km²，约占全市总面积的82%，其主要支流自上游而下有北河、南河、小清河、唐白河、蛮河等（图2-4）。沮河、漳河分别发源于保康县与南漳县的荆山山脉南麓，襄阳市境内流长分别为98 km和70 km，流域面积共2 732 km²，约占全市总面积的13.8%（表2-1）。

人均水资源匮乏，且时空分布不均。全市多年平均水资源总量62.95亿m³，其中地表水资源量58.72亿m³，平均过境客水429亿m³，其中汉江上游入境298.3亿m³。全市人均水资源量为969 m³（其中，沿江区域所涉及的襄城及樊城区域人均水资源量仅为236 m³），远远低于湖北省人均水资源量的2 546 m³，根据国际水资源丰富程度指标（人均 1 750 m³ 以上），襄阳地区属于人均水资源量缺乏地区，此外，区域水资源时空分布不均，从西部、南部向北减少，襄州区域水资源较为匮乏。降雨多集中在夏季 6—8 月，降水量约占全年降水量的 46.27%，水资源时间分布趋势与降雨趋势一致。

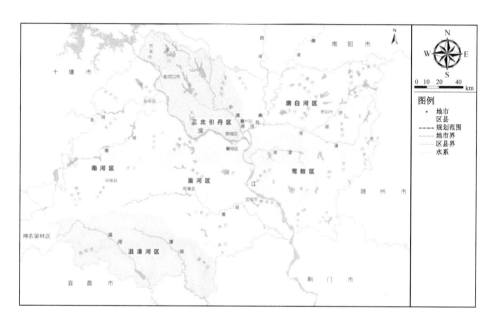

图 2-4　襄阳市水系分布图

表 2-1　襄阳市主要河流水文参数（河长 100 km 以上）

名称	所属水系	流域面积/km²		流域所在县（市）	河长/km		总落差/m	比降/%	平均流量/(m³/s)	最大流量	
		全长	市内		全长	市内				m³/s	出现年份
汉江	长江	159 000	16 202	老河口、谷城、市区、宜城	1 565	216	—	—	1 380	52 400	1935
北河	汉江	1 212	875	谷城	103	42	206	2.0	18.21	1 910.4	1975
南河	汉江	6 479	2 710	保康、谷城	260	202	520	2.0	97.63	1 024.08	1975
小清河	汉江	1 967	1 371	襄州区、市区	121	82	302.5	2.5	13.3	3 370	1964

名称	所属水系	流域面积/km²		流域所在县（市）	河长/km		总落差/m	比降/%	平均流量/(m³/s)	最大流量	
		全长	市内		全长	市内				m³/s	出现年份
唐白河	汉江	24 500	1 492	襄州区	381	97.4	133.4	0.35	61.27	5 840	1937
滚河	汉江	2 833	2 033	枣阳市、襄州区	146.6	102.6	71.8	0.49	16.36	6 160	1954
蛮河	汉江	3 190	3 092	保康、南漳、宜城	191	186	185.3	0.97	51.21	4 950.2	1975
沮河	长江	3 412	1 582	保康、南漳	226	98	368.4	1.63	44.88	4 126	1983
漳河	长江	2 971	1 150	南漳	207	70	443	2.14	42.5	4 168	1963
清溪河	汉江	670	—	保康	100	—	1 080	10.8	—	—	—

2.1.1.5　生物资源

襄阳市有维管束植物 189 科 828 属 1 698 种；其中蕨类植物 93 种，隶属 27 科 50 属；种子植物 1 605 种，隶属 162 科 778 属。境内珍稀植物资源丰富，初步调查有国家级珍贵树种 61 种，其中国家一级珍贵树种有红豆杉、南方红豆杉、银杏、珙桐、秃杉、钟萼木、香果树、水杉 8 种，国家二级珍贵树种有秦岭冷杉、大果青扦、篦子三尖杉、厚朴、鹅掌楸、香樟、杜仲、大叶榉、楠木等 16 种；湖北省级珍贵树种有三尖杉、粗榧、蜡梅、白皮松、小勾儿茶、黄檀、银鹊树、楸树、紫斑牡丹、南紫薇、大叶冬青、黄杨、阔叶女贞等 37 种；有国家重点保护野生植物 80 多种。发现有地径 57 cm、长 1 500 m 的世界罕见古老藤本植物——常春油麻藤。襄阳市野生动物资源丰富，全市有陆生脊椎野生动物 268 种，其中鸟类 151 种，兽类 60 种，爬行类 34 种，两栖类 23 种。其中，国家一级保护野生动物有 10 种；国家二级保护野生动物 50 种；国家"三有"保护和湖北省重点保护野生动物 68 种；还分布有 3 万多种非脊椎类陆生野生动物。

2.1.1.6　矿产资源

襄阳市矿产较为丰富，种类多样，属湖北省主要矿产区之一。全市发现各类矿产 57 种，矿产地 520 余处，其中 24 种有探明储量，探明各类矿产保有资源储量约 19.64 亿 t。其中金属矿藏主要有：铁、钢、铝、钒、铅、锌、金、银、钛、锰、钴、镓等；非金属矿藏主要有：磷、金红石、耐火黏土、重晶石、石灰石、白云石、膨润土、萤石、石棉、煤等。属于大型或特大型矿床的主要有：磷、金红石、耐火黏土、重晶石、铝土矿等，磷矿总储量 5 亿 t 以上，稀有矿种金红石总储量约 572.8 万 t，居世界第三位。在探明的矿产储量中，金红石探明储量居全国首位；铝土矿保有资源储量居全省第一位，硬质耐火黏土和磷矿居全省第二位，石灰石探明储量居全省第六位。优势矿产主要有煤矿、钛矿（石榴子石）、磷矿、水泥用灰岩矿等。全市主要矿种保有资源储量见表 2-2。

表 2-2　全市主要矿种保有资源储量

矿种名称	资源储量单位	截至 2015 年年底资源储量
煤炭	kt	40 177.65
铁矿	矿石 kt	185 328.13
锰矿	矿石 kt	67.5
钛矿	金红石 t	5 728 114
	钛铁矿 TiO_2 t	10 070 900
钒矿	V_2O_5 t	2 615
铜矿	铜 t	1 581.74
铅矿	铅 t	3 820.26
铝土矿	矿石 kt	8 776
硫铁矿	矿石 kt	10 954
盐矿	NaCl kt	3 120
磷矿	矿石 kt	1 528 647.46
水泥用灰岩	矿石 kt	256 086.56

2.1.1.7　土地资源

截至2015年年底，襄阳市行政区域总面积1.97万 km^2 （约1 972 768.16 hm^2），其中耕地面积704 992.4 hm^2，占总面积的35.74%；园地面积28 226.95 hm^2，占总面积的1.43%；林地面积847 529.14 hm^2，占总面积的42.96%；草地面积24 461.73 hm^2，占总面积的1.24%；城镇村及工矿用地面积137 391.32 hm^2，占总面积的6.96%；交通运输用地39 272.05 hm^2，占总面积的1.99%；水域及水利设施用地149 364.57 hm^2，占总面积的7.587%；其他土地41 530 hm^2。

襄阳市地形复杂，成土母质和植被类型多样，受气候及人类长期生产活动的影响，形成了多种类型的土壤。分为6个土类（黄棕壤、山地棕壤、石灰土、紫色土、潮土、水稻土）、13个亚类、57个土属、226个土种。土壤质地，根据卡庆斯基制分类和中国（1978年）拟定的土壤质地分类，湖北省一般分为三类6级，沙土类（沙土、壤沙土）、壤土类（轻壤土、中壤土、重壤土）、黏土类（黏土）。其中黄棕壤土壤质地多以中壤土、重壤土、黏土为主，为境内岗地及低山丘陵区的主要土类，占全市耕地面积的41.77%；山地棕壤，占耕地面积的0.08%；石灰土，占耕地面积的5.20%；紫色土，占耕地面积的0.99%；潮土，占耕地面积的11.33%；水稻土，是在长期种植水稻的条件下，经水耕熟化过程创造的一种特殊土壤，土壤质地多以中壤土、重壤土为主，占耕地面积的40.63%。

土类分布有明显的区域差异。西部武当低山区（保康、谷城县境）土类有灰紫色土、红砂岩黄棕壤、碳酸盐岩类黄棕壤、泥质岩黄棕壤、泥质岩山地黄棕壤等；荆山东麓（南漳县境）主要有棕色石灰土、中性紫色土、灰紫色土、泥质岩山地黄棕壤、粗骨性黄棕壤等。东部桐柏山低山丘陵（枣阳北部）土壤组合为酸性结晶岩黄棕壤，剥蚀严重，有较大面积的裸岩分布；低丘缓坡及沟谷地带有水稻土分布，有一定数量的山泉冷浸田。大洪山丘陵地带（枣阳南部和襄州、宜城东部）土壤组合多为泥质岩黄棕壤、紫色土、石灰土以及冲沟部位的水稻土，常呈复区分布。岗地土壤（老河口、枣阳、襄州北部）基本为黄棕壤的各土种和红砂岩的各土种。汉水及其支流两岸的冲积平原和河谷小平原土壤组合为潮土各土种，耕地土壤尤其是水稻土比重较大。

2.1.1.8 自然灾害

襄阳市地势具有由西北向东南倾斜的特点，可分为西部山地、中部岗地平原及东部低山丘陵三个地形区。市域内地形地貌条件复杂，降雨丰沛，人类工程活动强烈，因而地质灾害发生种类多、分布广、频率高、危害大。地质灾害的空间分布规律主要与其所处的地理位置、地形地貌、工程地质岩组特征、构造部位等有着密切联系。如全市的地质灾害高易发区主要分布在鄂西 3 个区县、低山、丘陵区、汉江两岸及公路两侧等人类工程活动较集中的地段。全市地质灾害点多面广，从以往地质灾害发生发展基本规律分析，地质灾害的数量和危害程度，除受特定的地质环境因素影响外，80%地质灾害的发生主要与降雨特别是暴雨的范围和强度有关，降雨量的多少直接影响到灾害的规模和成灾的范围；其次是人类工程活动，如矿山开采、道路和工程建设等诱发的地质灾害。根据多年资料分析，襄阳市可能发生重大地质灾害的主要地区是地质灾害多发区与暴雨中心的叠加区及人类工程活动强烈的地区，如库区、矿山、道路建设及工程建设区等，发生的时间以雨季为多发季节，汛期是地质灾害防治的重点时期。

2.1.2 生态环境质量

2.1.2.1 水环境

根据《襄阳市环境监测网络工作计划》，按《地表水和污水监测技术规范》（HJ/T 91—2002）规定，地表水断面例行每月监测一次，全年 12 次，每次采样时间为当月的上旬。基本项目即水温、pH、溶解氧、高锰酸盐指数、五日生化需氧量、氨氮、总磷、总氮、铜、锌、氟化物、硒、砷、汞、镉、铬（六价）、铅、氰化物、挥发酚、石油类、阴离子表面活性剂、硫化物、粪大肠菌群，共 24 项。同时监测流量、电导率共计 26 项。钱营断面从 2011 年起监测叶绿素 a。

水环境质量总体良好。2016 年汉江干流襄阳段水质处于优良状态（图 2-5）。6 个监测断面水质各监测指标稳定：老河口市江段设付家寨、仙人渡 2 个断面，襄阳市区江段设白家湾、钱营、余家湖 3 个断面，宜城江段设郭安断面（其中

付家寨为襄阳市入境断面,郭安为襄阳市出境断面)。结果显示,付家寨、仙人
渡、白家湾、余家湖、郭安 5 个监测断面水质类别为Ⅱ类水质,水质类别均与
上年度持平;钱营断面水质类别为Ⅲ类,水质类别由上年度Ⅱ类降为Ⅲ类(表
2-3)。从 2011—2015 年来看,汉江干流 6 个断面水质均符合规定的水质类别要
求。6 个断面水质均达到或优于Ⅲ类标准,比例为 100%。

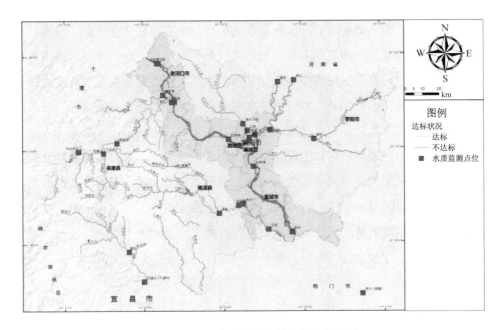

图 2-5　2016 年襄阳市河流水质达标现状

表 2-3　汉江干流 2016 年度水质类别评价表

监测江段	断面名称	规定类别	本年类别	上年类别
老河口	付家寨	Ⅱ	Ⅱ	Ⅱ
	仙人渡	Ⅱ	Ⅱ	Ⅱ
	白家湾	Ⅱ	Ⅱ	Ⅱ
襄阳市区	钱营	Ⅲ	Ⅲ	Ⅱ
	余家湖	Ⅲ	Ⅱ	Ⅱ
宜城	郭安	Ⅱ	Ⅱ	Ⅱ

2016 年汉江主要支流共设置 17 个监测断面。各支流断面年均值未出现劣Ⅴ类断面。在 17 个监测断面中，水质为优良（Ⅱ类和Ⅲ类）的占 82.4%；水质为轻度污染（Ⅳ类）的占 11.8%；水质为中度污染（Ⅴ类）的占 5.8%。入境豫鄂跨界河流有唐河和白河两条河流。根据本年度监测结果，唐河交界断面水质为良，水质类别与上年Ⅲ类持平；白河交界断面水质为良，水质类别与上年Ⅲ类持平。

各支流水质状况分别为：清溪河水质为良，水质类别由上年Ⅱ类降为Ⅲ类；马栏河水质为优，水质类别与上年Ⅱ类持平；南河玛瑙观断面水质为优，水质类别与上年Ⅱ类持平；南河出口茶庵断面水质为优，水质类别与上年Ⅱ类持平；北河水质为优，水质类别与上年Ⅱ类持平；蛮河渠首断面水质为良，水质类别由上年Ⅳ类升为Ⅲ类；蛮河朱市断面水质为良，水质类别与上年Ⅲ类持平；蛮河孔湾断面水质为中度污染，水质类别与上年Ⅴ类持平；唐河埠口交界断面水质为良，水质类别与上年Ⅲ类持平；白河翟湾交界断面水质为良，水质类别与上年Ⅲ类持平；唐白河张湾断面水质轻度污染，水质类别与上年Ⅳ类持平；滚河琚湾断面水质轻度污染，水质类别由上年Ⅲ类降低为Ⅳ类；小清河清河店断面水质为良，水质类别与上年Ⅲ类持平；小清河云湾断面水质为良，水质类别与上年Ⅲ类持平；小清河出口断面水质为良，水质类别与上年Ⅲ类持平；沮河重阳、百福头断面水质为优，水质类别为Ⅱ类（表 2-4）。从表 2-5 可以看出 2011—2015 年汉江干流各断面水质综合评价情况。

表 2-4　汉江支流 2016 年度水质类别评价表

河流名称	断面名称	规定类别	水质类别		超过规定标准项目及超标倍数
			本年	上年	
清溪河	方家坪	Ⅲ	Ⅲ	Ⅱ	
马栏河	马栏河口	Ⅲ	Ⅱ	Ⅱ	
南河	玛瑙观	Ⅲ	Ⅱ	Ⅱ	
	茶庵	Ⅲ	Ⅱ	Ⅱ	
北河	聂家滩	Ⅲ	Ⅱ	Ⅱ	

河流名称	断面名称	规定类别	水质类别		超过规定标准项目及超标倍数
			本年	上年	
蛮河	渠首	III	III	IV	
	朱市	III	III	III	
	孔湾	III	V	V	总磷（0.55）
唐河	埠口	III	III	III	
白河	翟湾	IV	III	III	
唐白河	张湾	IV	IV	IV	
滚河	琚湾	III	IV	III	高锰酸盐指数（0.05）
小清河	清河店	III	III	III	
	云湾	III	III	III	
	出口	IV	III	III	
沮河	重阳	II	II	/	
	百福头	II	II	/	

表 2-5　2011—2015 年汉江干流各断面水质综合评价表

年份	监测江段	断面名称	断面污染排序	功能类别	水质类别	水质状况	平均综合污染指数	达标率/%
2011	老河口	付家寨	3	II	II	优	0.375	100
		仙人渡	5	III	II	优	0.343	100
	襄阳	白家湾	1	II	II	优	0.390	100
		钱营	6	III	II	优	0.333	100
		余家湖	2	III	II	优	0.386	100
	宜城	郭安	4	III	II	优	0.367	100
2012	老河口	付家寨	4	II	II	优	0.339 1	100
		仙人渡	3	III	II	优	0.340	100
	襄阳	白家湾	1	II	II	优	0.404	100
		钱营	6	III	II	优	0.324	100
		余家湖	2	III	II	优	0.352	100
	宜城	郭安	5	III	II	优	0.338 8	100

年份	监测江段	断面名称	断面污染排序	功能类别	水质类别	水质状况	平均综合污染指数	达标率/%
2013	老河口	付家寨	4	Ⅱ	Ⅱ	优	0.371	100
		仙人渡	6	Ⅲ	Ⅱ	优	0.331	100
	襄阳	白家湾	1	Ⅱ	Ⅱ	优	0.457	100
		钱营	3	Ⅲ	Ⅱ	优	0.378	100
		余家湖	2	Ⅲ	Ⅱ	优	0.388	100
	宜城	郭安	5	Ⅲ	Ⅱ	优	0.360	100
2014	老河口	付家寨	3	Ⅱ	Ⅱ	优	0.386	100
		仙人渡	6	Ⅲ	Ⅱ	优	0.337	100
	襄阳	白家湾	1	Ⅱ	Ⅱ	优	0.425	100
		钱营	2	Ⅲ	Ⅱ	优	0.405	100
		余家湖	4	Ⅲ	Ⅱ	优	0.382	100
	宜城	郭安	5	Ⅲ	Ⅱ	优	0.367	100
2015	老河口	付家寨	4	Ⅱ	Ⅱ	优	0.386	100
		仙人渡	6	Ⅲ	Ⅱ	优	0.330	100
	襄阳	白家湾	2	Ⅱ	Ⅱ	优	0.437	100
		钱营	1	Ⅲ	Ⅱ	优	0.438	100
		余家湖	5	Ⅲ	Ⅱ	优	0.367	100
	宜城	郭安	3	Ⅲ	Ⅱ	优	0.38	100

城市内湖及纳污沟渠长期属于重污染。根据 2016 年监测结果，南渠仍然受到重度污染，水质类别与上年劣Ⅴ类持平；护城河水质良，水质类别与上年Ⅲ类持平（表 2-6）。

表 2-6　城市内湖和纳污河渠 2016 年度水质类别评价表

河流名称	断面名称	规定类别	水质类别		超过规定标准项目及超标倍数
			本年	上年	
南渠	出口	Ⅴ	劣Ⅴ	劣Ⅴ	氨氮（2.82）
护城河	西门桥	Ⅳ	Ⅲ	Ⅲ	

2016 年，襄阳市县级以上集中式饮用水水源地水质 100%达标。襄阳市环境监测站对汉江白家湾、火星观两个断面进行监测，两个水源地水质均为Ⅱ类，优于《地表水环境质量标准》（GB 3838—2002）Ⅲ类规定类别标准，水质达标率为 100%（表 2-7）。从 2011—2015 年来看，襄阳市白家湾饮用水断面、火星观饮用水断面水质状况较好，各个监测项目检出值均符合《地表水环境质量标准》（GB 3838—2002）Ⅲ类标准，水质达标率均为 100%（表 2-8）。

表 2-7　襄阳市 2016 年城市集中式饮用水水源地水质达标情况

城市	监测点位	水质类别	本年达标率/%	上年达标率/%
襄阳市	汉江白家湾	Ⅱ	100	100
	汉江火星观	Ⅱ	100	100

表 2-8　襄阳市 2011—2015 年集中式生活饮用水水源地水质状况

年份	断面名称	取水总量/万 t	达标水量/万 t	达标率/%
2011	白家湾饮用水断面	7 661.67	7 661.67	100
	火星观饮用水断面	6 395	6 395	100
2012	白家湾饮用水断面	9 180.42	9 180.42	100
	火星观饮用水断面	6 421.6	6 421.6	100
2013	白家湾饮用水断面	8 893.01	8 893.01	100
	火星观饮用水断面	6 759.69	6 759.69	100
2014	白家湾饮用水断面	7 668.35	7 668.35	100
	火星观饮用水断面	5 038.13	5 038.13	100
2015	白家湾饮用水断面	9 343.22	9 343.22	100
	火星观饮用水断面	6 390.46	6 390.46	100

2.1.2.2　大气环境

襄阳市区设置 4 个国控空气自动监测点：襄城运动路、樊城新华路、高新管委会、襄州航空路。监测点位采用 24 h 连续自动监测。2014 年及以前的监测项目为二氧化硫、二氧化氮和可吸入颗粒物 3 项，每月监测 21 d 以上。2014 年分别对各个站点进行升级改造，改造之后各站点的监测项目变成二氧化硫、二氧化氮、可吸入颗粒物、臭氧、一氧化碳和细颗粒物 6 项。2016 年开始实行新的《环境空气质量标准》（GB 3095—2012）。降尘、硫酸盐化速率仅在襄阳市区设置采样点共 7 个，分别为 51 支队、卫校、市监测站、市棉织厂、十五中学、隆中和二汽基地，其他各县（市）未设置采样点。监测频次为每月监测一次，每月的 28—30 日将采集样品的集尘缸和碱片更换一次。

2016 年二氧化硫年均值为 15 $\mu g/m^3$，二氧化氮年均值为 32 $\mu g/m^3$，可吸入颗粒物年均值为 93 $\mu g/m^3$，细颗粒物年均值为 64 $\mu g/m^3$，臭氧年均值为 92 $\mu g/m^3$，一氧化碳年均值为 1.09 mg/m^3。2016 年有效监测天数为 366 d，空气质量为优良的天数有 241 d，占有效监测天数的 65.8%，较上年度提高 9.4%（表 2-9）。

表 2-9　襄阳市 2015—2016 年大气污染物浓度

项目	2016 年	2015 年
SO_2/（$\mu g/m^3$）	15	19
NO_2/（$\mu g/m^3$）	32	34
PM_{10}/（$\mu g/m^3$）	93	108
$PM_{2.5}$/（$\mu g/m^3$）	64	76
臭氧/（$\mu g/m^3$）	92	91
一氧化碳/（mg/m^3）	1.09	1.08
优良天数/d	241	206
有效监测天数/d	366	365
优良天数所占比例/%	65.8	56.4

2016 年襄阳市环境监测站对隆中、市监测站 2 个降雨点位进行监测。全市共采集降水样品 75 个，总雨量为 919.2 mm。本年度未检测出酸雨，酸雨检出率均为 0。2016 年全市降水 pH 加权平均值为 6.5（表 2-10）。

表 2-10　酸雨监测 2015—2016 年综合统计表

年份	总雨量/ mm	酸雨量/ mm	酸雨检出率/%	pH 最小值	pH 最大值	pH 均值
2015	228.8	0	0	5.8	6.4	6.0
2016	919.2	0	0	5.9	7.1	6.5

单项污染指数统计表明，襄阳市区及各点位的首要污染物均为可吸入颗粒物。空气综合污染指数统计表明，襄阳市区综合指数在 2014 年达到最大，为 2.16，相对应的各点位在 2014 年达到最大。综合指数越高，代表环境空气质量越差。到 2015 年综合指数有所减小，说明相较于 2014 年空气质量有所好转。2015 年综合指数樊城新华路最大，依次为襄城运动路、高新管委会和襄州航空路。大气环境质量综合指数统计见表 2-11。

表 2-11　2011—2015 年大气环境质量评价指数统计表

年份	统计项目	襄阳市区	襄城运动路	樊城新华路	高新管委会	襄州航空路
2011	P_{SO_2}	0.50	0.53	0.55	0.45	0.48
	P_{NO_2}	0.43	0.45	0.40	0.40	0.45
	$P_{PM_{10}}$	0.97	0.92	0.98	1.00	0.97
	综合指数	1.90	1.90	1.93	1.85	1.90
2012	P_{SO_2}	0.47	0.48	0.52	0.45	0.45
	P_{NO_2}	0.34	0.31	0.36	0.38	0.33
	$P_{PM_{10}}$	0.96	0.91	0.87	1.07	1.02
	综合指数	1.77	1.71	1.75	1.90	1.80
2013	P_{SO_2}	0.48	0.50	0.45	0.48	0.48
	P_{NO_2}	0.35	0.35	0.33	0.39	0.36
	$P_{PM_{10}}$	1.00	0.99	0.94	1.02	1.06
	综合指数	1.83	1.84	1.72	1.89	1.91
2014	P_{SO_2}	0.55	0.55	0.55	0.55	0.55
	P_{NO_2}	0.48	0.48	0.48	0.49	0.46
	$P_{PM_{10}}$	1.13	1.11	1.12	1.14	1.14
	综合指数	2.16	2.14	2.15	2.18	2.15

年份	统计项目	襄阳市区	襄城运动路	樊城新华路	高新管委会	襄州航空路
2015	P_{SO_2}	0.32	0.37	0.37	0.30	0.23
	P_{NO_2}	0.43	0.44	0.46	0.43	0.39
	$P_{PM_{10}}$	1.08	1.12	1.16	1.09	0.97
	综合指数	1.82	1.92	1.99	1.82	1.59

　　襄阳市的首要污染物是可吸入颗粒物。襄阳市可吸入颗粒物日均值最大值为 0.434 mg/m³（出现在 2013 年的襄州航空路），超标 1.89 倍，日均值超标率范围为 9.5%～24.0%。年均值浓度范围为 0.087～0.115 mg/m³。可吸入颗粒物浓度从 2011 年开始缓慢上升，到 2014 年达到最大，然后 2015 年陡然下降。统计数据分析表明，全市二氧化硫日均值最大值为 0.161 mg/m³（出现在 2011 年的襄州航空路），超标 0.07 倍，日均值超标率范围为 0～0.30%；年均值浓度范围为 0.014～0.033 mg/m³，均符合《环境空气质量标准》（GB 3095—1996）中二级标准（0.06 mg/m³）要求。二氧化硫浓度从 2011 年开始缓慢上升，到 2014 年达到最大，然后 2015 年陡然下降。二氧化氮日均值最大值为 0.096 mg/m³（出现在 2011 年的樊城新华路），未超标，日均值超标个数为 0；年均值浓度范围为 0.022～0.039 mg/m³，均符合《环境空气质量标准》（GB 3095—1996）中二级标准（0.08 mg/m³）要求。二氧化氮浓度从 2011 年开始缓慢上升，到 2014 年达到最大，然后 2015 年陡然下降。

　　统计表明，2011—2015 年襄阳市区各站点综合污染指数平均值由大到小，依次为高新管委会、樊城新华路、襄城运动路和襄州航空路。并且各个站点的综合污染指数及三项污染物浓度在 2014 年达到最大值，是因为 2014 年受雨量较少、静稳天气增多等不良的气象条件，外来污染物输入，城区工地建筑面积扩大等不利因素影响，导致 2014 年数据波动较大。2015 年襄阳市采取扩大集中供热覆盖范围限制新增燃煤锅炉，已有燃煤锅炉限期进行煤改气改造，整合工业用地、规划相应的工业园区，积极推广清洁能源的使用，城区禁鞭炮，秸秆禁烧，黄标车限行，建筑施工工地和城市道路扬尘治理等一系列措施成效显著，可吸入颗粒物等污染物浓度明显下降。总而言之，襄阳市区首要污染物分别是细颗粒物、臭氧（O_3-8 h）和可吸入颗粒物，各站点综合指数统计从大到小依次为樊城新华路、襄城运动路、高新管委会、襄州航空路。

2.1.2.3　固体废物

襄阳市支持固体废物收集处理项目建设，建成生活垃圾场、餐厨垃圾场、污泥处置站、危险废物处置站、垃圾填埋场、医疗废弃物处置站、垃圾转运站等。目前基本建立了城乡一体的垃圾收集转运处理体系，但全市生活垃圾无害化处理率较低，2015 年仅为 70.7%，且部分乡镇垃圾转运站建设滞后，90%以上乡镇还未实施垃圾收集转运。规划区内产生一般工业固体废物和危险废物企业较为集中，2016 年一般工业固体废物和危险废物产生量分别占全市产生量的96.3%和75.38%，处置利用率分别为 99.77%和 96.87%。2015 年全市工业固体废物产生量为 583.395万 t，综合利用量为 305.579 万 t，综合利用率为 52.38%，排放量为 232.248 万 t；危险废物产生量为 18 263.4 t，综合利用量为 6 560 t，为零排放（表 2-12）。

表 2-12　2015 年全市工业固体废物和危险废物情况

项目类别	襄阳市	市辖区	南漳县	谷城县	保康县	老河口市	枣阳市	宜城市
工业固体废物产生量/万 t	583.395	347.912	104.020	3.126	51.021	40.539	3.620	33.159
危险废物产生量/t	18 263.4	10 682.94	—	5 809.43	503.62	334.3	797.33	135.76
工业固体废物综合利用量/万 t	305.579	204.847	18.594	3.029	23.092	40.539	3.620	11.859
危险废物综合利用量/t	6 560	87.2	—	5 640	500	334	0	0
工业固体废物综合利用率/%	52.38	58.88	17.88	96.90	45.26	100	100	35.76
工业固体废物贮存量/万 t	45.568	1.444	32.884	0	11.24	0	0	0
其中：危险废物贮存量/t	0	0	0	0	0	0	0	0
工业固体废物处置量/万 t	232.254	141.626	52.542	0.097	16.689	0	0	21.3
其中：危险废物处置量/t	11 700	10 590	—	169	0	0	796	136
工业固体废物排放量/万 t	232.248	141.621	52.542	0	16.689	0	0	21.30
其中：危险废物排放量/t	0	0	0	0	0	0	0	0

2.1.2.4 土壤环境

2011 年襄阳市环境保护监测站按照《关于开展全省土壤环境监测工作》(鄂环办〔2011〕175 号)的通知,开展土壤环境质量监测工作。"十二五"期间,襄阳市选取宜城襄大孔湾育肥猪场、湖北良友金牛畜牧科技有限公司、南漳县福升农牧有限公司 3 个规模化养殖场开展周边土壤环境质量监测工作。每个畜禽养殖场周边土壤共布设 5 个监测点位。在畜禽养殖场外围 500 m 范围内采用网格法进行随机布点,网格大小为 100 m×100 m,通过查随机数表,得到 5 个随机数,随机数对应的网格编号生成中心点,作为监测点位(图 2-6)。由湖北省环境监测中心站承担全省土壤有机项目的分析测定、全省土壤样品库的建设、国家级土壤样品的送样、全省土壤监测数据的汇总以及全省土壤监测报告的编制工作,同时对各地监测站进行实验室外部质量控制考核。襄阳市站完成土壤采样、制样,完成本地区土壤环境质量监测报告以及市级土壤样品库的建设工作。

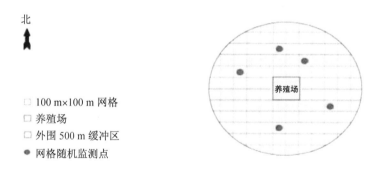

北

□ 100 m×100 m 网格
□ 养殖场
□ 外围 500 m 缓冲区
● 网格随机监测点

养殖场

图 2-6 畜禽养殖场周边土壤点位布设

全省畜禽养殖场周边 210 个采样点土壤以清洁(安全)为主,占总点位数的 69.52%,尚清洁(警戒线)、轻度污染、中度污染和重度污染所占比例分别为 17.62%、10.00%、2.38%和 0.48%。16 个地区中(潜江未进行监测),7 个地区的部分点位存在不同程度的重金属超标:重度污染点位出现在黄冈,中度污染点位集中在黄石,轻度污染点位集中在黄石、黄冈、宜昌、荆门、孝感、恩施和仙桃。襄阳、武汉、十堰、鄂州、荆州、咸宁、随州、天门和神农架 9 个地区的所有采样点土壤的综合污染水平均处于尚清洁警戒线内。因此，根据 2016 年湖北省环境保护厅发布的《2015 年湖北省环境质量状况》公告可知，截至 2015 年襄阳市畜禽养殖场周边土壤环境质量良好。

2.1.3   生态环境保护

2.1.3.1   自然保护地建设

汉江沿岸现有国有林场 10 个，经营总面积 13.7 万亩，其中林业用地面积 12.3 万亩。现有国家生态公益林 5.1 万亩，省级生态公益林 2.1 万亩。在国有林场基础上建立了岘山、鹿门寺两个国家森林公园和百花山、承恩寺两个省级森林公园。汉江沿岸现有国有林场区位较好，自然资源和生物多样性丰富，基本实现了全绿化。襄阳全市湿地资源丰富，共有湿地面积 155.5 万亩，占襄阳市总面积的 5.26%。主要分为河流湿地、沼泽和沼泽化草甸湿地、库塘湿地 3 个大类。目前，研究区域共有湿地公园 7 个，总面积为 192.20 km^2，占襄阳市总面积的 0.97%。其中国家级湿地公园保护区共 4 个，总面积为 114.45 km^2。省级湿地公园保护区共 2 个，总面积为 39.01 km^2。市级湿地公园保护区 1 个，面积为 38.75 km^2。

2.1.3.2   城市生态建设

襄阳市积极倡导"让森林走进城市，让城市拥抱森林"的理念，通过对山、水、城、洲的科学规划、保护、治理、建设，形成林在城中、城在林中、车在绿中、人在景中的森林生态网络。加快建设城区之间、城区与郊区、工业区与生活区之间的防护绿带和组团绿地，构建林荫型、景观型、休闲型城市绿地系统。提升城区、社区和单位绿化水平。加快建设综合性植物园和专类公园，大力实施立体绿化工程，深入推进建筑墙立体绿化、立交桥和停车场绿化、单位和社区绿化，构建乔、灌、花、草相结合的立体生态绿化结构。深入推进城区山体景观改造。在襄阳市城区主要出口路、内外环线公路两侧、邓城森林公园等地点结合襄阳市人文景观特点，建设"一点两圈七廊十一景"环城森林生态圈，保护环城生物资源，提高生物多样性，有效发挥襄阳山水、历史和人文优势，提升城市魅力。在襄阳中心城区规划建设以内外环线为主体的环城林带、汉江生态景观带，推进周边山体生态修复。在县城、乡镇、集镇等因地制宜构建绿色屏障，打造城市、城镇生态圈，形成市、县、乡三级森林生态网络。

2.1.3.3　林业生态系统建设

根据 2016 年森林资源调查情况，汉江襄阳段沿岸 6 个县（市、区）、37 个乡镇（街办）现有林地面积 190 万亩，其中有林地 130 万亩、灌木林地 36 万亩、未成林地 10 万亩、宜林地 6 万亩、无立方林地 5 万亩、苗圃 3 万亩。汉江干流有 30 个江心洲和外滩圩垸，面积约为 39 万亩；沿线建有湖北谷城汉江、湖北长寿岛、湖北襄阳汉江、湖北宜城万洋洲 4 个国家级湿地公园。

目前，在汉江生态经济带襄阳沿江区域林业生态建设主要是开展襄阳国家储备林建设项目，采取"南北组合"的模式进行建设，即北部沿省界门户的山体组团和南部的沿汉江两岸及山体组团。建设地块主要分布在项目县（市、区）汉江两岸可视 1 km 范围应绿尽绿、国有林场以及邻近国有林场的乡镇集体林地。未来，还将开展"绿满襄阳"提升行动：①绿色通道工程，对汉江沿岸区域新建、改建、扩建的高速公路、国省干道和县乡道路，做到绿化与道路建设同步推进；对已绿化的道路，根据实际情况进行补植补造、更新树种、提档升级、全面推广。②绿色水系工程，按照打造绿色水系的标准，对大型灌区和小（二）型以上的水库进行绿化。③绿色村庄工程，大力开展乡村村庄绿化，栽植有较高经济价值和观赏价值的乡土树种，引导农户开展房前屋后植树，大力发展庭院经济。④绿色荒山（基地）工程，开展全市低丘岗地造林绿化，加快推进宜林荒山荒坡绿化，大力发展生态防护林、速生丰产林和高效经济林，实施低产低效林改造，有序推进树种更新，丰富树种配置，提升绿化效果。

2.1.3.4　农业生态环境保护

根据湖北省政府办公厅《关于印发〈湖北省畜禽养殖区域划分技术规范（试行）〉的通知》，沿江区域已经全部出台了本行政区域畜禽养殖禁养区、限养区、适养区"三区"划定方案。完成了汉江沿岸襄阳段畜禽养殖污染源整改销号，对汉江沿岸禁养区内畜禽养殖场点进行了集中排查关闭搬迁。老河口市成为 2016 年湖北省畜牧业绿色发展示范县建设试点县。老河口、宜城市成为 2017 年全国畜禽粪污资源化利用重点县。在全市推广集大规模养、种为一体的老河口"宽泰牧业模式",粪污实现自我消纳、自我循环的襄州"喜旺旺模式"和利用生物特性对粪便进行高效利用的襄州"良友金牛模式"。在全省率先开展试点,病死畜禽已实现全收集、全处理、全覆盖目标。

沿江区域内大力开展了化肥零增长行动,加快推进面源污染治理,推进化肥减量增效。为加快推进汉江流域面源污染治理,在全市土肥站的指导下,以主要农作物化肥减量增效为目标,以深化普及测土配方施肥为抓手,以推广有机肥施用和施肥新技术为着力点,细化目标任务、强化政策支持、优化技术措施,实现了主要农产品产量、耕地地力和农业面源污染治理水平的同步提高。2017 年上半年,全市已推广测土配方施肥 670 多万亩。谷城县在果菜药茶等高效经济特色作物上增加 3 个耕地质量长期定位监测点。

在农作物农药减量控害工作方面,推广以无人机为重点的精准新型植保机械。截至目前,全市拥有无人机 44 架、自走式喷雾器 547 台、担架式喷雾器 785 台,减少了用药用水量。推广农作物病虫害绿色防控技术,推广健身栽培,开展农业病虫害防治,进行了种子消毒和带药移栽预防病虫害,推广了物理诱杀病虫害防治技术。

2.1.4　生态文明建设

生态保护纳入全市重大战略。市委、市政府创造性落实创新、协调、绿色、开放、共享五大发展理念,引领发展方式转变,主动适应新常态,坚持以生态文明创建为载体,将生态文明建设和环境保护工作深度融入经济社会各方面、全过程,深入实施"蓝天碧水"行动,坚持绿色发展,建设绿色襄阳。襄阳市积极推进"水生态文明城市建设试点",已完成"汉江—襄水—护城河"三水连通工程等30 个项目的主体工程;"第一批国家低碳省区试点"取得突破性进展,"十二五"期间,全市单位能耗下降 24%;大力推进"碳排放权交易试点",已完成三批共21 家企业履约。

　　环保法规体系进一步完善。为了有效贯彻环保法规，襄阳市先后颁布了《生态文明（生态市）建设考核办法》《襄阳市大气污染防治行动计划实施情况考核办法（试行）》《襄阳市水污染防治行动计划工作方案》《关于划定并严守生态保护红线的若干意见》《关于建立资源环境承载能力监测预警长效机制的若干意见》《环境行政执法与刑事司法联席联动实施意见》等一系列规范性文件。全市环境执法力度不断加强，建立了环保与公检法打击环境犯罪联动机制，依法依规处理违法案件 900 余件。

　　生态文明创建扎实推进。实施履行牵头抓总职责，制定了《襄阳市生态文明体制改革实施方案》，分起步、深化、完善三步组织实施。把"蓝天碧水"工程纳入《改善民生三年行动计划（2014—2016）》，积极谋划推进生态文明体制改革工作。环境保护优化经济发展措施落到实处。全市组织实施了《襄阳市环境保护"十二五"规划》及其污染防治专项规划、《襄阳市涉铅产业发展及污染控制专项规划》，完成了全市沿江区域市级及以上开发区的规划环评，依法否决了一批不符合国家产业政策、选址不当、能耗高、污染严重的项目。

　　环境风险防控水平提升。规范辐射安全管理，实现辐射事故零发生率。积极开展危险废物的物联网应用，全面执行危险废物电子联单制度，制定了《关于进一步加强全市医疗废物管理工作的通知》和《襄阳市医疗废物暂时贮存、交接、运输、处置过程环境管理规范》，全市危险废物规范化管理水平得到进一步提升。推动建立区域环境应急监测、风险隐患排查、重点涉危行业应急预案"三合一"应急体系，妥善应对一般环境事件 15 起。

　　环保改革重点任务进展顺利。完成了市直环保系统环评机构脱钩改制。出台了《襄阳市环境保护工作责任规定（试行）》《生态文明（生态市）建设考核办法》，对各地和相关部门明确了环保责任，明确了"党政同责、一岗双责、失职追责"的环保工作要求；制定了《环境行政执法与刑事司法联席联动实施意见》，建立了"两法衔接"信息共享、案件移送、联席会议、执法联动等相关工作机制，已移送公安机关拘留案件 4 起。环境监测、环境监理、污染治理设施第三方运营等环保服务社会化工作有序开展。

2.2 主要生态环境问题

2.2.1 生态环境

森林生态服务功能不强，难以发挥其大屏障作用。虽然襄阳市森林覆盖率逐年上升，但从整体上看，森林资源质量较低，森林生态服务功能还比较脆弱，严重影响了森林综合效益的发挥。森林资源质量差，林地生产力低。全市国有林场森林活立木蓄积量 162.99 万 m^3，平均每亩 2.7 m^3，低于全省平均水平（全省平均每亩 3.3 m^3），仅相当于全国平均水平的 45.7%（全国平均每亩 5.9 m^3）。

襄阳市的水土流失成因特征以水力侵蚀为主，兼有重力侵蚀；全市水土流失面积已达土地总面积的 31.7%，其中西部山地尤为突出；襄阳市土壤侵蚀程度以轻度和中度为主，两者之和占总流失面积的 95% 以上；鄂北岗地为全省年降水量最少的地区，且时空分布极不均匀，离均系数大，极易产生水土流失；开发建设项目造成的人为水土流失加剧，治理任务更加艰巨；径流泥沙直接输入汉江和长江，威胁江河；部分区域林草采伐开垦失度，水土流失加重，导致耕地毁损，有机质含量降低。

部分河段水生态系统受损，保护与修复压力较大。受连续干旱、水利工程建设与调度等因素影响，大部分河流适宜生态需水无法满足，特别是部分河流由于工农业取用水大幅增加，挤占了河道生态基流，出现断流现象，河道水生态系统严重受损，生物多样性、生态廊道功能、景观功能损失殆尽。水土流失面积占总面积的 31.7%，矿产开发等人类活动带来的新增水土流失问题日益加重。随着经济发展和人口密度进一步加大，如何降低污染强度和人为水土流失成为最大的难题；随着人们对水体亲水性和景观要求的提高，未来保护与修复退化生态的任务十分艰巨。

2.2.2 环境质量

（1）水环境质量问题

部分支流水质较差，汉江干流岸边污染带影响突出。据 2016 年各汉江支流监测断面数据，在 17 个监测断面中，水质为优良（Ⅱ类和Ⅲ类）的占 82.4%；水质为轻度污染（Ⅳ类）的占 11.8%；水质为中度污染（Ⅴ类）的占 5.8%。污染断面主要集中在唐白河、滚河及蛮河流域。同时，由于主要支流水质较差，沿岸排污口污水汇入，在樊城区太平店排污口、小清河入河口下游、襄城区南渠排污口下游 1.5 km 范围内及闸口至唐家坡 12.8 km 范围内形成岸边污染带。污染带内氨氮、总磷、高锰酸盐指数等因子超标严重，在肖家河等支流入汉江河口处已经产生了小范围的水华现象。

部分城市内河污染严重，部分河道黑臭水体问题仍然突出。据 2016 年城市内河监测结果，南渠为城市纳污河渠，南渠仍然受到重度污染，水质类别与上年劣Ⅴ类持平，主要超标因子为氨氮，超标 2.82 倍。据住建部和环保部 2016 年对外公布的全国城市黑臭水体清单，襄阳市区共存在四段黑臭水体。月亮湾湿地公园内湖及南渠（麒麟路至三桥头）黑臭水体已经完成治理，南渠 603 桥至汉江入口处、大李沟（起点为中航大道大李沟桥，终点为小清河入口）仍处于治理中。由于排水管网体系不健全、部分河道被棚盖等原因，仍存在污废水排放口直排、合流制管道雨水溢流、分流制管道雨水溢流及改造难等问题，影响城市黑臭水体治理进程。例如，因周边区域排水不畅导致生活污水直接排入的现象时有发生，致使大李沟等黑臭水体治理进程缓慢。

饮用水水源水质安全风险凸显。据 2011—2016 年饮用水水源监测数据，白家湾和火星观饮用水水源地水质监测指标中总氮长期维持在较高水平、总磷指标在 2010—2013 年超过 0.05 mg/L，不能满足《地表水环境质量标准》（GB 3838—2002）中Ⅲ类水体要求。特别是 2009 年汉江市区段由江河向水库转变，加之南水北调中线工程实施，来水减少，导致自净能力降低，饮用水水源地水质安全存在潜在威胁。此外，部分岸边污染带形成小范围水华现象，如不加以控制极有可能蔓延，对整个汉江市区段及饮用水水源地构成威胁。

空气质量大幅改善,但污染程度依然较重。2016 年,襄阳市区细颗粒物(PM$_{2.5}$)、可吸入颗粒物(PM$_{10}$)、二氧化硫(SO$_2$)、二氧化氮(NO$_2$)同比分别下降 15.8%、13.9%、5.9%、21.1%。SO$_2$、NO$_2$ 达标,PM$_{2.5}$ 和 PM$_{10}$ 超标严重,分别超标 0.8 倍和 0.3 倍。2016 年,襄阳市 PM$_{2.5}$ 浓度为 64 μg/m^3,在湖北省 13 地市排名倒数第一,在 338 个城市中排名第 283 位。

(2)布局性、格局性问题

部分化工园区沿江布局,水环境风险隐患较大。汉江是襄阳市重要的饮用水水源地,但重化工企业多沿江分布,布局总体呈现近水靠城的分布特征,区域性、布局性环境风险突出,保障饮用水安全压力大。例如,余家湖工业园临江布局,园区内化学原料及化学制品等制造类企业多,工业生产总值比重大,环境风险单元数量多且风险多样化,生产的原辅材料和产品中包含大量危险化学品。距离汉江干流不足 3 km,环境风险隐患较大。

2.2.3   环境管理问题

体制机制仍不完善,水管理体系不健全。对流域管理政出多门,有环保、水利、林业、渔业、水务、港航、旅游局等多部门。襄阳市除宜城市实行水务统一管理外,大部分城市或行政区存在着条块分割、"多头管水"的现象,各部门职责交叉、权属不清,难以形成合力。基层水管体制与制度不健全、管理机制不灵活、管理设施落后、人才缺乏等问题仍然存在。水资源、水生态、水土保持监测能力和站网布局不能满足水利事务管理和社会服务的需要。业务应用系统建设很不平衡,信息安全保障能力有待提高。尚未建立环境事故预警及处理体系,缺乏对突发性环境事故的应急处理能力。

2.3   未来压力预判

襄阳市沿江区域是襄阳市发展条件较好、目前经济发展水平较高的区域,主要包括襄城区,樊城区,襄州区的城区及东集镇,谷城县的城关镇、冷集镇、庙滩镇、茨河镇,老河口市的洪山嘴镇、光化街道、鄨阳街道、李楼镇、仙人渡镇,宜城市的小河镇、王集镇、南营街道、鄢城街道、郑集镇、雷河镇、流水镇等 6 区（县、市）的部分乡镇。规划区面积为 4 300 km^2，2015 年的总人口为 262 万人，城镇人口为 168 万人，分别占襄阳全市域的 68.2%、74.8%。2011—2015 年规划范围内区县占襄阳全市域总人口、城镇人口、地区生产总值以及三产产值的比例如表 2-13 所示。以规划区人口总量、二产总产值占襄阳全市域的指标比重为基础，折算未来规划区域内的社会经济、资源能源消耗、污染物排放的预判值。

表 2-13　2011—2015 年规划范围内县区层面的各项指标占襄阳市域的比重　单位：%

年份	总人口占比	城镇人口占比	地区生产总值占比	第一产业占比	第二产业占比	第三产业占比
2011	67.9	69.8	77.4	63.3	82.5	74.0
2013	67.9	70.4	75.9	63.0	81.2	72.0
2014	68.2	70.0	75.6	62.2	80.8	71.1
2015	68.2	74.8	75.4	61.5	80.2	71.7
平均值	68.6	71.2	76.0	62.5	81.2	72.2

2.3.1　社会经济发展

2.3.1.1　经济增长预测

2016 年襄阳全市实现地区生产总值 3 694.5 亿元（现价），按可比价格计算，增长 8.5%。2015 年规划区范围内区县层面的地区生产总值为 2 548.7 亿元。2000—2011 年襄阳市地区经济生产总值增长率处于急速增长阶段，2012 年后经济发展处于平稳增长阶段（图 2-7）。根据襄阳市"十三五"规划纲要提出的发展目标，到 2020 年，地区生产总值绝对数大于 6 000 亿元，年均增长率达 10%，人均 GDP 约 10 万元（现价 15 613 美元）。以 2016 年经济发展数据来看，已完成《襄阳市城市总体规划（2011—2020 年）》的 60%阶段发展目标 3 252.88 亿元，未完成"十三五"规划目标中 20%的阶段发展目标 3 905.68 亿元。

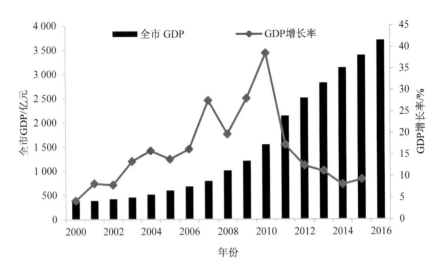

图 2-7　2000—2016 年襄阳市地区生产总值变化趋势

在全国主动加大结构调整力度、加快淘汰落后产能、加大环境污染治理力度的大背景下，未来规划区的经济发展将维持稳中有进、稳中提质的良好态势。从国际经验来看，经济增长率通常在人均 GDP 达到 10 000 美元以上时开始下台阶，从高速增长阶段过渡到中速增长阶段。2016 年襄阳市人均 GDP 已达到 9 888 现价美元，2015 年规划区人均 GDP 为 2 045.6 现价美元，正处于高速增长末期阶段，因此 2020 年后，襄阳市整体经济增长将进入中速发展阶段。考虑到经济增长的不确定性因素，对 2015 年后的经济发展分高增长、中增长、低增长三种情景进行测算。低增长情景突出强调了未来襄阳市，尤其是规划区经济发展面临的下行风险，比如产业转型和升级步伐缓慢，外贸出口持续萎缩等不利因素，宏观经济增长在 2020 年以前勉强维持在 7%左右，2020 年后下降到 6.5%；高增长情景突出了未来襄阳市及规划区经济发展机遇大于挑战，2020 年以前 GDP 增速继续保持在 8.5%～9%，2020 年后下降到 8%～8.5%；中增长情景则介于两者之间，2020 年以前 GDP 平均增速 8%～8.5%，2020 年以后增速降为 7.5%～8%。

按照三种发展情景进行预测（表 2-14）。同时按照规划区 2015 年的第二产业产值占襄阳全市第二产业比重 80.2%以及襄阳市 2015 年工业生产总值占全市生产总产值比重 57% 折算出规划区第二产业产值占襄阳市生产总值的 41.5%。因此到 2022 年规划范围区县层面的 GDP 将达到 2 009.720 5 亿～2 144.471 亿元，而到 2035 年，规划区 GDP 将维持在 5 168.700 5 亿～7 042.716 亿元。从理论上讲，资源和环境预测均要分析这三种增长情景，但是为简化部分工作量，优先取经济发展的中增长情景。

表 2-14 规划区经济发展预测 单位：亿元

年份	低增长情景 GDP	中增长情景 GDP	高增长情景 GDP
2022	2 009.720 5	2 105.295	2 144.471
2035	5 168.700 5	6 450.221	7 042.716

2.3.1.2 产业结构调整预测

2016 年襄阳市第一产业增加值为 430.9 亿元，增长 3.8%；第二产业增加值为 2 046.8 亿元，增长 9.0%；第三产业增加值为 1 216.8 亿元，增长 9.4%（图 2-8）。三次产业结构比为 11.7：55.4：32.9。2015 年规划区范围内区县层面的第一产业增加值为 247.3 亿元，降低了 1%；第二产业增加值为 1 543.06 亿元，增长了 5.82%；第三产业增加值为 758.34 亿元，增长了 15.48%。襄阳市三次产业结构变化趋势中可以看出随着时间变化，工业越来越占主导地位。从工业内部结构来看，已形成以汽车产业为龙头，以农产品加工、装备制造、新能源汽车、新能源新材料、医药化工、电子信息为支柱的"一个龙头、六大支柱"的产业发展框架。从 2000—2014 年产业结构演变过程来看，第一产业增加值比重平稳下降；第二产业增加值比重持续上升；第三产业增加值比重小幅下滑；2015—2016 年第二产业增加值下降，第三产业逐步上升，这表明襄阳及规划区正处于产业结构内部加速调整阶段。根据西蒙·库兹涅茨、赛尔奎因、钱纳里等的工业化阶段分析模型，人均地区生产总值、三次产业结构、非农产业产值比重和城市化率等指标一致表明，襄阳及规划区正处于工业化中期阶段。

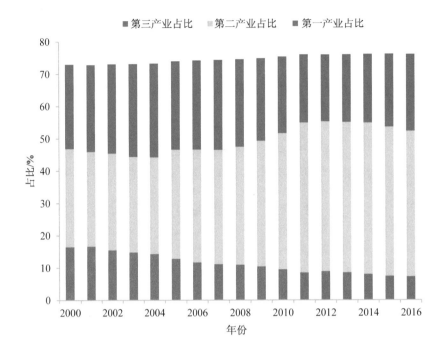

图 2-8　2000—2016 年襄阳市的三次产业结构变化趋势

　　根据国际经验，在经济增长下台阶后，产业结构将发生重大变化，工业产出比重将呈现逐步下降趋势，服务业比重则相应上升，由"传统工业主导"转变为"现代服务业主导"。襄阳市"十三五"规划纲要提出，到 2020 年，襄阳市服务业占 GDP 比重为 40%。襄阳市"十三五"工业发展规划提出，到 2020 年工业总产值达到 1.2 万亿元。而根据三次产业结构的变化走向和偏离情况，"十三五"期间及到 2022 年，规划范围内区县层面的第二产业占比将持续提升，第一产业将持续降低，第三产业由 2016 年的占比 23.78%将提升至 30%左右（表 2-15）。2022—2035 年，规划范围内区县层面的第二产业增速将随经济总体进入新常态而有所下降，第三产业所占比重将首次出现超过第二产业的势头，整体经济产业结构向发达国家水平迈进。

表 2-15　规划范围内各区县的社会经济预测

社会经济预测		宜城市	谷城县	老河口市	襄州区	襄城区	樊城区	小计
2022 年	GDP/亿元	409.53	433.56	433.49	808.45	601.3	1 177.62	2 686.33
	第一产业/亿元	67.98	43.36	65.02	80.84	12.03	23.55	292.78
	第二产业/亿元	218.69	251.46	216.74	388.06	390.84	765.45	2 231.24
	工业	214.07	239.74	208.4	326.41	372.46	729.45	2 090.53
	第三产业/亿元	122.9	138.7	151.7	339.5	198.4	388.6	1 339.8
	GDP 增长率/%	8.43	8.9	8.8	8.9	8.9	8.9	8.8
	工业增长率/%	8.1	8.7	8	8.5	8.5	8.5	8.6
2035 年	GDP/亿元	785.9	855.8	821.3	1 621.1	1 205.8	2 361.4	2 463
	第一产业/亿元	102.2	77	115	32.4	12.1	23.6	362.3
	第二产业/亿元	385.1	470.7	394.2	778.2	614.9	1 204.3	2 643.1
	工业	379.7	450	384.1	610.9	531.3	1 074.6	2 356
	第三产业/亿元	298.6	308.1	312.1	810.6	578.9	1 133.5	2 308.2
	GDP 增长率/%	7.43	7.8	7.5	7.9	7.9	7.9	7.7
	工业增长率/%	6.8	7.4	7	7.3	5.6	5.8	6.7

2.3.1.3　人口增长及城镇化预测

　　按照世界一般发展规律与诺瑟姆曲线理论的三个城镇化发展阶段,一个地区城镇化率达到 50%,就进入了城镇化快速发展时期。自 2011 年开始,襄阳市城镇化率为 51.99%,开始步入城镇化快速发展期的中间阶段(图 2-9)。2017 年规划区范围内常住人口为 238.76 万人,襄阳市 2017 年年末常住人口 565.4 万人(指常住本市半年以上人口),城镇化率达到 59.7%。2006—2010 年,襄阳市总人口经历快速增长阶段。2010—2016 年,襄阳市总人口增长率逐步降低,2011—2015 年,规划范围内县区层面的城镇化率基本保持在 50% 左右。根据襄阳市"十三五"国民经济和社会发展规划提出 2020 年襄阳市常住人口将达到 580 万人,城镇化率最低达 62%,基于襄阳城镇化率的历年趋势预测和规划区域内的总人口、城镇人口占襄阳全市域的比重进行估算,到 2022 年,规划区域内的总人口约为 243.49 万人，城镇化率为 81.6%，到 2035 年总人口约为 256.43 万人，城镇化率约为 88%。

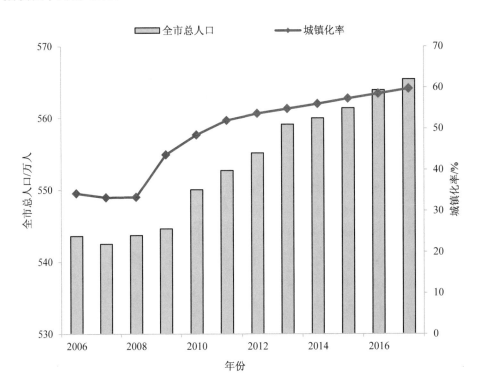

图 2-9　2006—2016 年襄阳市人口及城镇化率变化趋势

2.3.2　资源能源消耗

2.3.2.1　能源消费压力预测

2009—2015 年，襄阳市的煤炭消费总量由 880.13 万 t 下降至 769.84 万 t，2015 年工业煤炭占比为 94.79%，生活煤炭占比为 5.31%。根据 2015 年规划区的第二产业和总人口占襄阳全市域的比重折算出 2009—2015 年规划区的煤炭消费总量以及工业煤炭消费量、生活煤炭消费量（图 2-10）。2009—2015 年规划区的煤炭消费总量由 695.13 万 t 下降至 608.85 万 t。其中，工业煤炭消费量从 674.8 万 t

下降至 591.9 万 t。生活煤炭用量从 20.3 万 t 下降至 16.9 万 t（图 2-10）。同时，2011—2015 年，襄阳市的单位 GDP 能耗（标煤）从 10.15 t/万元下降至 7.95 t/万元。根据规划范围内区县的 GDP 占全市生产总值的比重折算出 2011—2015 年规划范围内区县层面的单位 GDP 能耗（标煤）从 8.41 t/万元下降至 5.29 t/万元。到 2022 年和 2035 年，规划范围内区县层面的单位 GDP 能耗（标煤）分别为 4.5 t/万元和 1.3 t/万元左右，规划区的煤炭消费总量分别为 598.24 万 t 和 366.79 万 t 左右。

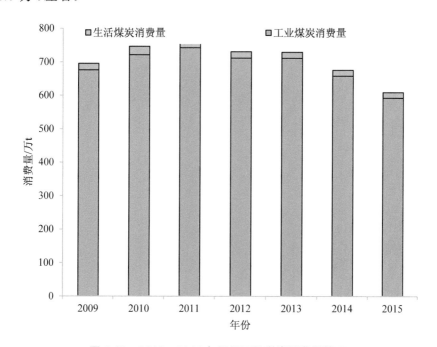

图 2-10　2009—2015 年规划区的煤炭消费量情况

2.3.2.2　用水需求压力预测

规划范围内区县层面的用水需求包括生活需水、生产需水、生态需水三大用水内容。生活需水主要包括城镇居民生活需水和农村居民生活需水。采用定额法，定额人均日用水量。2010—2015 年，襄阳市工业用水量从 10 418 万 t 增加为 11 175 万 t，生活用水量从 6 041 万 t 下降至 5 999 万 t，用水人口从 122.32

万人下降至 115.99 万人。以规划区的工业生产总值和人口总量占全市域的比重进行折算。规划区的生活与工业用水量基本保持平稳，下降幅度控制在 0.7%左右。其中，工业用水量在 2013 年增加至 8 500 万 t 左右（图 2-11）。根据规划范围内县区层面未来第二产业比重线性回归的预测值和规划区占县区层面的估算值，预测到 2022 年与 2035 年，规划区的生活用水量分别为 2 444.78 万 t 和 2 300.54 万 t，工业用水量分别为 9 468.36 万 t 和 10 971.94 万 t，规划范围内区县层面的 2020 年总需水量为 40.17 亿 m³，2030 年总需水量为 41.07 亿 m³。根据上述用水总量计算，2015—2020 年，年用水总量增加值为 1.176 亿 m³，2020—2030 年，年用水总量增加值为 0.064 亿 m³，按此外推可得 2022 年全市用水总量为 40.178 亿 m³，2035 年为 41.07 亿 m³。2022 年规划区范围内 6 区县的用水总量为 28.44 亿 m³，2035 年为 28.31 亿 m³（表 2-16）。按比例折算，到 2022 年，规划区用水总量控制在 14.87 亿 m³ 以内，2035 年控制在 15.17 亿 m³ 以内（图 2-11）。

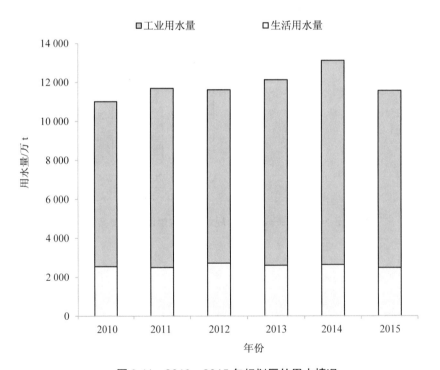

图 2-11   2010—2015 年规划区的用水情况

表 2-16　规划区用水需求预测　　　　　　单位：万 m³

2022 年用水需求预测		老河口市	樊城区	襄城区	谷城	襄州区	宜城市	合计
生活用水	城镇居民	1 625	6 079	3 153	1 389	3 232	1 365	16 843
	农村居民	854	320	262	934	1 462	1 083	4 915
	第三产业	387	1 447	751	331	762	325	4 003
牲畜用水	大牲畜	119	13	32	128	386	117	795
	小牲畜	570	153	170	833	1 326	697	3 749
生产	农业	20 264	3 316	5 554	10 997	32 668	19 810	92 609
	工业	10 420	56 897	29 424	18 460	26 113	17 982	159 296
	建筑业	101	327	170	89	206	89	982
生态	道路	57	184	96	51	116	50	554
	绿地	71	231	120	63	144	62	691
2022 年合计		34 468	68 967	39 732	33 275	66 415	41 580	284 437
2035 年用水需求预测		老河口市	樊城区	襄城区	谷城	襄州区	宜城市	合计
生活用水	城镇居民	1 933	7 132	3 755	1 822	4 425	1 684	27 051
	农村居民	818	196	179	975	1 211	1 029	4 408
	第三产业	477	1 761	927	450	1 100	415	5 130
牲畜用水	大牲畜	119	13	32	128	386	117	795
	小牲畜	642	172	191	938	1 493	785	4 221
生产	农业	19 511	3 240	5 426	10 619	31 915	19 129	89 840
	工业	18 437	48 357	23 910	19 799	26 878	18 228	155 609
	建筑业	87	277	146	85	195	79	869
生态	道路	64	205	108	63	144	59	643
	绿地	80	256	135	78	180	74	803
2035 年合计		42 168	61 609	34 809	34 957	67 927	41 599	283 069

2.3.3　污染物排放压力

　　根据襄阳市的环境质量现状、社会经济发展、环境保护形势与机遇，将污染物排放预测在不同的情景中进行组合分析。通过将襄阳市近 8 年的水环境污染物排放量数据进行线性回归预测，求得理论值，同时计算 "零增长" 和 "零控制"
两类情景下的预测值。"零增长" 模式是指在 2015 年基准年前提下，未来污染物
的排放总量不再增加或减少，污染物总体排放水平处于稳定状态。"零控制" 模式
基于未来 GDP 增长速率类比污染物排放的增加或减少速率，属于近期污染物控制
模式。通过比对三轮预测值的结果，可初步判断襄阳市在不同情景下的污染物未
来排放量强度与控制水平。

2.3.3.1　水体污染物

　　2011—2015 年，规划区化学需氧量和氨氮排放总量分别从 2011 年的 10.06 万 t、
1.234 万 t 减少至 2015 年的 9.03 万 t、1.07 万 t。规划区的工业废水排放总量减少
121.08 t、废水排放总量增加了 4 304.35 万 t。规划区的化学需氧量、氨氮排放量
分别下降了 10.28% 和 13.29%（图 2-12～图 2-14）。

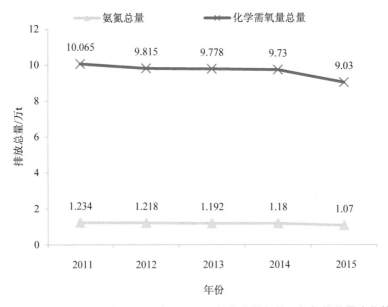

图 2-12　2011—2015 年规划区内区县层面的化学需氧量、氨氮排放量变化趋势

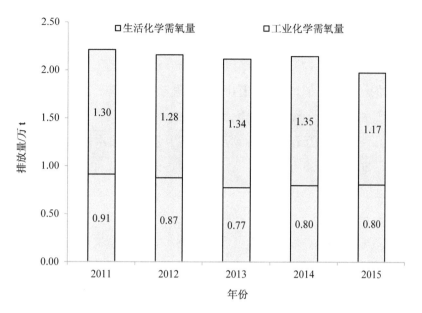

图 2-13 2011—2015 年规划区的工业、生活化学需氧量排放量变化趋势

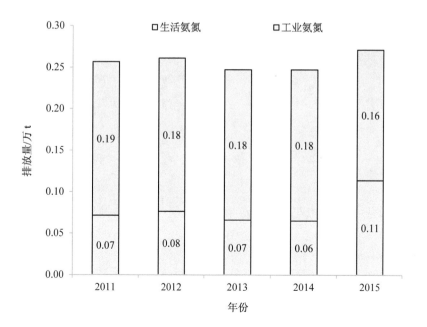

图 2-14 2011—2015 年规划区内区县层面的工业、生活氨氮排放量变化趋势

由于 2020 年废水总量、氨氮和化学需氧量的线性预测理论值分别为 17 286.63 万 t、0.63 万 t、5.94 万 t，与 2020 年"零控制"的情景值 18 163.9 万 t、0.65 万 t、5.48 万 t 误差较小（表 2-17）。因此，到 2020 年，近期规划区的废水总量、氨氮和化学需氧量的污染物排放，符合同期社会经济发展阶段，属于粗放式控制模式。到 2035 年，废水总量线性预测理论值为 21 033.06 万 t，高于"零增长"情景值（15 528.99 万 t）约 5 000 万 t，因此规划范围内区县层面的废水排放总量和化学需氧量在中长期（2020—2035 年）的控制力度需要进一步加强。2011—2015 年规划范围内区县层面的工业废水排放总量的下降速率较大，线性回归预测至 2020 年，其排放总量为 3 668.88 万 t，低于粗放型"零控制"情景值约 35.5%，表明近期襄阳市针对工业废水处理的控制力度较强。到 2035 年，线性预测规划区的工业废水排放、氨氮总量分别为 2 061.30 万 t、0.18 万 t，下降空间基本饱和。

表 2-17   规划区的废水及污染物排放情况预测   单位：万 t

预测情景		废水总量	工业废水	氨氮	化学需氧量
2015 年	零增长	15 528.99	6 645.40	0.87	7.33
2020 年	线性预测	17 286.63	3 668.88	0.63	5.94
	零控制	18 163.90	4 971.10	0.65	5.48
2035 年	线性预测	21 033.06	2 061.30	0.18	3.31
	零控制	40 203.55	1 673.78	0.22	1.84

2.3.3.2   大气污染物

2015 年规划区的二氧化硫、烟粉尘颗粒物、氮氧化物的排放总量分别为 3.75 万 t、1.83 万 t、5.18 万 t。与 2012 年相比，二氧化硫、烟粉尘颗粒物、氮氧化物排放量分别减少了 25.9%、19% 和 27%（图 2-15）。由二氧化硫、氮氧化物近 5 年（2011—2015 年）的总量数据得到线性回归预测可靠性 R 值分别高达 0.92 和 0.88。由于近期襄阳市针对大气污染物减排力度较强，预测总量远低于"零增长"情景值模式。到 2020 年，规划区的二氧化硫、氮氧化物的排放总量分别为 0.49 万～

2.81 万 t 和 1.67 万～3.87 万 t；到 2035 年，应用"零增长"与"零控制"两类情
景值，规划区的二氧化硫和氮氧化物排放总量为 1.2 万～2.81 万 t 和 1.65 万～3.87
万 t。然而烟粉尘颗粒物到 2020 年、2035 年的线性预测理论值分别为 1.83 万 t、
1.33 万 t，高于"零增长"情景值 0.5 万 t 和 0.8 万 t。

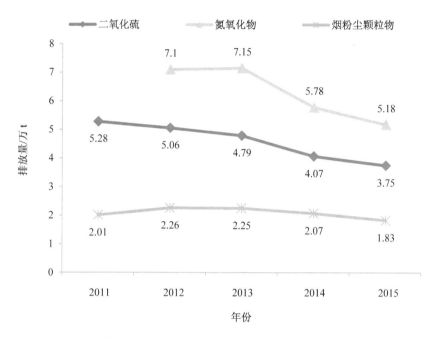

图 2-15　规划区 2011—2015 年工业固体废物排放量

2.3.3.3　固体废物

　　2015 年规划区产生的工业固体废物为 583.39 万 t，相较于 2011 年的 453.19 万 t
增加了 28.7%（图 2-16）。近 5 年襄阳市的工业固体废物增加趋势平稳，线性回归
预测可靠性 R 值为 0.966 4。到 2020 年，规划区的工业固体废物产生量为 673.34
万 t，相较于"零控制"的情景值增加了 52.4 万 t。随着近期襄阳市社会经济发展
速度的提升，针对工业固体废物产生量的控制力度需加强。到 2035 年，规划区的
线性预测理论值为 1 228.32 万 t。

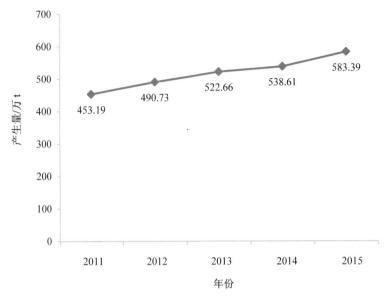

图 2-16   规划区 2011—2015 年工业固体废物产生量

2.4   汉江流域主要城市对标分析

襄阳市是湖北省域副中心城市、汉江流域重要城市,从经济发展、社会发展、产业发展、资源能源利用、环境质量、环境压力等方面,分析襄阳市的城市、环境与经济发展的竞争力,明确襄阳市的优势和劣势(表 2-18)。

表 2-18   环境经济竞争力评估指标体系

一级指标	二级指标	具体指标
经济发展	经济发展水平	GDP 及增速、人均 GDP 及增速
	经济发展质量	利用外资、进出口额、固定资产投资、消费品零售总额、经济发展对外贸/投资/消费的依赖度
社会发展	人口	人口数量及增长率、人口密度、常住/户籍人口比
	城镇化	城镇人口数量、城市人口密度、常住人口城镇化率、城乡收入/支出

一级指标	二级指标	具体指标
产业发展	产业结构	三次产业结构
	工业发展	工业增加值及增长率
资源能源利用	能源、水资源消耗量	能源消费总量、水资源消耗总量
	能源、水资源利用效率	单位 GDP 能源消费、单位 GDP 用水量
	土地利用效率	经济密度、工业经济密度
环境质量	水环境质量	水质断面比例
	大气环境质量	环境空气质量达标天数
	生态环境质量	森林覆盖率、生态环境质量指数
环境压力	污染物排放	废水、工业/城镇生活污水、COD、氨氮等主要污染物排放量及变化情况、SO_2、NO_2、烟粉尘等主要污染物排放量及变化情况
	排放绩效	节能环保支出

2.4.1　经济发展对标分析

（1）经济总量和人均 GDP 水平在汉江流域内处于领先地位，但与武汉市相比差距悬殊

2015 年，襄阳全市实现生产总值 3 382.1 亿元，占汉江流域经济总量的 13.97%，落后于武汉市（10 905.6 亿元，占比 45.06%），居汉江流域第 2 位，领先第 3 位南阳市（3 170.5 亿元，占比 10.42%）的优势也不明显。经济增速方面，2015 年襄阳市保持 8.9% 的经济增长，略低于汉江流域平均水平的 9.43%，与孝感市持平，但相较于安康市（12.1%）、商洛市（11.2%）、汉中市（9.6%）等经济发展较快地区已凸显差距（图 2-17）。人均 GDP 方面，2015 年襄阳市人均 GDP 达 60 319 元，居汉江流域第 2 位，距离汉江流域最高的武汉市（102 808 元）差距较大，但与其他不足 5 万元的城市荆门市（47 999 元）、十堰市（38 431 元）相比具有一定的优势（图 2-18）。可见，除武汉市外，襄阳市在汉江流域内的经济发展水平处于领先地位。

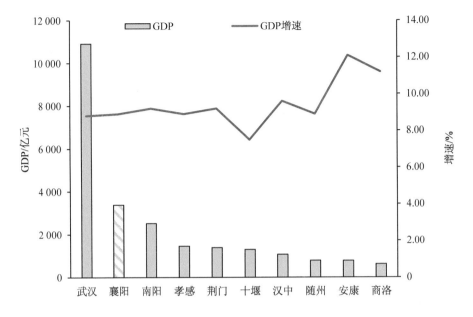

图 2-17 汉江流域主要城市 GDP 及增速（2015 年）

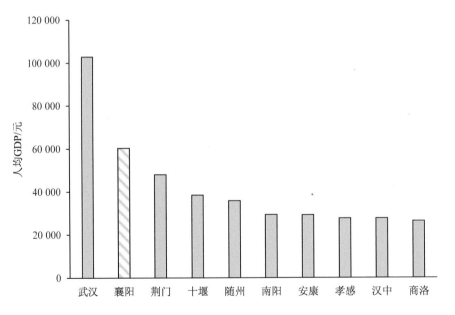

图 2-18 汉江流域主要城市人均 GDP（2015 年）

纵观汉江流域经济发展水平较高的城市主要集中于汉江中下游段,即武汉市、襄阳市、南阳市、荆门市、孝感市等地区,上游的汉中市、商洛市、安康市、十堰市等城市经济发展水平总体较低。武汉市、襄阳市是推动汉江流域经济社会发展、区域融合互动和提升开放竞争水平的两大中心城市,对带动汉江流域发展意义重大。但襄阳地处汉江流域中游地区,受区位条件、市场和工业基础等因素的影响,襄阳更应肩负建设汉江流域中心城市的重任。

(2) 对外经济贸易发展水平在汉江流域内处于领先地位,但与武汉市相比差距悬殊

汉江流域是全国对外经济贸易的主要地区,2015 年实现进出口总额 3 728 751.52 万美元,利用外资 971 535 亿美元。但在汉江流域内,对外经济贸易发展呈明显的单极化态势。2015 年襄阳市实际使用外资 72 779 万美元,居第 2 位,但距离排名第一的武汉市(利用外资 734 300 万美元)差距较为明显。同时,襄阳市 2015 年实现进出口总额 241 244 万美元,排名第 2 位,距离第一位的武汉市(2 807 200 万美元)差距很大(图 2-19 和图 2-20)。

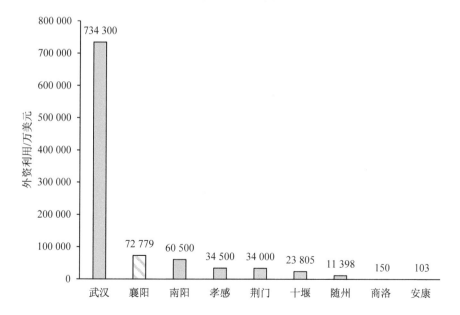

图 2-19　汉江流域主要城市外资利用情况(2015 年)(注:无汉中市资料)

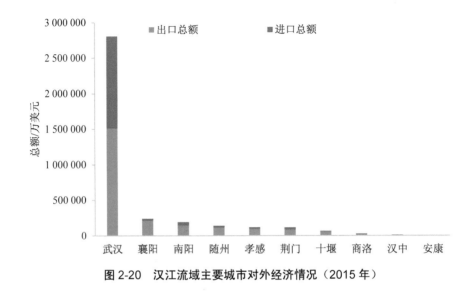

图 2-20　汉江流域主要城市对外经济情况（2015 年）

（3）经济结构略偏重投资，房地产行业在投资、消费结构中占比较高

目前全国大部分省（区、市）仍处于投资型发展阶段，全社会固定资产投资高于社会消费品零售总额。2015 年，汉江流域实现全社会固定资产投资 21 557.47 亿元，社会消费品零售总额 10 766.96 亿元。2015 年，襄阳市分别实现全社会固定资产投资、社会消费品零售总额 3 071.9 亿元、1 165.1 亿元，分别居汉江流域第 2 位、第 3 位（图 2-21）。通过与流域内其他城市对比，襄阳市虽仍处于投资型发展阶段，但全社会固定资产投资与消费品零售总额之间的差距仍然较大，这表明襄阳市经济发展的总体趋势仍属于投资型。

2.4.2　社会发展对标分析

（1）人口规模位居汉江流域第 3 位，位于南阳市和武汉市之下

2015 年流域人口 9 847 万人，人口城镇化率达 50.09%。但是，襄阳市作为汉江流域经济社会发展的核心之一，并未展现出引领流域的人口容纳能力和集聚化发展趋势。2015 年襄阳市户籍人口 591.6 万人，常住人口 561.4 万人，均居流域第 3 位。此外，2015 年襄阳市人口密度 300 人/km^2，仅位居汉江流域第 4 位，与排名前列的武汉市（968 人/km^2）、孝感市（591 人/km^2）相比，也存在一定差距

（图 2-22）。与流域内其他城市相比，襄阳市的人口规模、集聚化发展程度与其经济发展水平和流域中城市地位不匹配。

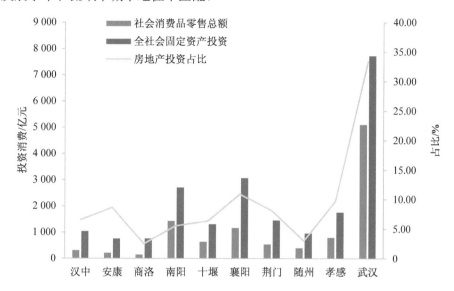

图 2-21　汉江流域主要城市社会消费、投资情况（2015 年）

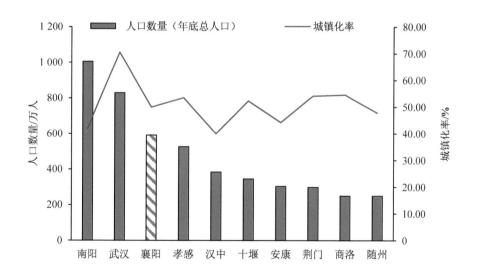

图 2-22　汉江流域主要城市人口数量及城镇化率（2015 年）

（2）城镇化发展在全流域处于重点水平，但城区开发建设强度高，人口压力大，继续发展受限

城镇化发展方面，襄阳市人口城镇化率、城市人口密度分别达 50.04%、300 人/km²，居汉江流域第 3 位、第 4 位，襄阳市城镇化发展水平一般（图 2-23）。但是，襄阳市城镇人口数量为 280.9 万人，居汉江流域第 3 位。城区人口与总人口集聚程度的巨大差异，说明襄阳市存在城市总体发展不均衡，县域、小城镇发展程度不高，中心城区承载人口压力过大等问题。

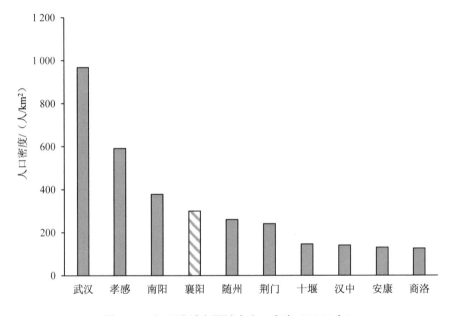

图 2-23　汉江流域主要城市人口密度（2015 年）

（3）人民生活水平总体较高，且城乡差异较小

2015年襄阳市城镇居民人均可支配收入达26 282元，居汉江流域第4位，与排名首位的武汉市（36 436元）仍有一定差距，但农村居民人均可支配收入达13 650元，排名全流域第3位，距离排名前列的武汉市（17 722元）、荆门市（14 716元）差距较少，城乡收入差异比为195.54，城乡差异较小（图2-24）。

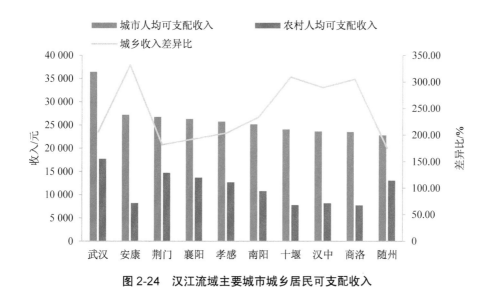

图 2-24　汉江流域主要城市城乡居民可支配收入

2.4.3　产业发展对标分析

（1）产业结构以第二产业为主导

在汉江流域的主要城市中，武汉市已率先进入产业结构优化调整的较成熟阶段，其他城市仍以第二产业为国民经济支柱。2015 年，襄阳市三次产业结构为 11.9：56.9：31.2，第二产业占比最大，在汉江流域主要城市中位居首位（图 2-25）。

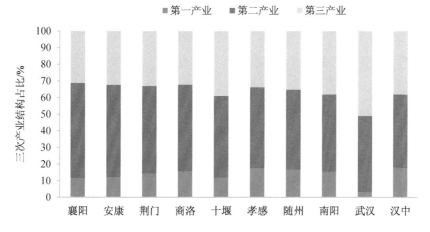

图 2-25　汉江流域主要城市三次产业结构（2015 年）

（2）第二产业和工业占比在汉江流域主要城市中最高，工业经济发达

2015 年襄阳市实现工业增加值 1 784.9 亿元，排名汉江流域第 1 位，距离排名后两位的南阳市（993.6 亿元）、荆门市（678.9 亿元）差距较为明显（图 2-26）；2015 年襄阳市工业增加值增长率为 9.2%，处于汉江流域较高水平且略高于省内均值（9.1%）。

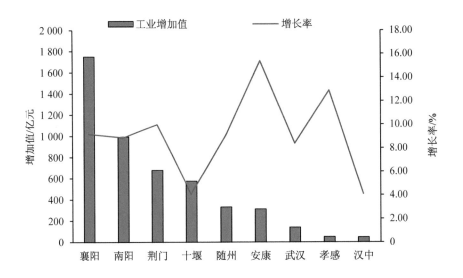

图 2-26　汉江流域主要城市工业发展情况（2015 年）

2.4.4　资源能源利用对标分析

2.4.4.1　能源利用

能源消费总量较高，能源利用效率水平相对较低。2015 年襄阳市能源消费总量 773.78 万 t 标准煤，居汉江流域第 3 位（图 2-27）。能源利用效率方面，襄阳市单位 GDP 能耗（标煤）为 0.655 t/万元，居汉江流域第 2 位，低于汉中市（0.899 t/万元），但高于其他城市，远高于武汉市（0.19 t/万元）（图 2-28）；可见，襄阳市能源消费总量较大，能源利用效率水平总体较低。

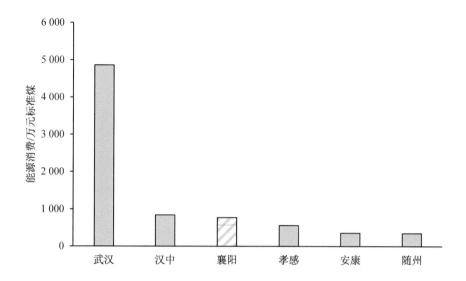

图 2-27 汉江流域主要城市能源消费（2015 年）

注：无荆门市、商洛市、十堰市、南阳市资料。

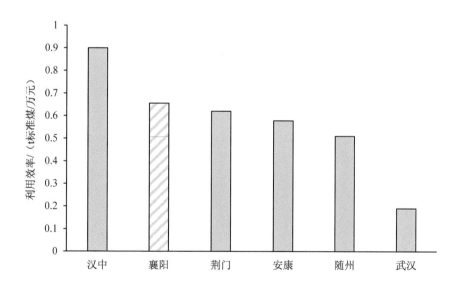

图 2-28 汉江流域主要城市能源利用效率（2015 年）

注：无孝感市、商洛市、十堰市、南阳市资料。

2.4.4.2 水资源利用

汉江流域水资源相对丰富，2015 年水资源总量 428.22 亿 m^3（除汉中市、随州市），其中地表水资源量 385.87 亿 m^3，地下水资源量 135.97 亿 m^3。

水资源量相对充足，用水量较高，农业和工业用水占比较高。2015 年，襄阳市水资源总量 58.59 亿 m^3，居汉江流域第 4 位，其中地表水、地下水资源量分别为 39.04 亿 m^3、19.55 亿 m^3；用水量 31.97 亿 m^3，居汉江流域第 2 位，人均用水量 540 m^3/人，均居汉江流域第 1 位，其中农业、工业、生活和生态用水分别占用水总量的 53.36%、38.48%、7.93% 和 0.23%。工业用水占比居汉江流域第 2 位，低于武汉市（46.24%）；生态用水占比为汉江流域较低水平，与排名第 1 的商洛市（3.92%）差距较大，低于安康市（0.92%）、武汉市（0.67%）。襄阳市城市用水效率和工业用水效率分别居汉江流域第 2 位和第 3 位（图 2-29～图 2-32）。

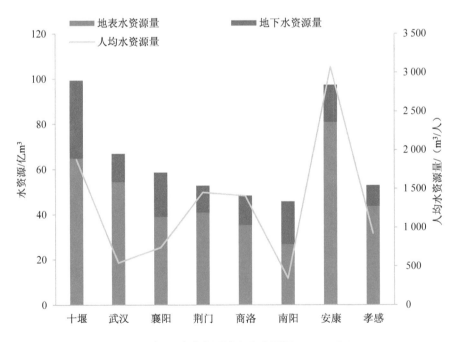

图 2-29　汉江流域主要城市水资源量（2015 年）

注：无随州市、汉中市资料。

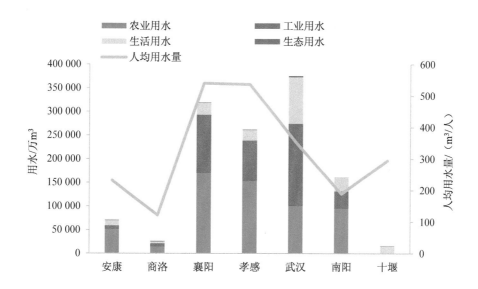

图 2-30　汉江流域主要城市用水量（2015 年）

注：无荆门市、汉中市、十堰市、随州市资料。

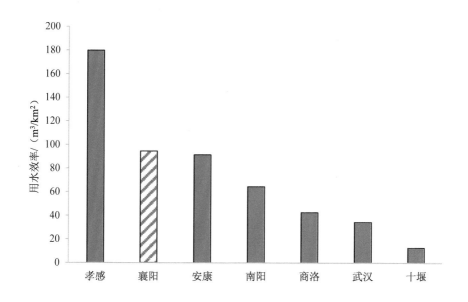

图 2-31　汉江流域主要城市用水效率（2015 年）

注：无荆门市、汉中市、随州市资料。

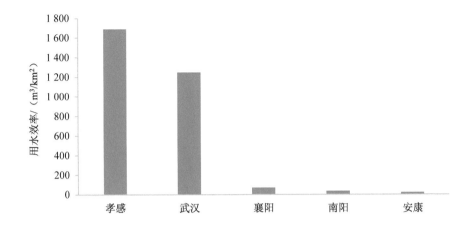

图 2-32   汉江流域主要城市工业用水效率（2015 年）

注：无荆门市、汉中市、随州市、十堰市、商洛市资料。

2.4.4.3   土地资源利用

土地开发利用效率较高。2015 年，襄阳市经济密度（单位土地 GDP）达 1 714
万元/km²，仅次于武汉市（12 727 万元/km²），居汉江流域第 2 位（图 2-33）；工
业密度（单位土地面积工业增加值）达 887 万元，居汉江流域第 1 位，高于第 2
位的荆门市（547 万元/km²）（图 2-34）。可见，襄阳市经济社会开发对土地资源
的利用效率较高，在汉江流域处于前列。

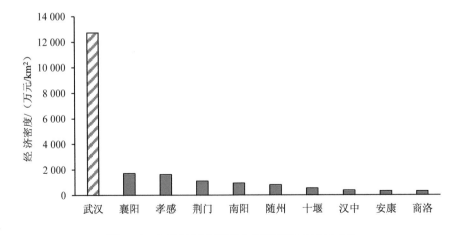

图 2-33   汉江流域主要城市经济密度（2015 年）

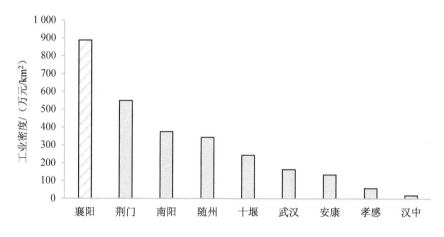

图 2-34 汉江流域主要城市工业密度（2015 年）

注：无商洛市资料。

2.4.5 环境质量对标分析

2.4.5.1 水环境质量

水环境质量总体相对较好。汉江流域 6 个地级市（荆门市、随州市、孝感市、安康市无资料）共有水质断面 184 个，地表水Ⅰ～Ⅲ类水质断面共 157 个，占全部断面比例的 85.33%，Ⅳ、Ⅴ类水质断面共 17 个，占全部断面比例的 9.24%，劣Ⅴ类水质断面 10 个，占 5.43%。襄阳市共有 25 个水质断面纳入评价，其中Ⅰ～Ⅲ类水质断面 21 个，占全市断面的 84%。Ⅳ、Ⅴ类断面 3 个，占全市断面的 12%，劣Ⅴ类断面 1 个，占全市断面的 4%（图 2-35）。总体而言，襄阳水环境质量高于流域水环境质量平均水平。

2.4.5.2 大气环境质量

大气环境质量总体相对较差。根据汉江流域城市中心环境空气质量达标天数（图 2-36），2015 年襄阳市市中心环境空气质量达标天数为 206 d，在汉江流域排名第 8 位，远低于商洛市（306 d）、荆门市（289 d）、安康市（287 d）、十堰市（287 d），高于南阳市（197 d）、武汉市（192 d），低于汉江流域平均水平 252.4 d。

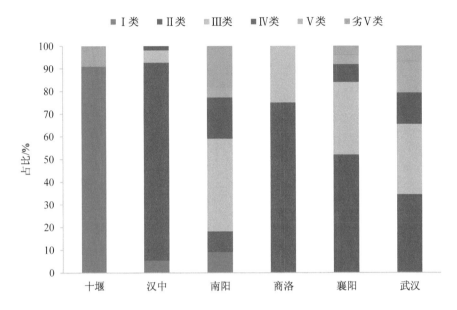

图 2-35　汉江流域主要城市各类水质断面分布（2015 年）

注：无荆门市、孝感市、随州市、安康市资料。

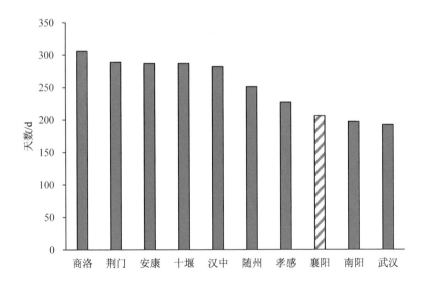

图 2-36　汉江流域主要城市市中心环境空气质量达标天数对比（2015 年）

2.4.5.3　生态环境质量

森林覆盖率相对较低。2015 年，襄阳市森林覆盖率为 42.55%，在汉江流域
10 个地级市城市排名第 7 名，处于汉江流域中下水平，是排名第 1 的城市商洛市
（66.5%）森林覆盖率的 64%，是排名倒数第 1 的孝感市森林覆盖率（19%）的 2.24
倍，森林覆盖率较低（图 2-37）。

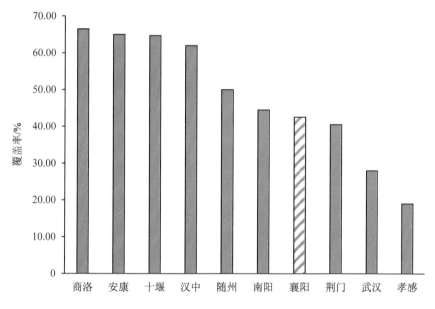

图 2-37　汉江流域主要城市森林覆盖率（2015 年）

生态环境质量相对较低。襄阳市生态环境指数（EI）为 66.85，生态环境质量
等级为良。在汉江流域 10 个地级市城市排名第 6 名，处于汉江流域中下水平，是
排名第 1 的城市汉中市的 EI（80.42）的 83%，是排名倒数第 1 的武汉市 EI（1.15）
的 2.24 倍（图 2-38）。

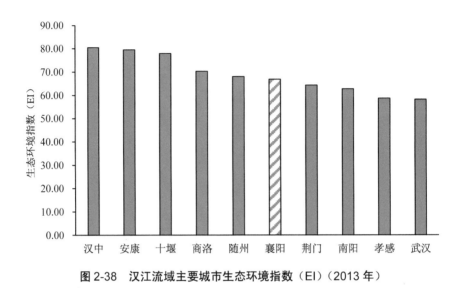

图 2-38　汉江流域主要城市生态环境指数（EI）（2013 年）

2.4.6　环境压力对标分析

2.4.6.1　污染物排放压力

水、大气污染物排放压力较大，排放绩效水平一般。2015 年，襄阳市废水排放总量达 28 103 万 t，其中生活污水占排放总量的 70.7%（图 2-39）。二氧化硫、氮氧化物、烟（粉）尘排放量分别达 37 500 t、51 800 t、18 300 t，均居汉江流域第 1 位（图 2-40～图 2-42）。城市废水排放效率方面，襄阳市单位 GDP 废水为 8 t/万元，居汉江流域第 4 位，落后于孝感市（14 t/万元）、十堰市（13 t/万元）、南阳市（10 t/万元）（图 2-43）。

2.4.6.2　污染治理水平

污染治理和环境保护投资处于中上水平。2015 年襄阳市一般公共预算支出中节能环保支出达 2.5 亿元，占财政支出比重为 2.39%，远低于荆门市（12.09 亿元、5.36%），节能环保支出在财政支出中占比在汉江流域中位列第 2 位，对环境保护的投入程度在汉江流域处于较高水平（图 2-44）。

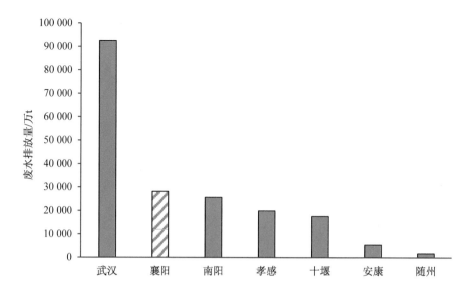

图 2-39　汉江流域主要城市废水排放情况（2015 年）

注：无荆门市、汉中市、商洛市资料。

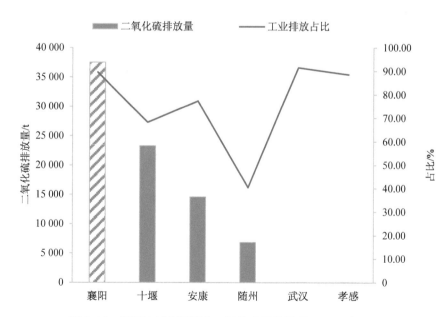

图 2-40　汉江流域主要城市二氧化硫排放情况（2015 年）

注：无荆门市、汉中市、商洛市、南阳市资料。

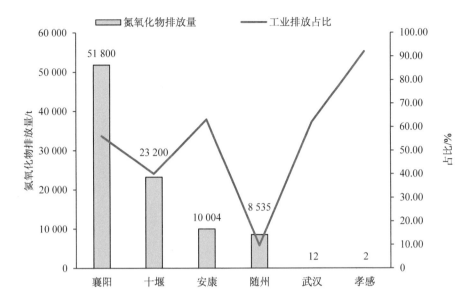

图 2-41　汉江流域主要城市氮氧化物排放情况（2015 年）

注：无荆门市、汉中市、商洛市、南阳市资料。

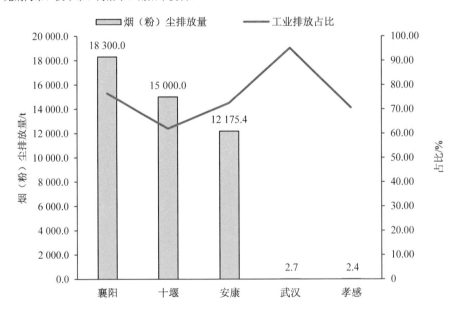

图 2-42　汉江流域主要城市烟（粉）尘排放情况（2015 年）

注：无荆门市、汉中市、商洛市、南阳市、随州市资料。

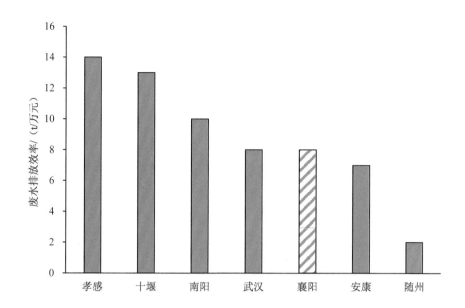

图 2-43　汉主江流域主要城市废水排放效率（2015 年）

注：无荆门市、汉中市、商洛市资料。

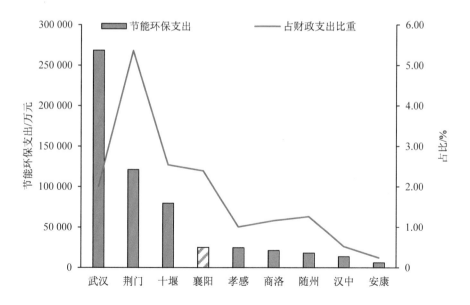

图 2-44　汉江流域主要城市节能环保支出对比（2015 年）

注：无商洛市资料。

2.5   襄阳沿江区域发展面临环境保护挑战

（1）生态文明成为城市发展主旋律，在目前城市发展意愿强烈的形势下，实现经济发展和生态保护的双赢，面临较大挑战

党的十八大以来，党中央准确把握复杂局势，科学判断，正确决策，真抓实干，生态文明建设决心之大、力度之大、成效之大前所未有，生态环境状况明显好转。走向新时代，生态文明已成为人民生活不可或缺的关键一环。习近平总书记在党的十九大报告中指出："加快生态文明体制改革，建设美丽中国"，生态文明建设被提上了前所未有的重要位置。生态文明建设成为千年大计，"美丽"成为建设社会主义现代化强国的重要目标，这不但深刻影响中华民族的未来发展，而且将积极引领世界潮流和人类文明走向。习近平总书记对生态文明建设和生态环境保护工作作出了"两步走"的战略部署，提出要推进绿色发展、着力解决突出环境问题、加大生态系统保护力度、改革生态环境监管体制。坚持人与自然和谐共生成为新时代中国特色社会主义思想和基本方略重要内容。

"十二五"期间，襄阳 GDP 保持高速增长。2017 年全市实现地区生产总值4 064.9 亿元，按可比价格计算，增长 7.2%。分产业看，第一产业增加值461.8 亿元，增长 3.5%；第二产业增加值 2 147.8 亿元，增长 6.2%；第三产业增加值 1 455.3亿元，增长 10.3%。三次产业结构为 11.4∶52.8∶35.8。经济总量由全国城市第 75位跃升至第 56 位，占全省的比重由"十一五"末的 9.7%提高到 11.4%。规模以上工业总产值实现倍增，地方公共财政预算收入按可比口径实现翻两番，累计完成全社会固定资产投资、招商实际投资、工业投资分别是前 5 年的 4 倍、4.9 倍、3.7 倍，集聚世界 500 强企业 28 家。高新区综合实力居国家级高新区第 33 位。襄阳肩负着实现湖北省委、省政府确定的"三个三分之一"的目标，承担着建设汉江流域中心城市、在汉江生态经济带开放开发中发挥战略引擎作用的重要使命，正处于"四化"同步发展的快速发展期。同时，目前和未来较长一段时间内，生态优先、绿色发展逐步成为襄阳生态文明建设的主基调，满足人民群众日益增长的优美生态环境需要成为襄阳未来发展的重要目标之一。在新形势新时期之下，

如何探索"绿水青山就是金山银山"发展路径，实现经济发展和生态保护的双赢，面临较大挑战。

（2）调水及水电开发等对生态环境影响依然突出

根据长江水利委员会编制的《汉江干流梯级开发规划报告》，汉江流域共规划有 16 座大坝。汉江襄阳段位于丹江口大坝以下，处于汉江中游，其水文情势受到南水北调中线调水和汉江梯级开发的叠加影响。随着汉江梯级崔家营枢纽的建成，襄阳市部分江段已经形成库区，不利于污染物的扩散和分解，水环境状况形势严峻。汉江干流夹河以下河段梯级开发共有 8 级，分别为孤山、丹江口（大坝加高）、王甫洲、新集、崔家营、雅口、碾盘山和兴隆。由于南水北调中线调水及各水利枢纽的影响，汉江襄阳段中水历时减少，库区流速减缓，环境容量在多数水期存在下降的趋势。尤其是襄阳市区上游至崔家营坝址处，自然流态转变为相对静止的湖泊状态，不利于污染物扩散及自净，这类情况随着汉江的梯级开发还将继续。各类因素叠加影响汉江襄阳段抵御突发性水污染事故的能力。中线工程实施后，丹江口水库加坝调水 $80 \times 10^8 \sim 145 \times 10^8 \ \mathrm{m}^3$ 水量，下泄水量大量减少，汉江襄阳段水位平均下降 $0.6 \sim 1.3 \ \mathrm{m}$。由于襄阳江段流量减少，水流变缓，水位稳定，汉江中游沿岸城镇与工业排放污染物的稀释自净能力下降，根据《南水北调中线一期工程环境影响复核报告书》，在调水 95 亿 m^3 后，汉江襄阳段水环境容量损失 $21\% \sim 36\%$。预计未来梯级开发全部投入使用后，汉江干流襄阳段环境容量再次损失 $22\% \sim 29\%$。汉江襄阳段水环境承载力大幅下降。河道水量减少，对鱼类等水生生物影响较大。某些江段中原"四大家鱼"产卵场可能消失，喜急流生境鱼类种群将减少，如襄阳汉江水面 $5.05 \times 10^4 \ \mathrm{hm}^2$，占全市总水面的 25.4%，汉江内有自然生长的鱼类 73 种，占全市总鱼类品种的 74.5%；实施南水北调工程后，鱼类资源初步估计减少 1/3 以上。

第 3 章

总体思路与目标

3.1 生态环境功能

3.1.1 国家对襄阳生态环境要求

3.1.1.1 《全国主体功能区规划》

根据全国"七区二十三带"为主体的农业战略格局,襄阳属于长江流域主产区,要建设以双季稻为主的优质水稻产业带,以优质弱筋和中筋小麦为主的优质专用小麦产业带、优质棉花产业带、双低优质油菜产业带,以生猪、家禽为主的畜产品产业带,以淡水鱼类、河蟹为主的水产品产业带。

3.1.1.2 《全国生态功能区划》

根据《全国生态功能区划》,襄阳位于秦岭—大巴山生物多样性保护与水源涵养重要区:该区包括秦岭山地和大巴山地,包含 3 个功能区:米仓山—大巴山水源涵养功能区、秦岭山地生物多样性保护与水源涵养功能区和豫西南山地水源涵养功能区。该区地处我国亚热带与暖温带的过渡带,产生了以北亚热带(南部)和暖温带为基带(北部)的垂直自然带谱,是我国乃至东南亚地区暖温带与北亚热带地区生物多样性最丰富的地区之一,也是我国生物多样性重点保护区域。该区位于渭河南岸诸多支流的发源地和嘉陵江、汉江上游丹江水系的主要水源涵养区，是南水北调中线的水源地。生态保护主要措施：加强已有自然保护区保护和天然林管护力度；对已破坏的生态系统，要结合有关生态建设工程，做好生态恢复与重建工作，增强生态系统水源涵养和土壤保持功能；停止导致生态功能继续退化的开发活动和其他人为破坏活动；严格矿产资源、水电资源开发的监管；控制人口增长，改变粗放生产经营方式，发展生态旅游和特色产业。

3.1.1.3　《"十三五"生态环境保护规划》

2016 年 11 月 24 日，国务院印发《"十三五"生态环境保护规划》，其中要求全国统筹推进"五位一体"总体布局和协调推进"四个全面"战略布局，牢固树立和贯彻落实创新、协调、绿色、开放、共享的发展理念，按照党中央、国务院决策部署，以提高环境质量为核心，实施最严格的环境保护制度，打好大气、水、土壤污染防治三大战役，加强生态保护与修复，严密防控生态环境风险，加快推进生态环境领域国家治理体系和治理能力现代化，不断提高生态环境管理系统化、科学化、法治化、精细化、信息化水平，为人民提供更多优质生态产品。其中特别要求：在长江流域推进退化林修复，提高森林质量，构建"两湖一库"防护林体系；开展环境污染防治和生态修复技术应用试点示范，提出生态环境治理系统性技术解决方案；把保护和修复长江生态环境摆在首要位置，推进长江经济带生态文明建设，建设水清、地绿、天蓝的绿色生态廊道。统筹水资源、水环境、水生态，推动上中下游协同发展、东中西部互动合作；强化系统保护，加大水生生物多样性保护力度，强化水上交通、船舶港口污染防治。

3.1.2　湖北省对襄阳生态环境要求

3.1.2.1　《湖北省主体功能区规划》

根据《湖北省主体功能区规划》，襄阳市的襄城区、樊城区、襄州区属于襄（阳）十（堰）随（州）地区省级层面重点开发区域。该区域的功能定位：全国重要的汽车生产基地，中部地区重要的交通枢纽，区域性物流中心和生态文化旅游中心，鄂西北地区经济发展的重要增长极。其主要发展方向：襄阳市的襄城区重点发展能源、化工、新型建材、旅游、商贸等;樊城区重点发展装备制造业、化纤纺织业和高新技术产业等;襄州区重点发展汽车及零部件制造、农副产品加工、纺织服装、现代物流等。

襄阳市的宜城市、谷城市、枣阳市、老河口市位于襄(阳)十(堰)随(州)国家层面农产品主产区(图 3-1)。其功能定位要求该区域应发挥旱作农业优势,以粮食、油料生产和生猪养殖为主。积极推广可降解农膜,加快建立乡镇废旧农膜回收利用体系。鼓励养殖小区、养殖专业户和散养户适度集中,实施规模化发展,对养殖废弃物实施统一收集处理。科学施用化肥和农药,减少施用强度,控制面源污染。重点打造以高端粮油产业、有机蔬菜示范园、精品果业、有机茶园、有机特色养殖、有机农产品加工园区、生态休闲旅游等为主的"中国有机谷"。

图 3-1   湖北省农产品主产区分布图

根据湖北省"四屏两带一区"生态安全战略格局,襄阳市处于汉江流域水土保持带的重要节点位置。应加强水资源开发管理和控制性水利工程建设,开展生态修复性人工增雨作业,保障区域重点生态功能区及生态用水需求,加强区外水资源合理调配,切实保障丹江口水库水资源保护和向区外调水工作。

3.1.2.2   《湖北省生态功能区划》

根据《湖北省生态功能区划》,襄阳部分城市为襄(阳)十(堰)随(州)地区，包括襄阳市的襄城区、樊城区、襄州区。该区主导功能是全国重要的汽车生产基地，中部地区重要的交通枢纽，区域性物流中心和生态文化旅游中心，鄂西北地区经济发展的重要增长极。管控政策为：加强汉江中游崔家营库区的保护和沿线县市生态保护。加强环境风险防控，确保丹江口水库水质安全。

3.1.2.3 《湖北省国民经济和社会发展第十三个五年规划纲要》

根据《湖北省国民经济和社会发展第十三个五年规划纲要》，到 2020 年，湖北省生态环境质量进一步改善。生态省建设全面推进，"绿满荆楚"行动目标全面实现。能源资源开发利用效率大幅提高，节能减排水平进一步提升，全面完成国家下达的约束性指标任务。水、大气、土壤污染等环境问题得到有效遏制，人居环境显著改善。主体功能区布局和生态安全屏障基本形成。在长江经济带率先形成节约能源资源和保护生态环境的产业结构、增长方式和消费模式。

3.1.2.4 《湖北省环境保护"十三五"规划》

《湖北省环境保护"十三五"规划》明确了以持续改善环境质量为核心，确立了污染治理、节能减排、生态平衡、风险防控、长江保护五项重点任务。以问题为导向，强化主体责任，坚持联防联治、协同共治，全面完成大气、水、土壤三大污染防治行动计划的任务，切实改善环境质量。全面加强污染专项治理，实现污染源稳定达标排放，强化城镇环境基础设施建设与运行，综合治理农村环境污染，大幅度削减污染物存量，充分发挥环境污染治理设施效益，降低生态环境压力。

3.1.3 流域对襄阳生态环境要求

3.1.3.1 长江流域对襄阳市环境要求

长江是我国第一大河，发源于"世界屋脊"——青藏高原的唐古拉山脉各拉丹冬峰西南侧，干流流经青海、西藏、四川、云南、重庆、湖北、湖南、江西、安徽、江苏、上海 11 个省、自治区、直辖市（图 3-2），于崇明岛以东注入东海，全长约 6 300 km。襄阳位于长江流域中下游地区，属于长江的汉江流域。

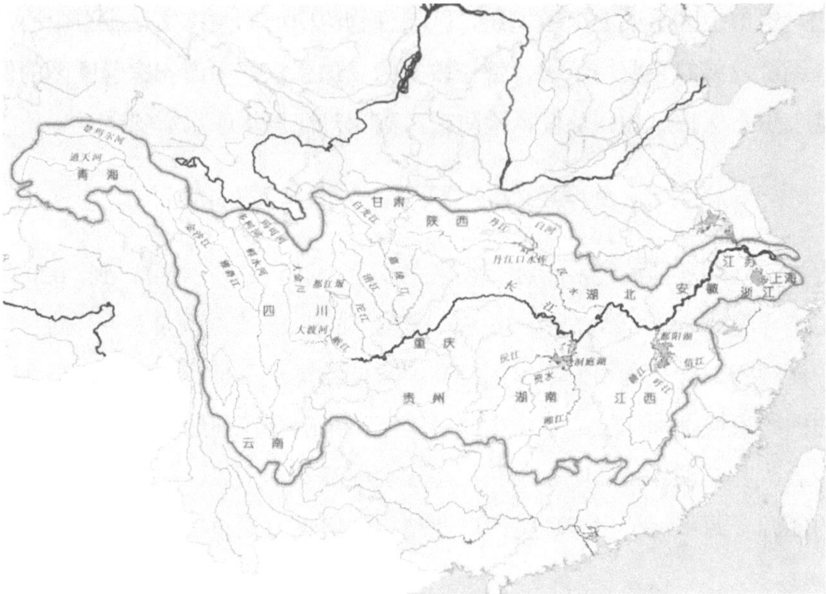

图 3-2　长江流域图

　　根据《长江经济带生态环境保护规划》，未来汉江流域经济社会发展，将形成以下战略格局：①强化河流源头保护。现状水质达到或优于Ⅱ类的汉江源头，应严格控制开发建设活动，减少对自然生态系统的干扰和破坏，维持源头区自然生态环境现状，确保水质稳中趋好。②严格控制农业面源污染。积极开展农业面源污染综合治理示范区和有机食品认证示范区建设，加快发展循环农业，推行农业清洁生产，提高秸秆、废弃农膜、畜禽养殖粪便等农业废弃物资源化利用水平。③建立流域突发环境事件监控预警与应急平台。排放有毒有害污染物的企事业单位，必须建立环境风险预警体系，加强信息公开力度。

　　襄阳为长江中游城市群组成部分，根据《长江中游城市群发展规划》，其发展目标为：加强长江、汉江、清江等流域水生态保护和水环境治理。实施水资源开发利用控制红线、用水效率控制红线，严格控制污染物排放总量。重点推进长江干流饮用水水源地保护和产业布局优化、汉江及湘江水污染治理和再生水利用。全面提高岸线资源使用效率，共同保护岸线资源。加强入河排污口整治和城乡污水、垃圾处理设施建设，完善污水收集管网和垃圾收运体系。加快推进工业园区污水集中处理厂建设。加强入河排污口监督管理，合理优化调整入河排污口布局。加大农业面源污染减排力度，划定畜禽禁养、限养区，畜禽养殖场配套建设废弃物处理和贮存设施。

3.1.3.2　汉江流域对襄阳市环境要求

根据《湖北省汉江生态经济带开放开发总体规划（2014—2025 年）》（图 3-3），其发展目标为：环境保护和生态建设取得明显成效，绿色经济、循环经济、低碳经济有较大发展；工业污染、生活污染和农业面源污染防治达标，"三废"处理率及资源循环利用率高于全省平均水平；汉江干流水质稳定达到国家地表水Ⅱ类标准，主要支流水功能达标率为 95%。

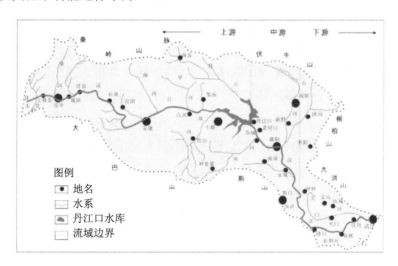

图 3-3　汉江流域图

3.1.4　襄阳环境保护自身要求

3.1.4.1　《襄阳市城市总体规划（2011—2020 年）》

根据《襄阳市城市总体规划（2011—2020 年）》，襄阳城市发展目标为：协调发展的区域中心，安全生态的宜居家园；活力高效的工业新城，开拓创新的文化名城。城市性质为：国家历史文化名城，湖北省省域副中心城市和新型工业基地城市。城市职能为：我国中部地区的重要交通枢纽之一和区域物流中心、山水园林城市；国内知名的历史文化型旅游目的地城市，湖北省武当山、神农架的旅游基地及鄂西北旅游服务中心；湖北省农副产品生产和加工基地。其中对生态环境的要求为：优化产业结构、提高资源利用效率、改善生态环境质量、增强可持续发展能力。实行污染物排放总量控制，确保实现襄阳市的化学需氧量和二氧化硫两项主要污染物指标减排目标。

3.1.4.2   《襄阳市国民经济和社会发展第十三个五年规划纲要》

根据《襄阳市国民经济和社会发展第十三个五年规划纲要》，襄阳将推动绿色低碳循环发展：大力发展清洁能源，大力发展循环经济，全面推行绿色生产生活方式。创建全国水生态文明示范区：确保 98% 以上工业废水实现稳定达标排放，到 2020 年，确保汉江干流襄阳段水质不低于 II 类。开展大气污染防治行动：到 2020 年，市区及各县市城区环境空气好于 II 级标准的天数逐年提高，环境空气中可吸入颗粒物（PM_{10}）浓度比 2015 年下降 20%。深入实施绿满襄阳行动：到 2020 年，全市完成植树造林 50 万亩，建设绿色示范乡村 1 200 个，道路沿线周边绿化率达到 100%。用制度保护生态环境：实施严格的水资源管理制度，建立最严格的林业资源保护制度，落实最严格的耕地保护制度，加快建立绿色 GDP 核算和考核体系，深入推进"全民环保行动"。

3.1.4.3   《襄阳市土地利用总体规划（2006—2020 年）》

根据《襄阳市土地利用总体规划（2006—2020 年）》，襄阳将以资源节约和环境友好为切入点，围绕国家"中部崛起"战略和鄂西生态文化旅游圈经济发展战略，促进土地利用方式的根本转变，逐步形成资源节约、持续利用、经济社会环境和谐发展的土地利用模式，将襄阳建设成为以汽车生产和高新技术为特色的新兴工业城市、国家级历史文化名城和生态环境良好的宜居城市，实现"全面保障、统筹协调、永续利用、和谐安全"的土地利用战略目标。规划期内土地利用目标是：严格执行国家土地宏观调控政策，落实省级规划确定的土地利用目标；严格耕地和基本农田保护，控制各类建设用地规模，确保重大工程建设用地；转变土地利用和管理方式，提高土地节约集约利用水平；遵循人与自然和谐共处的原则，协调土地利用与生态建设的关系，促进生态环境良性发展；以优化土地利用结构和布局为主线，合理统筹区域用地和城乡土地利用。

3.1.4.4 《襄阳市生态环境保护"十三五"规划》

根据《襄阳市生态环境保护"十三五"规划》，襄阳市环境保护总体目标为：到 2020 年，全市生态环境质量总体改善。主要污染物排放总量大幅减少，环境风险得到有效控制，环境安全得到有效保障，生态系统稳定性持续增强，生产和生活绿色水平明显提高，生态文明制度体系基本完善，环境治理能力基本实现现代化，生态文明建设水平与全面建成小康社会目标相适应。环境质量：地表水断面 Ⅲ类以上水质的比例达到 85.7%以上；襄阳市区全年空气质量优良天数比例达到 80%以上，重度及以上污染天数比例控制在 3%以内，细颗粒物（$PM_{2.5}$）平均浓度较 2015 年下降 20%以上；耕地土壤环境质量点位达标率达到 86%以上。污染控制：全市化学需氧量、氨氮排放总量较 2015 年减少 12%，挥发性有机物排放总量较 2015 年减少 15%；二氧化硫排放量较 2015 年减少 22%、氮氧化物排放总量较 2015 年减少 25%。环境风险：放射辐射源事故年发生率低于每万枚 1 起，重金属污染物排放强度下降率满足国家要求，突发环境事件处置率保持 100%。生态保护：积极创建生态文明模范市，全面落实生态保护红线区占管控，全市生态环境状况指数保持稳定。

3.1.5 生态环境功能定位

襄阳市位于湖北省西北部，汉江中游平原腹地，是湖北省地级市，省域副中心城市，国家历史文化名城，是长江中游城市群核心城市。根据《湖北省主体功能区规划》，襄阳市的襄城区、樊城区、襄州区属于襄（阳）十（堰）随（州）地区省级层面重点开发区域，宜城市、谷城市、枣阳市、老河口市位于襄（阳）随（州）国家层面农产品主产区，南漳县、保康县是国家秦巴生物多样性重点生态功能区。襄阳的主体发展定位为全国重要的汽车生产基地，中部地区重要的交通枢纽，区域性物流中心和生态文化旅游中心，鄂西北地区经济发展的重要增长极。发挥以粮食、油料生产和生猪养殖等为主的旱作农业优势。因此，汉江生态经济带襄阳研究区域规划区内（襄城区、樊城区、襄州区、东津新区、老河口市鄲阳街道办、光化街道办、李楼街道办、仙人渡镇、谷城县城关镇、宜城市鄢城街道办、小河镇）绝大部分区域为省级层面重点开发区域，其他区域为国家层面农产品主产区。

结合襄阳市环境区位与自然生态特征，规划区生态环境功能定位为"一带两区"，即：

——汉江流域中游区域水土保持带：襄阳沿江区域是湖北省"四屏两带一区"生态安全战略格局中汉江流域水土保持带的重要组成部分，是维护承担全区生态格局安全、生态系统健康稳定的重要廊道。

——汉江流域中游水环境维护区：襄阳沿江区域作为汉江流域汉江中下游段水环境重要的流经区，是承担流域水环境调节功能和水环境安全维护功能的重要区域。

——汉江流域生态文明试验区：根据《襄阳市国民经济和社会发展第十三个五年规划纲要》，襄阳在"生态一流，绿色发展创造示范"目标任务中，提出将襄阳建设成为全国可持续发展示范区、绿色发展先行区、生态保护示范区和重要绿色增长极。

3.2   指导思想

以习近平新时代中国特色社会主义思想为指导，全面贯彻党的十九大和十九届二中、三中全会精神，深入贯彻习近平生态文明思想，按照"五位一体"总体部署、"四个全面"战略布局和长江经济带"五个关系"的指导精神，坚持生态优先、绿色发展，坚持新发展理念，坚持底线思维、系统思维，围绕长江经济带"共抓大保护、不搞大开发"一条主线，以生态环境质量改善为核心，严守生态保护红线、环境质量底线、资源利用上线，统筹山水林田湖草系统治理，探索生态环境协同保护机制，把汉江生态经济带襄阳沿江区域建成汉江流域生态文明示范区。

3.3　基本原则

（1）生态优先，绿色发展

尊重自然规律，坚持"绿水青山就是金山银山"的基本理念，把生态环境保护摆在压倒性的位置，推进绿色发展，形成节约资源和保护环境的空间格局、产业结构、生产方式、生活方式。

（2）问题导向，质量核心

把解决沿江区域突出生态环境问题放在首要位置，提供更多优质生态产品以满足人民日益增长的优美生态环境需要为目的，以改善环境质量为核心，确保沿江区域生态环境质量只能更好、不能变坏，推动沿江生态环境质量持续改善。

（3）统筹协同，系统保护

以襄阳汉江流域干支流为经脉，以山水林田湖草为有机整体，坚持区域一盘棋，统筹水陆、城乡、江湖、区县，统筹水资源、水环境、水生态，统筹产业布局、资源开发与生态环境保护。构建沿江区域一体化的生态环境保护格局，系统推进大保护。

（4）底线思维，分区施策

确定生态保护红线、环境质量底线、资源利用上线，制定环境管理准入负面清单，强化生态环境硬约束。其中汉江干支流 1 km 范围内以保护恢复为主，汉江干支流 1～5 km 范围内以治理建设为主，实施精准治理。

（5）改革创新，综合示范

全面推进生态文明体制机制改革，建立自然资源资产负债表和领导干部自然资源资产离任审计制度，健全生态环境管理体制机制。开展汉江襄阳沿江区域生态文明示范区建设，打造新时期汉江生态经济带绿色发展的样板。

3.4　规划目标

结合国家政策及地方现状的分析研究，确定襄阳沿江区域环境保护指标体系，如表 3-1 所示。

表 3-1   目标指标表

指标类别	序号	指标名称		2017 年	2022 年	2035 年
生态功能保障基线	1	生态保护红线面积/km²		216.57	≥216.57	≥216.57
	2	汉江干流自然岸线长度/km		337.8	控制在下达目标内	控制在下达目标内
	3	湿地保有量/km²		416	≥416	≥416
环境质量安全底线	4	汉江干流水质		Ⅱ类	Ⅱ类	Ⅱ类
	5	PM$_{2.5}$ 年均浓度/（μg/m³）		66	55	35
	6	土壤环境质量改善目标		达到上级考核要求	不降低且达到考核要求	不降低且达到考核要求
自然资源利用上线	7	城镇居民人均生活用水量/[L/（人·d）]		—	<120	<120
	8	煤炭消费占能源消费总量/%		—	低于 50%	降低
	9	汉江干流襄阳水文站断面非汛期生态环境蓄水量		—	≥92.7	≥92.7
环境公共服务能力建设	10	生活污水处理率/%	城市	—	96	100
			建制镇	—	78	85
	11	生活垃圾无害化处理率/%		—	90	100
	12	沿江环境风险防控体系		未建立	建立	完善

围绕"绿水青山就是金山银山"和"共抓大保护、不搞大开发"的发展理念，通过 18 年左右的时间，将汉江生态经济带襄阳沿江段打造成"汉江生态文明示范区""汉江绿色发展样板区"。

到 2022 年，生态空间得到全面保护，汉江干流水质稳定保持在Ⅱ类，城乡环境基础设施建设全覆盖，乡村环境状况明显改善，建成一批美丽乡村、生态小镇，工业园区全部完成生态化改造。

到 2035 年，生态系统得到全面恢复，汉江支流水质稳定提升至Ⅲ类，空气质量稳定达标，城乡环境清洁优美，环境基础设施完备，环境风险防控体系全面建成，生态文明建设、绿色发展水平成为汉江流域示范样板。

第4章

生态环境空间研究

4.1 生态环境现状

4.1.1 生态系统格局

4.1.1.1 区域生态系统结构

采用襄阳市 2000 年、2005 年、2010 年的 10 年遥感评估数据，基于全国土地覆被 I、II 级分类方法，将襄阳市规划区内土地利用类型数据分为 6 大类，分别是林地、草地、湿地、耕地、人工表面（城镇）用地、其他用地。

2000 年规划区内的林地面积为 1 391.92 km²，耕地为 2 177.27 km²，湿地为 336.69 km²，人工表面（城镇）用地为 374.40 km²，草地为 12.61 km²，其他用地为 7.23 km²（图 4-1）。

2005 年规划区内的林地面积为 1 389.54 km²，耕地为 2 142.77 km²，湿地为 334.18 km²，人工表面（城镇）用地为 420.58 km²，草地为 12.61 km²，其他用地为 0.53 km²（图 4-2）。

2010 年规划区内的林地面积为 1 386.92 km²，耕地为 2 118.57 km²，湿地为 334.56 km²，人工表面（城镇）用地为 446.15 km²，草地为 12.61 km²，其他用地为 1.31 km²（图 4-3）。

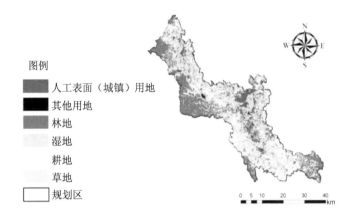

图例

人工表面（城镇）用地
其他用地
林地
湿地
耕地
草地
规划区

图 4-1　2000 年规划区生态系统结构

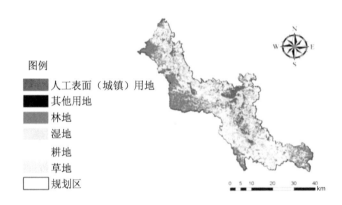

图例

人工表面（城镇）用地
其他用地
林地
湿地
耕地
草地
规划区

图 4-2　2005 年规划区生态系统结构

图例

人工表面（城镇）用地
其他用地
林地
湿地
耕地
草地
规划区

图 4-3　2010 年规划区生态系统结构

4.1.1.2　区域生态系统演变

2000—2010 年，规划区域内生态系统变化情况见表 4-1 和图 4-4。人工表面（城镇）用地面积由 2000 年的 374.40 km² （8.71%）增加至 2010 年的 446.15 km² （10.38%）。耕地、林地、湿地等生态面积部分减少作为人工表面（城镇）用地增

表 4-1　2000—2010 年规划区域六类生态系统面积变化情况

生态系统	2000 年/km²	占比/%	2005 年/km²	占比/%	2010 年/km²	占比/%
草地	12.61	0.29	12.61	0.29	12.61	0.29
耕地	2 177.27	50.63	2 142.77	49.83	2 118.57	49.27
林地	1 391.92	32.37	1 389.45	32.31	1 386.92	32.25
其他用地	7.23	0.17	0.53	0.01	1.31	0.03
湿地	336.69	7.83	334.18	7.77	334.56	7.78
人工表面（城镇）用地	374.40	8.71	420.58	9.78	446.15	10.38

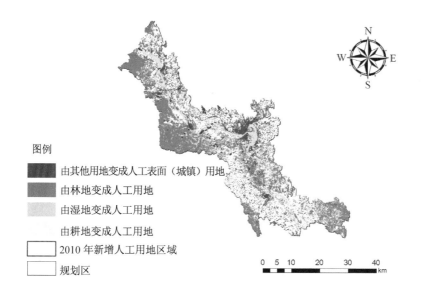

图例
■ 由其他用地变成人工表面（城镇）用地
■ 由林地变成人工用地
■ 由湿地变成人工用地
□ 由耕地变成人工用地
□ 2010 年新增人工用地区域
□ 规划区

0　5　10　　20　　30　　40 km

图 4-4　2000—2010 年规划区域生态系统演变图

加的来源。耕地面积在10年间下降了58.71 km²。林地和其他用地面积分别小幅度下降了4.99 km²和5.91 km²，变化不明显。湿地生态系统从面积上看，经历了先减少后增加的过程，由2005年的334.18 km²增加至2010年的334.56 km²。草地生态系统面积在过去10年中保持稳定。

4.1.2　土地利用现状

基于襄阳市第二次全国土地调查2015年更新数据（图4-5），得出襄阳沿江规划区内土地利用现状，规划区耕地面积约为 2 013.21 km²，占规划区总面积的46.81%，主要分布在沿汉江两侧地区。规划区林地面积约为 1 046.48 km²，约占规划区总面积的24.33%，主要分布在西部地区茨河镇和东南地区。规划区城镇村及工矿用地面积约为 534.84 km²，约占总面积的12.44%，主要分布在汉江襄阳段中部区域。水域及水利设施用地面积约为 484.14 km²，约占总面积的11.27%。园地面积约为 71 km²，约占总面积的 1.65%。草地面积约为 67.2 km²，约占总面积的 1.56%。交通运输用地面积约为 43.66 km²，约占总面积的 1.02%。其他土地面积约为 40.31 km²，约占总面积的 0.94%。土地利用类型面积占比顺序为耕地＞林地＞城镇村及工矿用地＞水域及水利设施用地＞园地＞草地＞交通运输用地＞其他用地。

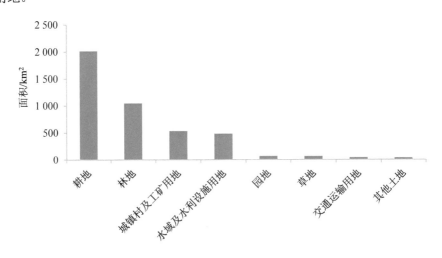

图 4-5　2015 年规划区土地利用数据

4.1.3 法定保护区域

4.1.3.1 湿地公园

规划区内共有湿地公园 6 个，总面积为 131.09 km^2（表 4-2），占规划区总面积的 3.05%。其中国家级湿地公园共 4 个，总面积为 92.08 km^2。省级湿地公园保护区共 2 个，总面积为 39.01 km^2。

表 4-2 规划区内湿地公园名录

序号	名称	面积/km^2	级别	位置
1	湖北宜城万洋洲国家湿地公园	24.66	国家级	宜城市
2	湖北谷城汉江国家湿地公园	21.33	国家级	谷城县
3	湖北襄阳汉江国家湿地公园	28.94	国家级	襄城区、樊城区、东津新区、鱼梁洲
4	湖北长寿岛国家湿地公园	17.15	国家级	樊城区
5	湖北宜城鲤鱼湖省级湿地公园	4.73	省级	宜城市
6	湖北崔家营省级湿地公园	34.28	省级	襄州区、东津新区

4.1.3.2 森林公园

规划区内共有 4 个森林公园保护区，总面积为 38.60 km^2（表 4-3），占规划区总面积的 0.90%。其中有 2 个国家级森林公园，总面积为 36.25 km^2。省级森林公园共有 2 个，面积为 2.352 km^2。

表 4-3 规划区内森林公园保护区名录

序号	名称	面积/km^2	级别	位置
1	湖北岘山国家森林公园	17.59	国家级	襄城区
2	湖北鹿门寺国家森林公园	18.666 7	国家级	襄州区
3	湖北百花山森林公园	1.4	省级	老河口市
4	湖北承恩寺森林公园	0.952	省级	谷城县

4.1.3.3 风景名胜区

规划区内共有 2 个风景名胜区，总面积为 88.29 km² （表 4-4），占规划区总面积的 2.05%。其中隆中风景区为国家级重点风景名胜区，面积为 46.29 km²；梨花湖风景区为省级风景名胜区，面积为 42 km²。

表 4-4 规划区内风景名胜区名录

序号	名称	面积/km²	级别	位置
1	隆中风景区	46.29	国家级	襄城区、卧龙镇
2	梨花湖风景区	42	省级	老河口市

4.1.3.4 水源地

规划区内共有沿江主要集中式饮用水水源地 13 个（表 4-5），总面积为 49.65 km²，占规划区总面积的 1.15%。其中一级水源地保护区总面积为 2.93 km²，二级水源地保护区总面积为 34.85 km²。

表 4-5 规划区内水源地保护区名录

水源地	所属市县	所属乡镇	水源地类型	河湖水库名称	供水范围	供水量/（万 t/d）
马冲水库水源地	老河口市	仙人渡镇	水库	马冲水库	王家楼村	0.4
孟桥川水库水源地	老河口市	袁冲乡	水库	孟桥川水库	光化	0.3
谷城县三水厂水源地	谷城县	城关镇	河流	汉江	城关镇	8.6
谷城县庙滩镇水厂水源地	谷城县	庙滩镇	水库	八仙洞水库	庙滩镇	0.9
冷集镇尖角水厂水源地	谷城县	冷集镇	河流	汉江	城北新区、子胥新城	0.41
冷集镇沈湾水厂水源地	谷城县	冷集镇	河流	汉江	冷集镇沈湾	0.19
白家湾水厂水源地	樊城区	柿铺街道办事处	河流	汉江	樊城区柿铺办事处等	25

水源地	所属市县	所属乡镇	水源地类型	河湖水库名称	供水范围	供水量/(万 t/d)
火星观饮用水水源地	樊城区	米公街道办事处	河流	汉江	汉江樊城饮用水水源、工业用水区	35
樊城太平店水厂水源地	樊城区	太平店镇	河流	汉江	太平店镇	0.5
东津镇秦咀水库型水源地	襄州区	东津镇	水库	秦咀水库	秦咀村	1
火星观饮用水水源地	襄城区	昭明街道	河流	汉江	襄城城区、庞公办事处、欧庙镇	14
宜城水厂水源地	宜城	鄢城街道	河流	汉江	宜城市市区	5
移民水厂水源地	宜城	流水镇	河流	汉江	移民新村	0.4

4.1.3.5 水库

规划区内共有 23 个水库，总面积为 32.63 km² （表 4-6），占规划区总面积的 0.76%。其中水库面积在 2 km² 以上的共有 4 个，分别是冢子湾水库、鲤鱼桥水库、回龙河水库、渭水水库，总面积为 11.01 km²；水库面积在 1～2 km² 的共有 9 个，总面积为 14.76 km²。

表 4-6 规划区内水库名录

序号	名称	面积/km²	位置
1	黑虎山水库	0.56	老河口市、袁冲乡
2	龙潭水库	0.73	谷城县
3	团湖水库	1.60	谷城县
4	唐沟水库	0.85	老河口市
5	马冲水库	0.74	老河口市
6	姚河水库	1.68	樊城区
7	前进水库	0.65	谷城县
8	石河畈水库	1.83	樊城区
9	肖家芭水库	0.97	樊城区

序号	名称	面积/km²	位置
10	狮子岩水库	0.77	谷城县
11	冢子湾水库	3.17	樊城区
12	回龙河水库	2.63	襄城区
13	渭水水库	2.28	襄城区
14	谭家湾水库	1.90	宜城市
15	黑石沟水库	1.21	宜城市
16	鲤鱼桥水库	2.93	宜城市
17	黄冲水库	1.99	宜城市
18	朝阳寺水库	0.71	宜城市
19	陡沟水库	1.68	宜城市
20	黄坡水库	0.71	宜城市
21	戎岗水库	0.17	襄州区
22	郝家冲水库	1.09	宜城市
23	孟乔川水库	1.78	老河口市

4.1.3.6 洪水调蓄区

规划区内共有 2 个洪水调蓄区，总面积为 162.58 km²（表 4-7），占规划区总面积的 3.78%。

表 4-7　规划区内洪水调蓄区名录

序号	名称	面积/km²	位置
1	洪水调蓄区 1	41.26	宜城市、南营街办
2	洪水调蓄区 2	121.32	宜城市、郑集镇

4.1.3.7 江心洲

规划区内共有江心洲 30 个，总面积为 102.06 km²（表 4-8），占规划区总面积的 2.37%。其中面积大于 10 km² 的大型江心洲共 3 个，总面积为 47.05 km²；面积

在 $1\sim10\ km^2$ 的江心洲共 16 个，总面积为 $49.07\ km^2$。面积小于 $1\ km^2$ 的小江心洲共 11 个，总面积为 $5.94\ km^2$。

表 4-8　规划区内江心洲名录

序号	名称	面积/km^2	位置
1	洪山嘴镇江心洲	3.70	洪山嘴镇
2	老河口市江心洲 1 号	2.68	老河口市、光化街办
3	老河口市江心洲 2 号	15.72	老河口市、李楼街办、冷集镇
4	仙人渡镇江心洲 2 号	1.34	老河口市、仙人渡镇
5	仙人渡镇江心洲 3 号	2.30	老河口市、仙人渡镇
6	仙人渡镇江心洲 4 号	14.68	老河口市、仙人渡镇
7	太平店镇江心洲	2.39	樊城区、庙滩镇、太平店镇
8	卧龙镇江心洲	0.38	樊城区、卧龙镇
9	无名洲	1.42	隆中街办
10	鹞子洲	0.59	米公街办
11	老龙洲	2.50	檀溪街办
12	鱼梁洲	16.65	樊城区
13	鱼梁洲生态岛	0.92	樊城区
14	欧庙镇江心洲	7.78	襄城区、欧庙镇
15	王集镇江心洲	0.32	宜城市、王集镇
16	郑集镇江心洲 1 号	5.36	宜城市、郑集镇
17	流水镇江心洲 1 号	6.40	宜城市、流水镇
18	流水镇江心洲	0.75	宜城市、流水镇
19	谷城县江心洲 1 号	1.81	老河口市、谷城县
20	谷城县江心洲 2 号	0.14	老河口市、谷城县
21	茨河镇江心洲	3.50	樊城区、茨河镇
22	庙滩镇江心洲	1.56	樊城区、庙滩镇、太平店镇
23	牛首镇江心洲 1 号	2.89	牛首镇

序号	名称	面积/km²	位置
24	牛首镇江心洲 2 号	0.71	牛首镇
25	尹集乡江心洲	0.13	襄州区、尹集乡
26	鄢城街办江心洲 1 号	0.82	宜城市、鄢城街办
27	南营街办江心洲	0.82	宜城市、南营街办
28	鄢城街办江心洲 2 号	1.21	宜城市、鄢城街办
29	郑集镇江心洲 2 号	2.24	宜城市、郑集镇
30	流水镇江心洲 2 号	0.36	宜城市、流水镇

4.1.3.8 产卵场

规划区内共有 5 个产卵场，总面积为 41.57 km²（表 4-9），占规划区总面积的 0.97%。其中 1976 年划为产卵场保护区的共有 4 个，分别为王甫州产卵场、茨河产卵场、襄阳产卵场、宜城产卵场，总面积为 24.68 km²。崔家营大坝至宜城江段产卵场于 2009—2014 年被划为产卵场保护区。

表 4-9　规划区内产卵场名录

序号	名称	面积/km²	年份	位置
1	王甫州产卵场	7.95	1976	冷集镇
2	茨河产卵场	2.30	1976	太平店镇、茨河镇
2	茨河产卵场	2.80	2004	茨河镇
3	襄阳产卵场	10.61	1976	庞公街办
3	襄阳产卵场	5.69	2004	宜城市、欧庙镇
4	崔家营大坝至宜城江段产卵场	3.38	2009—2014	襄州区、小河镇
5	宜城产卵场	3.82	1976	宜城市、郑集镇
5	宜城产卵场	5.02	2004	宜城市、流水镇

4.2　生态安全格局研究

4.2.1　研究思路

生态安全格局也称生态安全框架，是指景观中存在某种潜在的生态系统空间格局，它由景观中的某些关键的局部、所处方位和空间联系共同构成。生态安全格局对维护或控制特定地段的某种生态过程有着重要的意义。不同区域具有不同特征的生态安全格局，对它的研究与设计依赖于对其空间结构的分析结果，以及研究者对其生态过程的了解程度。生态安全格局的理论基础涉及景观生态学、干扰生态学、保护生态学、恢复生态学、生态经济学、生态伦理学和复合生态系统理论等。它是指针对特定的生态环境问题，以生态、经济、社会效益最优为目标，依靠一定的技术手段，对区域内的各种自然和人文要素进行安排、设计、组合与布局，得到由点、线、面、网组成的多目标、多层次和多类别的空间配置方案，用以维持生态系统结构和过程的完整性，实现土地资源可持续利用、生态环境问题得到持续改善的区域性空间格局。典型的生态安全格局包含以下几个景观组分。

（1）生态源

景观生态学中，将能够促进景观过程发展的景观类型称为"源地"。"源地"是以自然生态功能的发挥为主，生态环境脆弱、生态敏感性较高，并具有重要生态系统服务功能的自然生态斑块，如较大面积的林地、草地、水域、山体等。"源地"景观具有维持、促进景观功能的作用，具有空间拓展性。

（2）生态廊道

生态廊道是指不同于周围景观基质的线状或带状生态景观要素，是景观生态流扩散的主要通道。从阻力面图上来看，廊道是相邻两个"源"之间的阻力低谷，是"源"之间最容易联系的低阻力通道。按照不同的安全层次，"源"之间的廊道可以有一条、两条甚至多条，它们是生态流之间的高效通道和联系途径。每相邻两个"源"之间相联系的廊道应该至少有一条。生态廊道主要是由植被、水体、生物群落等生态性结构要素构成，具有保护生物多样性、过滤污染物、防止水土流失、防风固沙、调控洪水等生态服务功能。生态廊道有利于景观生态流在"源"间及"源"和基质间的相互流动，连接原生植被的廊道有利于不同物种跨景观范围的扩散以及生态流的运行。

（3）生态节点

生态节点是指生态空间中连接两个相邻生态源，并对景观生态过程起到关键性作用的地段。利用累计耗费阻力模型计算生成的累计耗费距离面，提取阻碍生态流的最小耗费路径和最大耗费路径的交叉点以及生态廊道最薄弱的点，这些点都可以作为潜在的生态节点。

（4）生态基质

基质是一定区域内面积最大、分布最广而优质性突出的景观生态系统，往往表现为斑块、廊道等环境背景。基质的空间形态与特征主要取决于其中斑块、廊道的分布状况。其特征在很大程度上制约着整个区域的发展方向和管理措施的选择。每一个生态基质必定有一个核心的斑块和外向的廊道。

本章分别对襄阳全市域以及襄阳汉江生态经济带的规划区从生态源和生态廊道两个角度初步构建全市域与规划区内的生态安全格局。

4.2.2　生态源地识别

鉴于本研究区域的尺度以及各生态系统类型的大小，襄阳市域内的汉江水域、草地、耕地以及自然保护区等在该尺度内具有一定的生态功能，因此均可视为本研究区域的生态源地。其中，考虑到市域内生态要素众多以及北部丹江口水库、西部神农架林区的重要生态源，将选取其中面积在 10 km^2 以上的水域、面积在 100 km^2 以上的林地以及面积在 400 km^2 以上的草地并基于位置分布，视为本研究区域内具有代表性的生态源地。对于研究区内重要的自然保护区、风景旅游区、森岭公园斑块（以下简称保护区等）同样视为本研究区域的重要生态源地，因此主要分为四类生态源，依次是水域生态源、林地生态源、草地生态源和保护区等生态源。根据所选取的生态源地类型，运用 ArcGIS 软件在研究区域土地利用景观数据库中提取相应的经管类型图层，生成研究区域生态源地图层。

4.2.2.1　全市域

　　襄阳市域生态源地主要分布在丹江口水库的汉江上游，北部耕地的重要粮棉油生产基地，西南山区的大荆山（含蘿山等大巴山余脉）、市区西南郊的岘山（含隆中山、顺安山等）和东南郊的鹿门山（含长山等）3 座主要山脉中的自然保护区、风景名胜区及森林公园。因现有生态源地较多，研究过程中存在一定的重复性工作，所以选择生态源地中较有代表性（面积最大或者位置较为居中）的源地作为廊道分析源点（图 4-6 和表 4-10）。

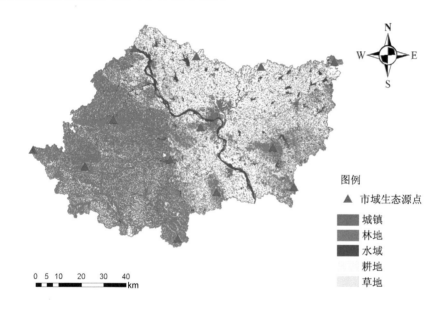

图 4-6　襄阳市域生态源点识别

表 4-10　代表性生态源地

编号	名称
0	神农架林区
1	白竹园寺森林公园
3	隆中风景名胜区
4	南漳县水镜庄风景区

编号	名称
5	熊河湿地、长白山自然保护区
8	尧治河省级森林公园
9	鄂北岗地
10	丹江口水库
11	野花谷风景名胜区

4.2.2.2　规划区

沿江区域规划区包括襄城区、樊城区、襄州区、谷城县、老河口市、宜城市6区（县、市）沿江各 5 km 范围。规划区的生态源地主要分布在丹江口水库下游、梨花湖、汉江两岸的森林绿地，包括湖北岘山国家森林公园、湖北鹿门寺国家森林公园、湖北百花山森林公园、湖北承恩寺森林公园（图 4-7 和表 4-11）。

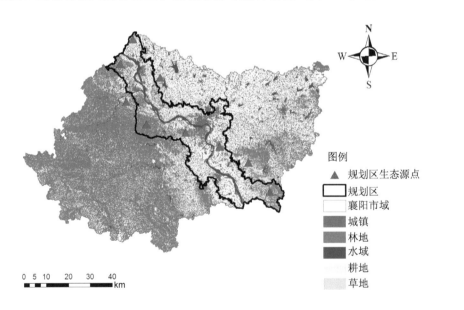

图 4-7　规划区内代表性生态源地

表 4-11　规划区内代表性生态源地

编号	名称
0	湖北承恩寺森林公园
1	汉江上游
3	隆中风景名胜区
4	湖北岘山国家森林公园
5	丹江口水库下游
8	鱼梁洲
9	百花山国家森林公园
10	湖北鹿门寺国家森林公园
11	薤山国家森林公园

4.2.3　生态廊道识别

生态廊道是指不同于周围景观基质的线状或带状生态景观要素，是景观生态流扩散的主要通道，反映在阻力面图上，廊道就是相邻两"源"之间形成的一个低谷区域，也是这两个"源"地中间联系最容易的区域。从安全的角度来看，两个"源"地之间可以有多条廊道，生态流都可以利用这些廊道进行联系，并且在两个"源"之间至少应该有一个廊道。

本章将研究区被识别出的生态廊道分为两种类型：一类是显性生态廊道，这类生态廊道在地表景观中是可见的、容易识别的，由研究区内河流水系及其滩涂、自然或人工带状林地、草地等用地类型组成，本研究区内显性生态廊道较多，最主要的廊道是河流；另一类是隐性生态廊道，这类生态廊道不易直接观测到，是研究区内地下或空中物质能量交换的隐形网络，往往容易被忽视，其对生态流的运行和城市生态环境的维护起到至关重要的作用。本研究采用最小成本路径模拟隐性生态廊道。

基于最小成本路径方法的潜在生态网络模拟是通过计算源与目标之间的最小累计阻力值来获取的。景观阻力是指物种在不同景观单元之间进行迁移的难易程度，斑块生境适宜性越高，物种迁移的景观阻力就越小。利用研究区内生态系统服务功能价值评价数据及相关资料，对不同土地利用类型的景观阻力进行赋值（表 4-12）。

表 4-12　不同土地利用类型的景观阻力值

土地利用类型	居民点及工矿用地	未利用地	草地	水域	农田	林地
景观阻力（1～100）	100	70	50	30	20	5

4.2.3.1　全市域

通过 ArcGIS 中的距离分析模块生成全市各生态源点到其他各生态目的地的最小耗费距离表面及路径（图 4-8）。

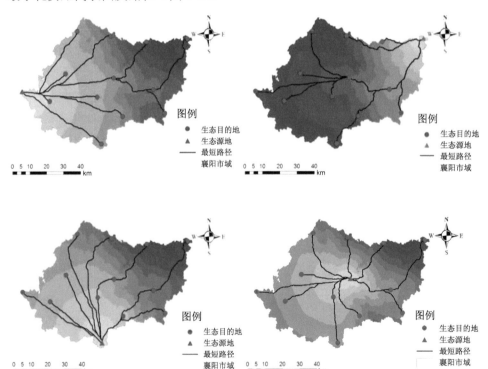

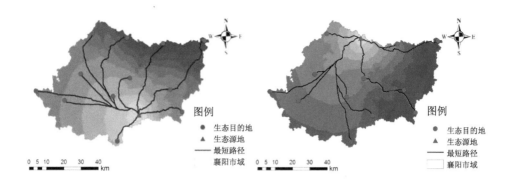

图 4-8　襄阳市部分生态源点到各生态目的地最短路径

　　襄阳市域内现行生态廊道主要为汉江等支流水系及大面积森林绿地，将研究区内四级及以上河流与隐性廊道共同作为研究区生态廊道概化的基础，进行研究区内生态廊道识别（图 4-9）。

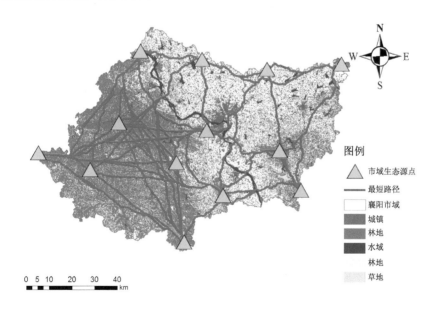

图 4-9　襄阳市生态廊道识别结果

　　研究区现有生态廊道较密集，各类生态源通过廊道建立紧密联系，生态源地与周围生态源地间的廊道联系密切。但现有廊道道路复杂，因此在 ArcGIS 中对现有廊道进行概化（图4-10）。可初步识别研究区内生态廊道的特点是以汉江为廊道分界线，形成了西南山区的荆山脉北段—武当山脉东段廊道，市郊岘山、鹿门山、隆中山廊道，鄂北岗地廊道，唐白河—蛮河廊道等。

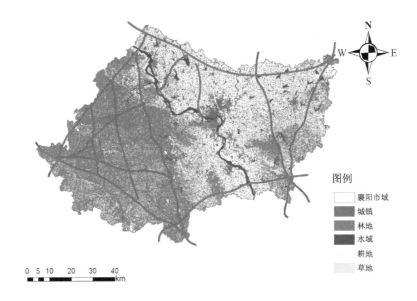

图 4-10　襄阳市生态廊道概化

4.2.3.2　规划区

通过 ArcGIS 中的距离分析模块生成规划区域各生态源点到其他各生态目的地的最小耗费距离表面及路径（图4-11）。

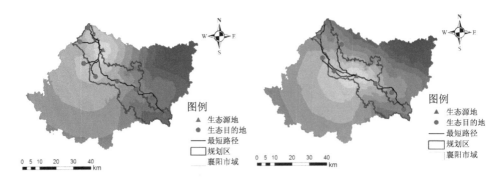

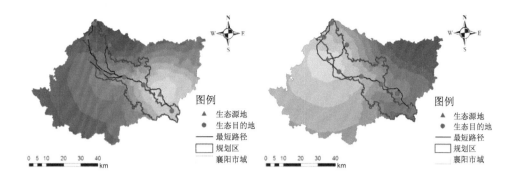

图 4-11　规划区内部分生态源点到各生态目的地最短路径

规划区内现行生态廊道主要为汉江等支流水系、国家森林公园，中心城区的绿心鱼梁洲，同时将研究区内的隐性廊道共同作为研究区生态廊道概化的基础，进行研究区内生态廊道识别（图 4-12）。

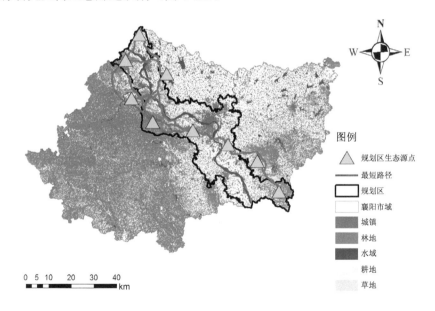

图 4-12　规划区生态廊道识别结果

研究区现有生态廊道较密集，各类生态源通过廊道建立紧密联系，生态源地与周围生态源地间的廊道联系密切。但现有廊道道路复杂，因此在 ArcGIS 中对现有廊道进行概化（图 4-13）。可初步识别研究区内生态廊道的特点是以汉江为带，形成了市郊岘山—鹿门山—隆中山廊道、鄂北岗地廊道、薤山—梨花湖廊道等。

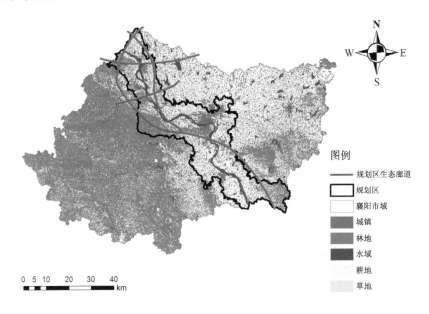

图 4-13　规划区生态廊道概化

4.2.4　生态安全格局构建

4.2.4.1　全市域

构建襄阳全市区域的大"中"字生态安全格局（图 4-14）。建设以沿汉江干流衔接岘山—隆中山—鹿门寺的生态保育轴为中心，结合南河、唐白河等河流生态廊道与南崔家营、王甫洲、三道河、熊河、西排子河 5 个大型水库的生态节点，向四周串联西南大荆山系（含薤山等大巴山余脉）、鄂北岗地（北部农业生态功能区）、东南大洪山系（鹿门山、长山等）的环形生态屏障区，形成大"中"字的襄阳市区域生态安全格局。以开放多样的生态网络体系，保障襄阳全市域的生态安全。

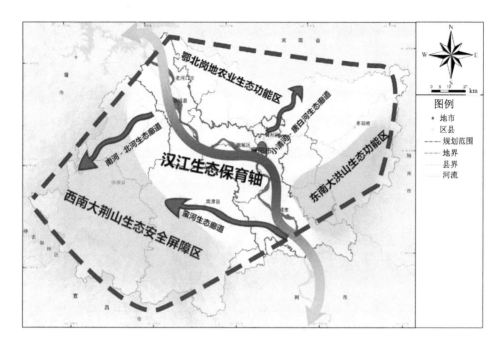

图 4-14　襄阳全市域生态安全格局

4.2.4.2　规划区

构建"一轴三区，七廊多节点"的生态安全格局（图 4-15）。"一轴"为汉江干流生态保育轴，"三区"为"茨河—庙滩林地水源涵养功能片区""岘山—鱼梁洲—鹿门山生物多样性维护功能片区""雷河—关门山水土保持功能片区"，"七廊"为北河、南河、高桥河、小清河、唐白河、淳河、蛮河等沿江区域汉江支流组成的生态廊道。"多节点"包括鱼梁洲等江心洲岛，汉江、万洋洲、鲤鱼湖等国家级和省级湿地公园，梨花湖湿地自然保护区，黑虎山、王甫洲、狮子岩等重要水库，长春鳊国家级水产种质资源保护区与崔家营、茨河等产卵场地等重要生态节点。

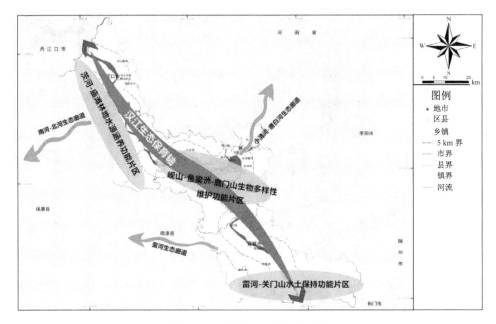

图 4-15　规划区生态安全格局

4.3　生态环境评价

4.3.1　生态环境特征

4.3.1.1　全国尺度

（1）水源涵养功能重要区

水源涵养重要区是指我国河流与湖泊的主要水源补给区和源头区。根据《全国主体功能区规划》和《全国生态功能区划（修编版）》，全国范围内的水源涵养重要区主要包括大兴安岭、长白山、太行山—燕山、浙闽丘陵、秦岭—大巴山区、武陵山区、南岭山区、海南中部山区、川西北高原区、三江源、祁连山、天山、阿尔泰山、藏东南、昆仑山、横断山区、滇西及滇南地区等地。在全国层面，汉江襄阳沿江区域不属于我国重要的水源涵养区。

（2）土壤保持功能重要区

土壤保持的重要性评价主要考虑生态系统减少水土流失的能力及其生态效益。根据《全国主体功能区规划》和《全国生态功能区划（修编版）》，全国土壤保持功能重要区主要分布在黄土高原、太行山区、秦岭—大巴山区、祁连山区、环四川盆地丘陵区，以及西南喀斯特地区、川西高原、藏东南、海南中部山区以及南方红壤丘陵区等区域。在全国层面，汉江襄阳沿江区域不属于我国重要的水土保持区。

（3）防风固沙功能重要区

防风固沙重要性评价主要考虑生态系统预防土地沙化、降低沙尘暴危害的能力与作用。根据《全国主体功能区规划》和《全国生态功能区划（修编版）》，全国防风固沙功能重要区主要分布在内蒙古浑善达克沙地、科尔沁沙地、毛乌素沙地、鄂尔多斯高原、阿拉善高原、塔里木河流域、准噶尔盆地和呼伦贝尔草原。襄阳沿江区域不属于我国重要的防风固沙区。

（4）生物多样性维护功能重要区

生物多样性维护功能重要区是指国家重要保护动植物的集中分布区，以及典型生态系统分布区。根据《全国主体功能区规划》和《全国生态功能区划（修编版）》，我国生物多样性保护重要区域主要包括大兴安岭、秦岭—大巴山区、天目山区、浙闽山地、武夷山区、南岭山地、武陵山区、岷山—邛崃山区、滇南、滇西北高原、滇东南、海南中部山区、滨海湿地、藏东南、鄂尔多斯高原、锡林郭勒与呼伦贝尔草原区、松潘高原及甘南地区、羌塘高原、大别山区、长白山以及小兴安岭等地区。在全国层面，襄阳市南漳县、保康县等区域为秦巴山地生物多样性维护区。

（5）水土流失敏感性区域

我国水土流失敏感性主要受地形、降水量、土壤性质和植被的影响。根据《全国生态功能区划（修编版）》，全国水土流失敏感区主要分布在黄土高原、吕梁山、横断山区、念青唐古拉山脉以及西南喀斯特地区、太行山区、大青山、陇南市、秦岭—大巴山区、四川盆地周边、川滇干热河谷、滇中和滇西地区、藏东南、南方红壤区，以及天山山脉、昆仑山脉局部地区。在全国尺度，襄阳沿江区域不属于我国水土流失主要分布区。

（6）土地沙化敏感性区域

我国沙漠化敏感性主要受干燥度、大风日数、土壤性质和植被覆盖的影响。根据《全国生态功能区划》，全国沙漠化敏感区主要集中分布在降水量稀少、蒸发量大的干旱、半干旱地区。主要分布在塔里木盆地、塔克拉玛干沙漠、吐鲁番盆地、巴丹吉林沙漠和腾格里沙漠、柴达木盆地、毛乌素沙地等地区及周边地区、准噶尔盆地、鄂尔多斯高原、阴山山脉以及浑善达克沙地以北地区。在全国层面，汉江襄阳沿江区域不属于全国土地沙化重点分布区。

（7）石漠化敏感性区域

我国西南石漠化敏感性主要受石灰岩分布、岩性与降水的影响。根据《全国生态功能区划》，西南石漠化敏感区总面积为 51.6 万 km^2，主要分布在西南岩溶地区。极敏感区与高度敏感区交织分布，面积为 2.3 万 km^2，集中分布在贵州省西部、南部区域，包括毕节市、六盘水、安顺西部、黔西南州以及遵义、铜仁市等，广西百色、崇左、南宁交界处，云南东部文山、红河、曲靖以及昭通等地。川西南峡谷山地、大渡河下游及金沙江下游等地区也有成片分布。在全国层面，汉江襄阳沿江区域不属于我国石漠化敏感区。

（8）盐渍化敏感性区域

我国盐渍化敏感性区域主要分布在塔里木盆地周边、和田河谷、准噶尔盆地周边、柴达木盆地、吐鲁番盆地、罗布泊、疏勒河下游、黑河下游、河套平原、浑善达克沙地以西、呼伦贝尔东部、西辽河河谷平原，以及滨海半湿润地区的盐渍土分布区。在全国层面，汉江襄阳沿江区域不属于我国盐渍化重点分布区。

4.3.1.2 省级尺度

根据《湖北省主体功能区规划》，襄阳市的襄城区、樊城区、襄州区属于襄（阳）十（堰）随（州）地区省级层面重点开发区域。宜城市、谷城市、枣阳市、老河口市位于襄随国家层面农产品主产区。南漳县、保康县是国家秦巴生物多样性重点生态功能区。襄阳主体发展定位为全国重要的汽车生产基地，中部地区重要的交通枢纽，区域性物流中心和生态文化旅游中心，鄂西北地区经济发展的重要增长极。发挥以粮食、油料生产和生猪养殖等为主的旱作农业优势。

因此，汉江襄阳段规划区内（襄城区、樊城区、襄州区、东津新区、老河口市
鄂阳街道办、光化街道办、李楼街道办、仙人渡镇、谷城县城关镇、宜城市鄢
城街道办、小河镇）绝大部分区域为省级层面重点开发区域，其他区域为国家
层面农产品主产区。其中，在湖北省生态安全战略格局中，汉江襄阳段属于汉
江流域水土保持带重要组成部分。

根据《湖北省生态功能区划》，襄阳谷城、保康、南漳属于汉江中游水源涵养
与水土保持生态功能区，是汉江中游水源补给区，具有重要的水源涵养和水土保
持功能。襄樊区、老河口市、宜城市和枣阳市是鄂中北丘陵岗地农林生态区，是
湖北省乃至全国重要的小麦、水稻、棉花生产基地。

根据《湖北省生物多样性保护战略与行动计划纲要（2014—2030 年）》，襄阳
市保康县、南漳县、谷城县部分区域属于湖北省生物多样性保护优先区域。

4.3.1.3　市级尺度

根据《襄阳市创建国家生态文明建设示范市规划纲要（2017—2025 年）》，襄
阳市主要包括五大类生态功能区：①水源涵养生态功能区：以湖北谷城汉江国家
湿地公园、老河口市梨花湖省级风景名胜区、老河口西排子河省级湿地公园、谷
城南河国家级自然保护区、谷城薤山国家级森林公园、南漳县水镜湖省级地质公
园、枣阳熊河省级湿地公园等为重点；②土壤保持生态功能区：以老河口市百花
山省级森林公园、谷城承恩寺省级森林公园等为重点；③防风固沙生态功能区：
以枣阳市白竹园寺省级森林公园、枣阳市青龙山—白水寺省级风景名胜区等为重
点；④生物多样性生态功能区：以保康五道峡国家自然保护区、保康野花谷风景
名胜区、保康官山森林公园、岘山森林公园等为重点；⑤洪水调蓄生态功能区：
以宜城市襄东垸分洪区、宜城市襄西垸分洪区为重点。涉及襄阳沿江区域的生态
功能区主要有水源涵养生态功能区、土壤保持生态功能区。

4.3.2　生态环境评价

根据襄阳市在全国尺度、湖北省尺度和自身生态环境特征，确定出汉江襄阳
沿江区域主导生态环境功能为水源涵养功能、水土保持功能，主要生态环境敏感

特征为水土流失。因此，主要针对水源涵养、水土保持和水土流失对汉江襄阳沿江区域生态环境系统进行解析。

4.3.2.1 水源涵养功能

（1）研究方法

采用水量平衡方程来计算水源涵养量，计算公式为：

$$TQ = \sum_{i=1}^{j} \left(P_i - R_i - ET_i \right) \times A_i \times 10^3 \qquad (4\text{-}1)$$

式中，TQ —— 总水源涵养量，m^3；

　　　P_i —— 降雨量，mm；

　　　R_i —— 地表径流量，mm；

　　　ET_i —— 蒸散发量，mm；

　　　A_i —— i 类生态系统面积，km^2；

　　　i —— 研究区第 i 类生态系统类型；

　　　j —— 研究区生态系统类型数。

降雨量因子：根据气象数据集处理得到。在 Excel 中计算出区域所有气象站点的多年平均降雨量，将这些值根据相同的站点名与 ArcGIS 中的站点（点图层）数据相连接（Join）。在 Spatial Analyst 工具中选择 Interpolate to Raster 选项，选择相应的插值方法得到降雨量因子栅格图。

地表径流因子：降雨量乘以地表径流系数获得，计算公式如下：

$$R = P \times \alpha \qquad (4\text{-}2)$$

式中，R —— 地表径流量，mm；

　　　P —— 多年平均降雨量，mm；

　　　α —— 平均地表径流系数。

蒸散发因子：根据国家生态系统观测研究网络科技资源服务系统网站提供的产品数据。原始数据空间分辨率为 1 km，通过 ArcGIS 软件重采样为 250 m 空间分辨率，得到蒸散发因子栅格图。

表 4-13　各类型生态系统地表径流系数均值表

生态系统类型 1	生态系统类型 2	平均地表径流系数/%
森林	常绿阔叶林	2.67
	常绿针叶林	3.02
	针阔混交林	2.29
	落叶阔叶林	1.33
	落叶针叶林	0.88
	稀疏林	19.20
灌丛	常绿阔叶灌丛	4.26
	落叶阔叶灌丛	4.17
	针叶灌丛	4.17
	稀疏灌丛	19.20
草地	草甸	8.20
	草原	4.78
	草丛	9.37
	稀疏草地	18.27
湿地	湿地	0.00

生态系统面积因子：根据全国生态状况遥感调查与评估成果中的生态系统类型数据集得到。原始数据为矢量数据，通过 ArcGIS 软件转为 250 m 空间分辨率的栅格图。

通过模型计算，得到不同类型生态系统服务值（如水源涵养量）栅格图。在地理信息系统软件中，运用栅格计算器，输入公式"Int（[某一功能的栅格数据]/[某一功能栅格数据的最大值]×100）"，得到归一化后的生态系统服务值栅格图。导出栅格数据属性表，属性表记录了每一个栅格像元的生态系统服务值，将服务值按从高到低的顺序排列，计算累加服务值。将累加服务值占生态系统服务总值比例的 50% 与 80% 所对应的栅格值，作为生态系统服务功能评估分级的分界点，利用地理信息系统软件的重分类工具，将生态系统服务功能重要性分为 3 级，即极重要、重要和一般重要（表 4-14）。

表 4-14　生态系统服务功能评估分级

重要性等级	极重要	重要	一般重要
累积服务值占服务总值比例/%	50	30	20

（2）评估结果

①多年平均降雨量

根据 2000—2014 年襄阳降雨量数据（资料来源于中国气象科学数据共享服务网中的中国地面气候资料数据集），得出汉江襄阳段多年平均降雨量分布。从结果统计看（图 4-16），汉江襄阳段多年平均降雨量在 837～932 mm，平均约为 885 mm。从空间分布格局上，降雨量从西向东逐渐递减。

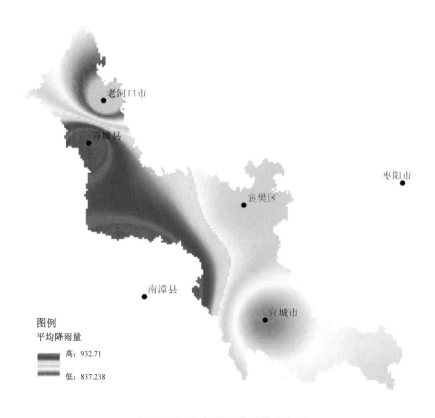

图 4-16　多年平均降雨量分布图

②地表径流因子

根据 2015 年襄阳土地利用现状数据和襄阳植被覆盖数据（数据来源于国家综合地球观测数据共享平台），得出襄阳水源涵养主要生态系统分布情况，如图 4-17 所示，汉江襄阳段具备水源涵养的森林生态系统类型主要以落叶阔叶林、常绿针叶林为主。从空间分布格局来看，森林生态系统主要分布在谷城庙滩、冷集等地区。

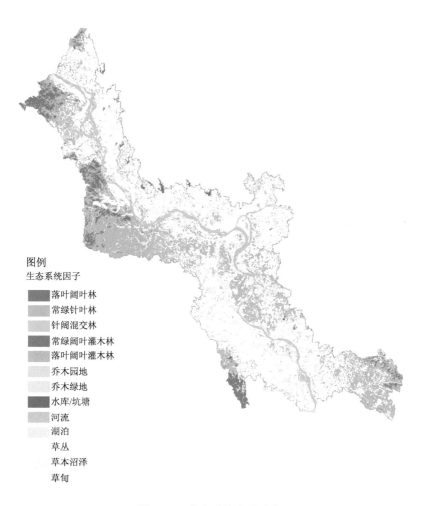

图 4-17　生态系统主要分布图

根据主要水源涵养生态系统的分布格局和汉江襄阳段年均降雨量，按照式（4-2），得出汉江襄阳段地表径流量，分布结果如图 4-18 所示。规划区地表径流量在 0～170 mm，平均约为 24.26 mm，城区地表径流量相对较高。

图例
地表径流因子值
高：170.203
低：0

图 4-18   地表径流因子分布图

③多年平均蒸发量

根据 2000—2014 年襄阳气象数据（图 4-19），蒸发量为 1 212～1 446 mm，平均约为 1 352 mm。从空间分布格局上，东南地区蒸发量较高，西北地区蒸发量较低。

④水源涵养功能重要性评估

根据式（4-1），得出规划区内水源涵养功能重要性评估结果，如图 4-20 所示。汉江襄阳段规划区内水源涵养功能极重要区域面积为 970.33 km^2，约占具备水源涵养功能总面积的 56%，主要分布在城市老河口、谷城等区域。水源涵养功能重要区域面积约为 450.51 km^2，约占具备水源涵养功能总面积的 26%。水源涵养功能一般重要区域面积约为 311.89 km^2，约占具备水源涵养功能总面积的 18%。

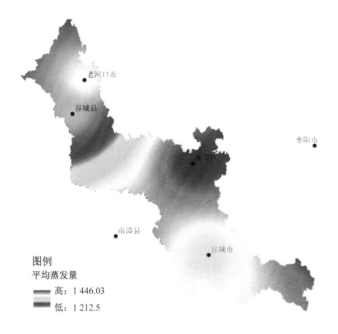

图 4-19 多年平均蒸发量分布图

图 4-20 水源涵养功能评价图

4.3.2.2 水土保持功能

（1）研究方法

采用修正通用水土流失方程（RUSLE）的水土保持服务模型开展评价，公式如下：

$$A_c = A_p - A_r = R \times K \times L \times S \times (1-C) \tag{4-3}$$

式中，A_c —— 水土保持量，t/（hm²·a）；

A_p —— 潜在土壤侵蚀量，t；

A_r —— 实际土壤侵蚀量，t；

R —— 降雨侵蚀力因子，MJ·mm/（hm²·h·a）；

K —— 土壤可蚀性因子，t·hm²·h/（hm²·MJ·mm）；

L、S —— 地形因子，L 表示坡长因子，S 表示坡度因子；

C —— 植被覆盖因子。

降雨侵蚀力因子 R：是指降雨引发土壤侵蚀的潜在能力，通过多年平均年降雨侵蚀力因子反映，计算公式如下：

$$R = \sum_{k=1}^{24} \bar{R}_{\text{半月}k}$$

$$\bar{R}_{\text{半月}k} = \frac{1}{n} \sum_{i=1}^{n} \sum_{j=0}^{m} \left(\alpha \cdot P_{i,j,k}^{1.7265} \right) \tag{4-4}$$

式中，R —— 多年平均年降雨侵蚀力，MJ·mm/（hm²·h·a）；

$R_{\text{半月}k}$ —— 第 k 个半月的降雨侵蚀力，MJ·mm/（hm²·h·a）；

k —— 一年的 24 个半月，$k=1$，2，…，24；

i —— 所用降雨资料的年份，$i=1$，2，…，n；

j —— 第 i 年第 k 个半月侵蚀性降雨日的天数，$j=1$，2，…，m；

$P_{i,j,k}$ —— 第 i 年第 k 个半月第 j 个侵蚀性日降雨量，mm，可以根据全国范围内气象站点多年的逐日降雨量资料，通过插值获得；或者直接采用国家气象局的逐日降雨量数据产品；

α——参数，暖季时 $\alpha = 0.393\ 7$，冷季时 $\alpha = 0.310\ 1$。

土壤可蚀性因子 K：指土壤颗粒被水力分离和搬运的难易程度，主要与土壤质地、有机质含量、土体结构、渗透性等土壤理化性质有关，计算公式如下：

$$K = \left(-0.013\ 83 + 0.515\ 75K_{\text{EPIC}}\right) \times 0.131\ 7$$

$$
\begin{aligned}
K_{\text{EPIC}} = &\left\{0.2 + 0.3\exp[-0.025\ 6m_s(1 - m_{\text{silt}}/100)]\right\} \times [m_{\text{silt}}/(m_c + m_{\text{silt}})]^{0.3} \\
&\times \left\{1 - 0.25\text{orgC}/[\text{orgC} + \exp(3.72 - 2.95\text{orgC})]\right\} \\
&\times \left\{1 - 0.7(1 - m_s/100)/\{(1 - m_s/100) + \exp[-5.51 + 22.9(1 - m_s/100)]\}\right\}
\end{aligned}
\tag{4-5}
$$

式中，K_{EPIC}——修正前的土壤可蚀性因子；

　　　K——修正后的土壤可蚀性因子；

　　　m_c——黏粒（<0.002 mm）的百分比含量，%；

　　　m_{silt}——粉粒（$0.002 \sim 0.05$ mm）的百分比含量，%；

　　　m_s——砂粒（$0.05 \sim 2$ mm）的百分比含量，%；

　　　orgC——有机碳的百分比含量，%。

地形因子 L、S：L 表示坡长因子，S 表示坡度因子，是反映地形对土壤侵蚀影响的两个因子。在评估中，可以应用地形起伏度，即地面一定距离范围内最大高差，作为区域土壤侵蚀评估的地形指标。选择高程数据集，在 Spatial Analyst 下使用 Neighborhood Statistics，设置 Statistic Type 为最大值和最小值，即得到高程数据集的最大值和最小值，然后在 Spatial Analyst 下使用栅格计算器 Raster Calculator，公式为 [最大值-最小值]，获取地形起伏度，即地形因子栅格图。

植被覆盖因子 C：反映了生态系统对土壤侵蚀的影响，是控制土壤侵蚀的积极因素。水田、湿地、城镇和荒漠参照 N-SPECT 的参数分别赋值为 0、0、0.01 和 0.7，旱地按植被覆盖度换算，计算公式如下：

$$C_{\text{旱}} = 0.221 - 0.595\log c_1 \tag{4-6}$$

式中，$C_{\text{旱}}$——旱地的植被覆盖因子；

　　　c_1——小数形式的植被覆盖度。

其余生态系统类型按不同植被覆盖度进行赋值，如表 4-15 所示。

表 4-15 不同生态系统类型植被覆盖因子赋值

生态系统类型	植被覆盖度					
	<10	10~30	30~50	50~70	70~90	>90
森林	0.1	0.08	0.06	0.02	0.004	0.001
灌丛	0.4	0.22	0.14	0.085	0.04	0.011
草地	0.45	0.24	0.15	0.09	0.043	0.011
乔木园地	0.42	0.23	0.14	0.089	0.042	0.011
灌木园地	0.4	0.22	0.14	0.087	0.042	0.011

（2）评估结果

①降雨侵蚀力因子 R

降雨侵蚀力因子 R 是指降雨引发土壤侵蚀的潜在能力。本书参考于泳等人对湖北降雨侵蚀力时空变化分析结果，得出汉江襄阳段降雨侵蚀力因子 R，如图 4-21 所示。规划区内多年年均降雨侵蚀力因子为 339~486 MJ·mm/（hm²·h·a），平均约为 407 MJ·mm/（hm²·h·a）。整体表现为北部地区老河口、谷城年均降雨侵蚀力较低，南部宜城市降雨侵蚀力较高。

图 4-21 降雨侵蚀力分布图

②土壤可蚀性因子 K

土壤可蚀性因子 K 是指土壤颗粒被水力分离和搬运的难易程度，主要与土壤质地、有机质含量、土体结构、渗透性等土壤理化性质有关。根据中国土壤数据集（V1.1），按照式（4-5），得出规划区域内土壤可蚀性因子 K 的分布情况，如图4-22 所示。规划区土壤可蚀性因子 K 为 0～0.022 49，平均约为 0.007 3。

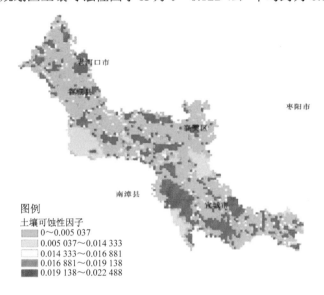

图例
土壤可蚀性因子
0～0.005 037
0.005 037～0.014 333
0.014 333～0.016 881
0.016 881～0.019 138
0.019 138～0.022 488

图 4-22　土壤可蚀性因子分布图

③地形起伏度

地形起伏度是指地面一定距离范围内的最大高差。根据规划区域内数字高程计算得出地形起伏度结果，如图 4-23 所示：规划区内地形起伏度为 0～170 m，平均值约为 5 m。其地形起伏度较大的区域主要分布在西部地区的庙滩镇、茨河镇，东部地区地形起伏度则较小。

④植被覆盖度

植被覆盖度是指植被（包括叶、茎、枝）在地面的垂直投影面积占统计区总面积的百分比。根据规划区生态系统主要类型分布，按照表 4-15 的植被覆盖因子赋值原则，得出规划区域内植被覆盖度分布结果（图 4-24），规划区西部地区植被覆盖度相对较高。

图 4-23　地形起伏度分布图

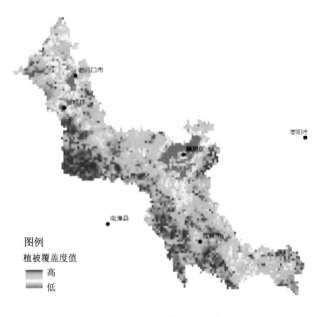

图 4-24　植被覆盖度分布图

　　根据植被覆盖度分布情况，得出规划区内植被覆盖因子分布结果（图 4-25），规划区内植被覆盖因子为 0～0.7，平均约为 0.04。

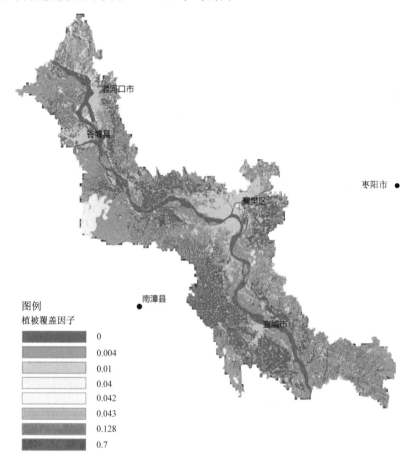

图 4-25　植被覆盖因子分布图

⑤水土保持功能重要性评估

　　根据式（4-3），得出规划区内水土保持功能重要性评估结果，如图 4-26 所示。规划区内水土保持功能极重要区域面积约为 167.73 km²，约占全市总面积的 3.9%；水土保持功能重要区域面积约为 225.38 km²，约占全市总面积的 5.24%；水土保持功能一般重要区域面积约为 3 907.73 km²，约占全市总面积的 90.86%。从空间分布来看，规划区域西部地区的庙滩、茨河等区域水土保持功能相对较高。

图例
水土保持功能评价
一般重要
重要
极重要

图 4-26   水土保持功能重要性评价图

4.3.2.3   土壤侵蚀敏感性分析

　　水土流失（water and soil loss）是指由水、重力和风等外营力引起的水、土资源的破坏和损失。土壤侵蚀（soil erosion）是指在水力、风力、冻融、重力等外营力作用下，土壤、土壤母质及其他地面组成物质被破坏、剥蚀、搬运和沉积的全部过程，也就是水土流失中的土体损失。目前对土壤侵蚀的理解，与水土流失的含义基本相同，土壤侵蚀也叫水土流失。根据襄阳土壤侵蚀分布图（图 4-27），通过数据矢量化处理，得出规划区内土壤侵蚀分布情况，如图 4-28 所示。规划区内，土壤侵蚀分为四个级别：强度侵蚀、中度侵蚀、轻度侵蚀、低度侵蚀。

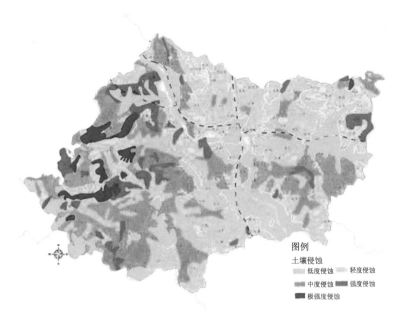

图例

土壤侵蚀
低度侵蚀　　　轻度侵蚀
中度侵蚀　　　强度侵蚀
极强度侵蚀

图 4-27　襄阳市土壤侵蚀分布图

图例

土壤侵蚀
低度侵蚀
轻度侵蚀
中度侵蚀
强度侵蚀

图 4-28　规划区土壤侵蚀分布图

4.3.2.4 生态环境评价结果

根据对襄阳沿江区域生态系统重要性和生态系统敏感性评价（表 4-16 和表 4-17）可知，襄阳市沿江区域主要生态服务功能为水源涵养功能和水土保持功能。生态系统敏感性评价中，主要以水土流失敏感性为主。

表 4-16   生态系统重要性评价

类型	生态系统重要性					
	极重要		重要		一般重要	
	面积/km²	比例/%	面积/km²	比例/%	面积/km²	比例/%
水源涵养功能	970.33	56	450.51	26	311.89	18
水土保持功能	167.73	3.9	225.38	5.24	3 907.73	90.86

表 4-17   生态系统敏感性评价

类型	生态系统敏感性评价							
	水土强度侵蚀区		水土中度侵蚀区		水土轻度侵蚀区		水土低度侵蚀区	
	面积/km²	比例/%	面积/km²	比例/%	面积/km²	比例/%	面积/km²	比例/%
水土流失敏感性	253	5.8	586	13.6	1 809	42.01	1 657	38.5

规划区内，土壤侵蚀分为四个级别：强度侵蚀面积约为 253 km²，约占规划区面积的 5.8%，中度侵蚀面积约为 586 km²，约占规划区面积的 13.6%，轻度侵蚀面积约为 1 809 km²，约占规划区面积的 42.01%，低度侵蚀面积约为 1 657 km²，约占规划区面积的 38.5%。

4.4   生态空间划定

按照《关于划定并严守生态保护红线的若干意见》，生态空间是指具有自然属性、以提供生态产品或生态服务为主导功能的国土空间，涵盖需要保护和合理利用的森林、草原、湿地、河流、湖泊、滩涂、岸线、海洋、荒地、荒漠、戈壁、冰川、高山冻原、无居民海岛等。结合遥感影像数据与土地利用现状数据，初步提取天然草原、湿地、天然林保护区等具有自然属性、以提供生态服务或生态产品为主体功能的生态用地。根据生态环境评价结果，参考地理国情普查，充分参考土地利用权属和地表覆盖信息，按照"就近就大"原则，将生态服务功能重要区域、敏感区域和生态保护重要区域纳入重要生态空间。

4.4.1　生态保护重要区域

（1）生态服务功能极重要区和重要区

根据规划区域水源涵养、水土保持功能评价结果，基于沿江区域第二次全国土地调查数据，扣除建设用地、耕地等，将水源涵养功能极重要和重要区域、水土保持功能极重要和重要区域纳入沿江区域生态保护重要区域，如图4-29所示，规划区域内生态服务功能极重要区和重要区面积约为 1 493.4 km^2，约占区域内面积的34.73%。在空间分布格局上，主要包括汉江干流和沿江两岸区域、西部的茨河等地区。

图例
生态服务功能极重要与重要区

图 4-29　规划区生态保护重要区域分布图

（2）生态敏感区域

根据规划区域土壤侵蚀分布情况，基于沿江区域第二次全国土地调查数据，扣除建设用地、耕地等，将水土强度侵蚀区域纳入生态保护重要区域，如图 4-30 所示，沿江区域生态敏感区域面积约为 115.59 km²，约占全市面积的 2.68%。

图例
⬛ 水土强度侵蚀区域

图 4-30　规划区生态保护重要区域分布图

4.4.2　保护地衔接

根据规划区生态环境实际，衔接规划区内自然保护地分布，主要包括湿地公园、森林公园、风景名胜区、水源地、江心洲、产卵场、洪水调蓄区等类型（图 4-31），面积约为 662.34 km²，约占规划区面积的 15.4%。

4.4.3　生态空间划定

根据生态保护重要区域、生态保护敏感区域和规划区生态用地分布，充分参考土地利用权属和地表覆盖信息，按照"就近就大"原则，结合实际情况，扣除建设用地和农业用地之外，合理扣除独立细小斑块，将生态服务功能重要区域、敏感区域和生态保护重要区域纳入生态空间,得出规划区生态空间结果(图 4-32)，总面积约为 1 382 km²，约占规划区面积的 32%。

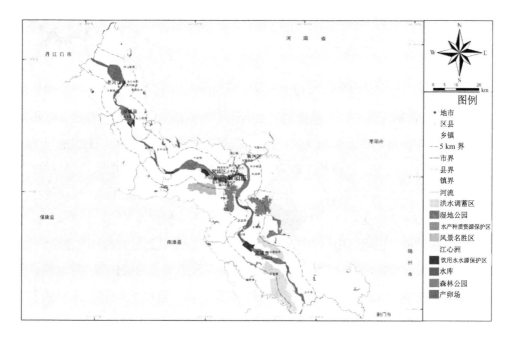

图 4-31　规划区保护地分布图

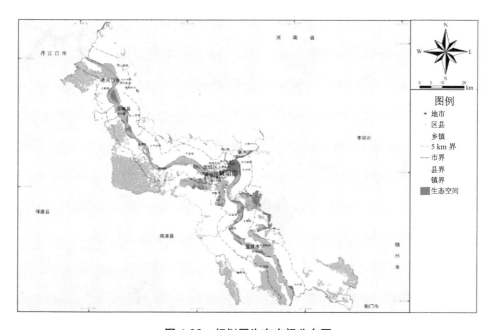

图 4-32　规划区生态空间分布图

4.5 生态保护红线划定

根据《湖北省生态保护红线划定方案》，襄阳沿江区域生态保护红线总面积约
216.57 km²，占沿江区域国土总面积的 5.04%（图 4-33）。生态保护红线依据相关
法律法规和相关规划实施强制性保护，面积只能增加、不能减少。生态保护红线
实行严格管控，对于破坏自然生态系统的开发建设活动要坚决制止，严格控制人
为因素对自然生态系统原真性、完整性的干扰。生态保护红线原则上禁止进行工
业化、城镇化开发建设活动，此类项目禁止落户生态保护红线区域。生态保护红线
内已依法批准的建设项目中，以工业化、城镇化开发建设为目的的开发建设活动，
应建立限期退出机制，通过制定实施产业、土地、税收等方面的优惠政策，科学引
导生态保护红线内人口和产业的逐步转移，逐步实现污染物"零排放"，降低人类
活动强度，逐步推进生态移民，有序推动人口适度集中安置，减小生态压力。

图例
■ 规划区生态保护红线

图 4-33 规划区生态保护红线

4.6　生态保护与修复

党的十九大报告指出，"建设生态文明是中华民族永续发展的千年大计""统筹山水林田湖草系统治理，实行最严格的生态环境保护制度，形成绿色发展方式和生活方式，坚定走生产发展、生活富裕、生态良好的文明发展道路"。本章针对汉江生态经济带襄阳沿江区域，采用生态风险预警方法，通过开展生态风险评价，结合区域内生态安全格局构建内容，提出规划区域内生态保护与修复重点内容。

4.6.1　研究方法

4.6.1.1　区域生态风险评价

研究界定的生态风险预警是指风险受体暴露在外界压力、自身敏感性和管控措施综合作用的累积效应结果，借鉴相对风险模型和区域生态风险综合评价模型，生态风险预警具体计算公式为：

生态风险预警=生态风险压力×生态风险受体敏感性×生态风险管控措施

（1）生态风险压力指标

本章采用人口密度作为生态风险压力指标的主要参考标准。研究应用中科院绘制的全国 1 km 分辨率网格人数数据为基础，结合 2016 年襄阳市人口统计数据和襄阳市第二次全国土地调查数据进行修正（图 4-34）。数值越大则表示风险压力越大，反之亦然。

（2）生态风险受体敏感性

本章采用净初级生产力（NPP）作为生态风险受体敏感性指标的主要参考标准。NPP 是指植物在单位时间单位面积上由光合作用产生的有机物质总量中扣除自养呼吸后的剩余部分，是生产者能用于生长、发育和繁殖的能量值，反映了植物固定和转化光合产物的效率，也是生态系统中其他生物成员生存和繁衍的物质基础。其中涉及的主要参量包括光和有效辐射（PAR）、光合有效辐射分量（FPAR）、土壤湿度（soil humidity）等。该指标越大，说明目前该生态系统像元越健康、越值得保护，如果未来生态风险干扰可能侵占到此类健康像元则认为不可接受。

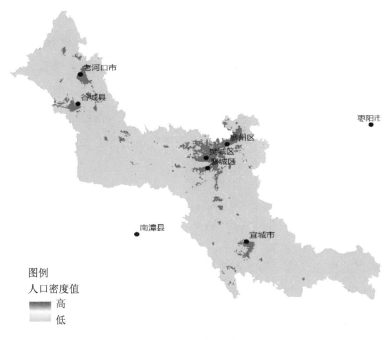

图例
人口密度值
高
低

图 4-34   人口密度分布图

本章所利用的多年植被净初级生产力平均值数据（MOD17A3）是基于 2000—2014 年 MODIS 影像计算的陆地植被净初级生产力年均数据。其拟合模型为 BIOME-BGC 模型。结果表明（图 4-35），规划区域 NPP 值每年为−91～990 gC/m^2，平均约为 422.02 gC/m^2。

（3）生态风险管控措施

生态保护红线的管控力度是生态风险管控指标的良好体现（图 4-36）。若空间像元处于生态保护红线区之内，预期未来该区域发生的生态风险会得到更好的控制，风险水平按照 0.1 计算。未来该区域处于除红线之外的重要生态空间内，表示风险水平按照 0.5 计算，处于未来生态风险水平。区域处于重要生态空间、生态保护红线之外的区域，按照 1 计算。

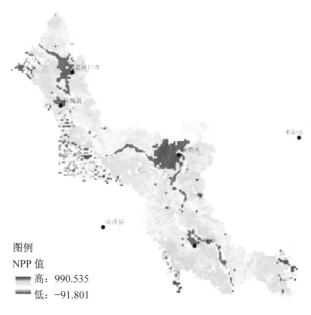

图 4-35　NPP 分布图

图 4-36　生态风险管控措施

（4）生态风险预警

根据生态风险评价方法，得出规划区风险预警结果，如图 4-37 所示，可以发现，风险评价预警高值区主要分布在城镇化快速发展的区域。

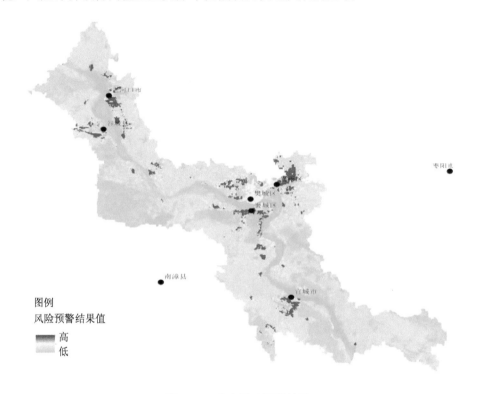

图例
风险预警结果值
高
低

图 4-37   生态风险预警结果

4.6.1.2   生态安全格局中关键生态要素

规划区内生态安全格局关键生态要素主要包括生态源、生态节点等。

（1）生态源

规划区关键生态源主要包括鱼类产卵场、省级及以上湿地公园、国家级水产种质资源保护区、风景名胜区、省级及以上森林公园（图 4-38 和表 4-18）。

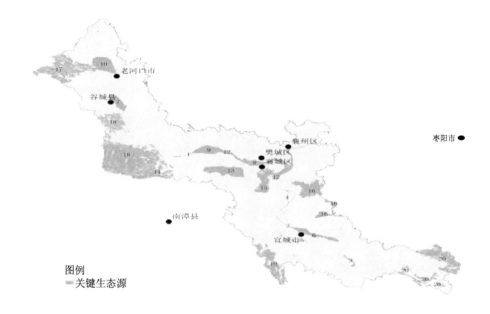

图 4-38   关键生态源及部分编号

表 4-18   规划区域关键生态源

编号	名称	保护区类型
1	茨河产卵场	产卵场
2	崔家营大坝至宜城江段产卵场	产卵场
3	宜城产卵场	产卵场
4	襄阳产卵场	产卵场
5	湖北宜城鲤鱼湖省级湿地公园	湿地公园
6	湖北宜城万洋洲国家湿地公园	湿地公园
7	湖北谷城汉江国家湿地公园	湿地公园
8	湖北襄阳汉江国家湿地公园	湿地公园
9	湖北长寿岛国家湿地公园	湿地公园
10	梨花湖湿地公园	湿地公园
11	长春鳊国家级水产种质资源保护区	水产种质资源保护区
12	隆中风景名胜区	风景名胜区
13	湖北承恩寺森林公园	森林公园

编号	名称	保护区类型
14	湖北岘山国家森林公园	森林公园
15	湖北鹿门寺国家森林公园	森林公园
16	刘营林地保育地	林地
17	庙滩西南部低山丘陵林地保育地	林地
18	雷河西部低山丘陵林地保育地	林地
19	关门山西南部低山丘陵林地保育地	林地

（2）关键生态节点

根据规划区景观特点，选取规划区关键生态节点，主要包括汉江干支流交叉点及汉江干流中面积较大的江心洲，如表 4-19 和图 4-39 所示。

表 4-19　规划区关键生态节点

节点编号	名称	类型
1	黑虎山水库	水库
2	龙潭水库	水库
3	团湖水库	水库
4	唐沟水库	水库
5	马冲水库	水库
6	姚河水库	水库
7	前进水库	水库
8	石河畈水库	水库
9	肖家芭水库	水库
10	狮子岩水库	水库
11	冢子湾水库	水库
12	回龙河水库	水库
13	渭水水库	水库
14	谭家湾水库	水库
15	黑石沟水库	水库
16	鲤鱼桥水库	水库

节点编号	名称	类型
17	黄冲水库	水库
18	朝阳寺水库	水库
19	陡沟水库	水库
20	黄坡水库	水库
21	戎岗水库	水库
22	郝家冲水库	水库
23	孟乔川水库	水库
24	江心洲 1	江心洲
25	江心洲 2	江心洲
26	老河口市江心洲	江心洲
27	江心洲 3	江心洲
28	江心洲 4	江心洲
29	江心洲 5	江心洲
30	江心洲 6	江心洲
31	江心洲 7	江心洲
32	无名洲	江心洲
33	鹞子洲	江心洲
34	老龙洲	江心洲
35	鱼梁洲	江心洲
36	鱼梁洲生态岛	江心洲
37	江心洲 8	江心洲
38	江心洲 9	江心洲
39	江心洲 10	江心洲
40	江心洲 11	江心洲
41	江心洲 12	江心洲
42	江心洲 13	江心洲
43	江心洲 14	江心洲
44	江心洲 15	江心洲
45	江心洲 16	江心洲

节点编号	名称	类型
46	江心洲 17	江心洲
47	江心洲 18	江心洲
48	江心洲 19	江心洲
49	江心洲 20	江心洲
50	江心洲 21	江心洲
51	江心洲 22	江心洲
52	江心洲 23	江心洲
53	江心洲 24	江心洲
54	汉江与北河交叉点	河流节点
55	汉江与南河交叉点	河流节点
56	汉江与高桥河交叉点	河流节点
57	汉江与清河交叉点	河流节点
58	滚河与唐白河交叉点	河流节点
59	汉江与唐白河交叉点	河流节点
60	汉水与淳河交叉点	河流节点

图例

▇▇▇ 关键生态节点

图 4-39　关键生态节点及部分编号

（3）关键河流生态廊道

规划区主要河流廊道包括汉江、北河、南河、高桥河、清河、唐白河、淳河、蛮河等河流干道。如图 4-40 所示：

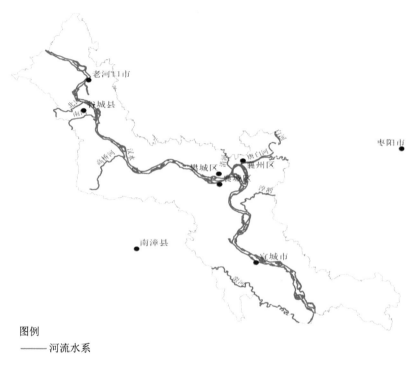

图例

——河流水系

图 4-40　规划区河流生态廊道

4.6.1.3　生态保护与修复重点区域识别

将 4.6.1.2 中确定的生态安全格局中关键生态要素（关键生态源、生态节点）叠加于区域生态风险评价预警结果上（图 4-41），诊断和识别出处于风险预警状态的生态源、生态节点（表 4-20），提出生态保护与修复的具体建议。

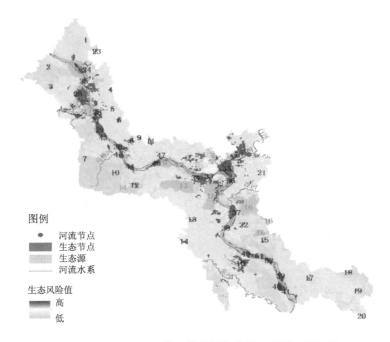

图 4-41　生态风险预警评价结果与关键生态要素叠加图

表 4-20　处于生态风险预警状态关键位置

类型	序号	名称	类型
生态源	5	湖北宜城鲤鱼湖省级湿地公园	湿地生态系统
	7	湖北谷城汉江国家湿地公园	湿地生态系统
	8	湖北襄阳汉江国家湿地公园	湿地生态系统
	12	长春鳊国家级水产种质资源保护区	湿地生态系统
	15	湖北岘山国家森林公园	森林生态系统
	18	庙滩西南部低山丘陵林地保育地	森林生态系统
	19	雷河西部低山丘陵林地保育地	森林生态系统
生态节点	16	鲤鱼桥水库	湿地生态系统
	30	江心洲 6（太平店镇）	湿地生态系统
	35	鱼梁洲	城市生态系统与湿地生态系统

类型	序号	名称	类型
生态节点	45	江心洲 16（太平店镇）	湿地生态系统
	57	汉江与清河交叉点	河流生态系统
	59	汉江与唐白河交叉点	河流生态系统
生态廊道		北河	河流生态系统
		南河	河流生态系统
		清河	河流生态系统
		唐白河	河流生态系统

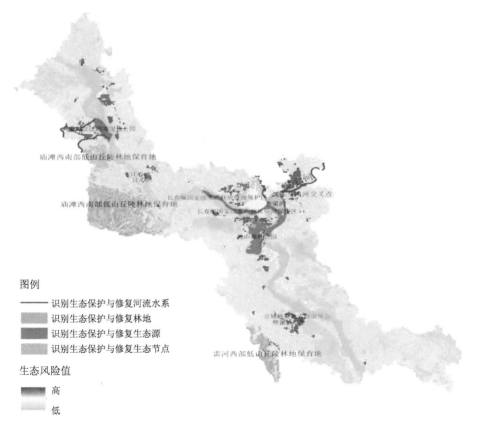

图例

—— 识别生态保护与修复河流水系

    识别生态保护与修复林地

    识别生态保护与修复生态源

    识别生态保护与修复生态节点

生态风险值

    高

    低

图 4-42　生态保护与修复重点区域识别

另外，由于岸线资源对沿江生态保护与建设具有重要意义。因此，将规划区岸线与生态风险预警进行叠加（图 4-43），识别生态风险较高的岸线，明确生态保护与修复重点。

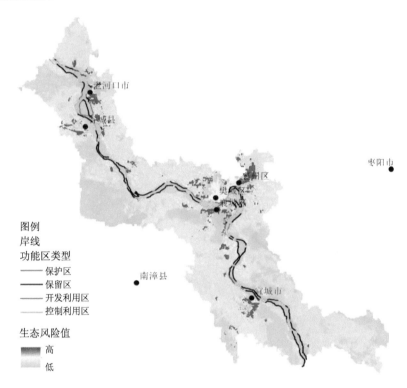

图 4-43　岸线与生态风险预警结果叠加

4.6.2　生态保护与修复策略

从生态保护与修复重点区域识别结果来看，规划区内含有湿地生态系统、河流生态系统、森林生态系统和城市生态系统四种生态系统的保护与修复。

4.6.2.1　湿地生态系统保护与修复

（1）生态保护与修复目标

湿地的恢复是通过人类活动把退化的湿地生态系统恢复成健康的功能性生态

系统。生态恢复的目标一般包括 3 个方面：生态系统结构与功能的恢复、生物种群的恢复、生态环境和景观的恢复。

1）恢复湿地功能：对人类社会而言，湿地具有很多"服务功能"，特别是有助于小区域甚至全球范围内生态环境的调节和改善。此外，湿地还具有很多经济功能。湿地内高产的畜牧业、林业和泥炭开采，通常需要通过恢复措施进行排水。早期一些破坏性活动（如泥炭开发）为野生生物创造了宝贵的栖息地，陆地泥炭湿地的恢复为野生生物水生演替系列（hydrosere）提供了活力，有时也成为湿地恢复的重要目标之一。

2）保护野生生物：以野生生物保护为目标的湿地恢复可分为三大类：

➢　自然特征的恢复：早期一些湿地已受到人类活动的干扰（如伐木、森林开垦），诸如周期性焚烧和放牧等后继活动使湿地逐渐形成了目前的特性，湿地的自然性很难评估。但是经人类改造后的湿地可以被恢复到一种类似于早期自然湿地的替代状态。湿地的自然状态，特别是那些固有的环境特征和水供给机制，有助于确定其恢复目标和状态。

➢　目标种和群落的恢复：保留和恢复自然地，为特有的目标种或目标群落设置特定生存空间。

➢　生物多样性的恢复：以恢复湿地生物多样性到最大的程度为目的。在早期的自然状态或目标物种未知或不可复原时，以恢复最大生物多样性为目标的湿地恢复比较合理。

3）恢复传统景观与土地利用方式：从湿地形成与发展来看，目前一些湿地的特征是传统的土地利用方式形成的，这些景观可被称为"活的自然博物馆"，是湿地恢复目标的焦点之一。

（2）生态保护与修复策略

根据识别出的生态保护与修复的重要湿地生态系统，采用不同的生态保护与修复策略（表 4-21）。

表 4-21　湿地生态系统生态保护与修复策略

名称	位置	保护与修复目标	调控措施
湖北宜城鲤鱼湖省级湿地公园	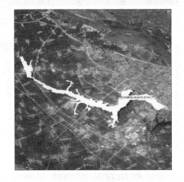	开阔水源、湿地多样性生境	坚持"保护优先、科学修复、合理利用、持续发展"的原则，保护与修复湿地功能。控制湿地面源污染和点源污染
湖北谷城汉江国家湿地公园		开阔水源、湿地多样性生境、野生动植物稳定生存环境	实施湿地植被恢复，挖沙治理、滨岸湿地修复，栖息地恢复，建设人工岛。对原北河故道已形成的水面进行清淤疏通，建设生态护岸
湖北襄阳汉江国家湿地公园	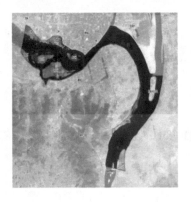	开阔水源、湿地多样性生境、野生动植物稳定生存环境	控制湿地面源污染和点源污染。在湿地公园内人工放流青、草、鲢、鳙、鳊等野生鱼类鱼苗，逐步恢复鱼类群落。选择本地稳定的适生植被,恢复重建区老龙洲洲滩水岸植被带。通过退耕还湿、修建防护围栏等途径对湿地公园内的主要鸟类栖息地进行人工促进恢复,重点进行鸟类栖息地恢复

名称	位置	保护与修复目标	调控措施
长春鳊国家级水产种质资源保护区		保护长春鳊稳定的生存环境	控制湿地面源污染和点源污染。禁止新建排污口。区域内禁止围湖造田工程。保护与恢复长春鳊栖息的湿地环境
江心洲 6（太平店镇）		湿地多样性生境	严格控制农田开垦、建设用地侵占等行为。控制湿地面源污染和点源污染
江心洲 16（太平店镇）		湿地多样性生境	构筑软质生态护岸，严格控制农田开垦、建设用地侵占等行为

注：鲤鱼桥水库与宜城鲤鱼湖省级湿地公园重叠。

4.6.2.2 森林生态系统保护与修复

（1）生态保护与修复方法

森林生态系统保护与修复的方法主要有：封山育林、林分改造、透光抚育、森林管理、扩大现存林地面积、效应带、效应岛造林方法和火烧迹地。在实际过程中，应根据不同区域不同生态环境背景，考虑生态保护与恢复的经济效益和收益周期而选取不同的方法。

（2）生态保护与修复策略

根据识别出的生态保护与修复的重要湿地生态系统，采用不同的生态保护与修复策略（表 4-22）。

表 4-22　森林生态系统生态保护与修复策略

名称	位置	保护与修复目标	调控措施
湖北岘山国家森林公园		林分改造、透光抚育、森林管理	合理控制游人规模。调整树种结构，改善地形与水文条件，控制非本地植被。控制城市建设区对森林生态系统的干扰
庙滩西南部低山丘陵林地保育地		进行林分改造，建设国家储备林	选用楠木、杉木、樟树、香椿等乡土树种营造速生丰产林

名称	位置	保护与修复目标	调控措施
雷河西部低山丘陵林地保育地		进行透光抚育,建设生态公益林	调整树种结构,采取补植补造、改造低效林等措施

4.6.2.3　城市自然生态保护与修复

（1）生态保护与修复目标

城市自然生态恢复的主要目标为：

自然生态景观的保护与修复：保护和恢复自然景观或生态系统结构、功能，增强其整体性和自稳性。

增加城市生物多样性：保护城市地区物种的变异性，构成区域多样性保护的重要组成部分。

实现城市植被与地带性植物群落的恢复，提高城市生态系统服务功能。

创造视觉优美的城市自然景观。

城市自然生态恢复的目标是注重人和自然关系的调节,营造丰富的城市景观。其建设原则主要有乡土化和地带性原则、物种多样性原则和群落稳定性原则。一般通过进行城市绿地网络的设计和建设,通过自然化改变过分人工造景和装饰美化的倾向,达到城市自然生态保护与修复的目的。

（2）生态保护与修复策略

根据识别出的生态保护与修复的重要城市自然保护与修复区域,采用不同的生态保护与修复策略（表 4-23）。

表 4-23　城市自然生态保护与修复策略

名称	位置	保护与修复目标	调控措施
鱼梁洲		增加城市生物多样性，实现城市植被与地带性植物群落的恢复，提高城市生态系统服务功能，创造视觉优美的城市自然景观	景观湿地结合岛内现状水系和规划水系设置，发挥洲岛"水"特色，配置具有观花、观叶价值的湿地植物，创造良好的湿地景观效果，并承担一定的蓄洪功能。净化湿地设置在鱼梁洲污水处理厂南部，净化从污水处理厂排出的部分污水，湿地处理后的出水可作为水源补充进入基地内水循环系统。对现有杨树林地改造形成，营造常绿落叶阔叶混交林地，充分发挥自然林地的水土涵养、碳汇、栖息地营造功能。对岸线进行严格管理，除经批准的能源、交通、水利等基础设施用地及必要的旅游核心游赏景观设施外，其余建设项目一律不得占用岸线资源

4.6.2.4　河流生态系统保护与修复

（1）生态保护与修复目标、方法

区域目标：从关注人类生活质量出发，包括改善退化河流环境的美学价值与保护文化遗产和历史价值。

专项目标：河流规划与管理必须在河流环境可持续原则的指导下向生态与保育方向发展。通过重新淹没河滩地、重建河岸林与蓄水池等一系列措施，既可以恢复湿地生境，又有利于下游区域抵抗洪灾。

生态目标：明确目标动植物群落生存发展所要求的物理生境条件，包括鉴定目标物种、了解不同发育阶段的生境需求以及掌握与目标物种有依赖或共生关系的物种的生境需求。

河流生态恢复的主要内容：河道整治恢复、河口地区的恢复、河漫滩、河岸带的恢复和湿地的恢复。其主要方法有：

1）非构造性方法，包括：①有计划地闲置一些可自然恢复的河道与集水区，并实施有关的水管理政策，以减小对自然水循环与沉积物频繁变换的影响。②制定和完善有关河漫滩或廊道管理的政策，以限制牲畜进入河道。

2）改善网络连通性：通过增加河漫滩洪水脉冲的持久性来改善河流侧向的连通性，从而实现河流的生态效益。

3）内溪流快速恢复措施：减缓河流日益沉淀的趋势，并通过调节侵蚀与沉淀的地貌过程使河道更具异质性。

4）地貌重建：地貌重建就是指在某一河段构建新的地貌。

（2）生态保护与修复策略

根据识别出的生态保护与修复的重要河流生态系统，采用不同的生态保护与修复策略（表 4-24）。

表 4-24　河流生态系统保护与修复

名称	位置	保护与修复目标	调控措施
汉江与清河交叉点		开阔水域，多样性生境	控制面源污染和点源污染建设生态护岸

名称	位置	保护与修复目标	调控措施
汉江与唐白河交叉点		开阔水域，多样性生境	控制面源污染和点源污染建设生态护岸
北河		河道整治恢复，河岸带的恢复和湿地的恢复	采取清淤疏浚、岸坡生态整治等措施，实现河道生态化治理，建设人工湿地，净化水质，增加生物多样性
南河		河道整治恢复，河岸带的恢复和湿地的恢复	采取清淤疏浚、岸坡生态整治等措施，实现河道生态化治理，建设人工湿地，净化水质，增加生物多样性。进行排污口整治

名称	位置	保护与修复目标	调控措施
清河	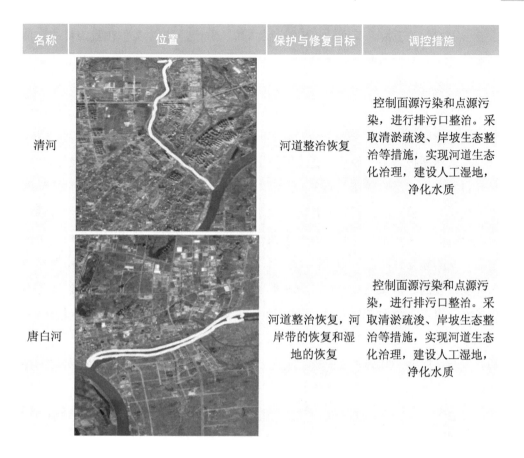	河道整治恢复	控制面源污染和点源污染，进行排污口整治。采取清淤疏浚、岸坡生态整治等措施，实现河道生态化治理，建设人工湿地，净化水质
唐白河		河道整治恢复，河岸带的恢复和湿地的恢复	控制面源污染和点源污染，进行排污口整治。采取清淤疏浚、岸坡生态整治等措施，实现河道生态化治理，建设人工湿地，净化水质

4.6.2.5 岸线保护与修复

针对规划区汉江岸线不同功能要求，采取不同的生态保护与修复方式，一般可分为以下三种：

（1）自然原型护岸

即通过种植植被，利用其根系来稳固堤岸、保持自然河流特性。例如，配植柳树、水杨、白杨以及芦苇、菖蒲等喜水植物。但此类护岸抵抗洪水的能力较差，因此只能用于洪水冲刷力小、缓冲力大的河流区段。

（2）自然型护岸

即在自然原型的基础上，配置石材、木材等天然材料，来增强护岸的抗洪能力。如采用石笼、天然卵石、柳枝、木桩或浆砌石块（设有鱼巢）等护底，其上筑设一定坡度的石堤，其间种植植被，加固堤岸。这种护岸类型在我国传统园林理水中有着许多优秀范例。

（3）多自然型护岸

即在以上两种护岸的基础上，更多地利用人工手段，如混凝土、钢筋混凝土等，确保护岸抗洪能力。

多自然型护岸是一种被广泛采用的生态护岸。生态护岸是指恢复自然河岸或具有自然河岸"可渗透性"的人工护岸，它可以充分保证河岸与河流水体之间的水分交换和调节功能，同时具有抗洪的基础功能。具有以下特征：①可渗透性：河流与基底、河岸相互连通，具有滞洪补枯、调节水位的功能；②自然性：河流生态系统的恢复使河流生物多样性增加，为水生生物和昆虫、鸟类提供生存栖息的环境，使河流自然景观丰富，为城市居民提供休闲娱乐场所；③人工性：生态护岸不一定是完全的自然护岸，石砌工程可以增加河流的抗洪能力和堤岸持久性；④水陆复合性：生态护岸将堤内植被和堤岸绿地有机联系起来，为城市绿色通道的建设奠定坚实的基础，同时建立的人工湿地可以利用水生植物（如芦苇）的净化处理技术增强水体的自净能力和水体的自然性。

1）蛇笼护岸，此法为一传统型护岸方法。将方形或圆柱形的铁丝笼内装满直径不太大的自然石头，利用其可塑性大、允许护堤坡面变形的特点作为边坡护岸以及坡脚护底等，形成具有特定抗洪能力并具高孔隙率、多流速变化带的护岸（图4-44）。

图4-44   蛇笼护岸

很久以前，我国岷江水系就有了利用竹笼填石护岸的方法，现在金马河河岸也采用铁丝石笼护岸的方法。单纯的蛇笼虽是优良的护岸材料，但由于其填石直径较小，空隙狭小，施工之后难以作为鱼的生存场所立即发挥生态效益，只有待泥沙淤积，茂密的水生植物（人工种植或自然生长）在其间生长之后，才能发挥作为鱼类和水生昆虫生存场所的多重效果。与此同时，植物繁茂的根须可紧缚土壤、增强抗洪能力，且在铁丝腐蚀前就裹住了石笼石材，石笼寿命得以延长。

　　2）面坡箱状石笼、卵石护岸法，该治理法是将混凝土柱或耐水圆木制成直角梯形框架，再在其中埋入大量柳枝（或水杨树枝等）、直径较大的石头或将直径不同的混凝土管插入箱状框架内，形成很深的鱼巢（图 4-45）。在邻水的一侧还可种植菖蒲等水生植物。此法可在营造植物生长护岸的同时，形成天然鱼巢。

幸田町　赤川　　　　　　　　　名古屋市　天白川

尾西市　日光川　　　　　　　　春日井市　内津川

图 4-45　石材护岸

　　3）河湾治理法，用丁坝等将原来较直的河岸人工形成河湾（图 4-46）。河湾漫滩大小各异，形状、深度、底质也可富于变化。它是介于"普通河岸型"与"半沼泽、沼泽湿地型"之间的河岸，成为多种生物的空间，并为人们亲近自然提供较好的场所。

工程 3 年后　　　　　　　　　　　　　工程完毕

图 4-46　河湾治理法（大府市）

4）柳枝治理法，种植柳枝是多自然型河流治理法中最普遍、最常用的方法（图 4-47）。这是因为柳枝耐水、喜水、成活率高；成活后的柳枝根部舒展且致密能压稳河岸，加之其枝条柔韧、顺应水流，抗洪、保护河岸的能力强；繁茂的枝条为陆上昆虫提供生息场所，浸入水中的柳枝、根系还为鱼类产卵、幼鱼避难、觅食提供了场所。柳树品种繁多，低矮且耐水型的柳枝及其他水生植物可被插栽于蛇笼、面坡箱状石笼、土堤等处，应用十分广泛。

濑户市　矢田川　　　　　　　　　　　丰田市　太田川

图 4-47　柳枝治理法

5）河岸带植被恢复技术，根据对河流廊道的大量研究发现，河岸植被的最小宽度为 27.4 m 才能满足野生生物对生境的需求。一般认为廊道宽度与物种之间的关系为：宽度 3～12 m 时，廊道宽度与物种多样性之间相关性接近于零；宽度大于 12 m 时，草本植物多样性平均为狭窄地带的 2 倍以上，16 m 的河岸植被具有有效过滤硝酸盐等功能。多数人认为，河岸植被宽度至少 30 m 以上才能有效发挥其在环境保护方面的功能。因此河流植被宽度在 30 m 以上时，能起到有效的降温、过滤、控制水土流失、提高生境多样性的作用；60 m 宽度，则可以满足动植物迁移和生存繁衍的需要，并起到生物多样性保护的功能。上海市在城市河流改造过程中对河岸植被实行了两级控制，即市管河道两侧林带宽度各 200 m 左右，其他河道两侧林带宽度 25～250 m 不等，有效地保护了城市水域环境。河岸带植被恢复方法一般采用乡土植被恢复、物种引入技术和生物工程措施。为提高河岸带滩地重建后植物的存活率，植被恢复中需对河滩地土壤结构及其氮、磷等条件进行改善，其中，生物过程（特别是营养物质的积累）对支撑生态系统功能的生境发展至关重要。

第 5 章

水环境质量维护与治理研究

5.1 研究思路

5.1.1 水环境质量底线管理需求

当前，我国环境管理已经全面转向以改善环境质量为核心的管理思路。而受环境空间基础数据薄弱及技术水平限制等因素影响，环境质量—污染排放之间的响应关系尚不清晰，环境质量的精细化管理支撑不足。环境保护亟须破解环境管理粗放、空间不落地、相互不关联的难题，实施以控制单元等空间载体为管理单元的环境质量管理，搭建环境管理基础平台，推动环境质量的系统改善。

中共十八届五中全会和《"十三五"生态环境保护规划》都确定了以提高环境质量为核心的思路，但目前环境质量底线大多是目标属性要求，难以转化为环境质量底线管理的落地化措施。对于地方政府而言，必须建立以环境质量为核心，以环境空间管制为手段的空间治理体系。因此，环境质量管理的核心是突破基于空间的环境质量底线管理手段，将水、大气、土壤环境质量底线转化为不同区域空间污染物允许排放量、资源开发强度和环境治理的系统管控方案。

5.1.2 水环境质量底线管理的思路

按照"划单元—评功能—定目标—定总量—划分区—定清单"的基本思路，

将国家确立的控制单元进一步细化，按照水环境质量分阶段改善、实现功能区达标和水生态功能修复提升的要求，结合水环境现状和改善潜力，对水环境质量目标、允许排放量控制和空间管控提出的明确要求，实施"一张清单"的水环境系统管理。

——划单元：划分水环境控制单元；

——评功能：开展水环境系统评价，以单元定功能；

——定目标：以功能定水环境质量底线，落实到断面或控制单元，将点状目标转化为空间目标；

——定总量：以环境质量底线目标定总量；

——划分区：以控制单元为基础，考虑地表水地下水的交换关系，结合水质状况与功能，考虑承载状况、污染特征，识别水环境重点管控单元，划定水环境分区；

——定清单：对（重点）单元实施质量、总量、准入的清单式管理。

具体的技术路线见图 5-1。

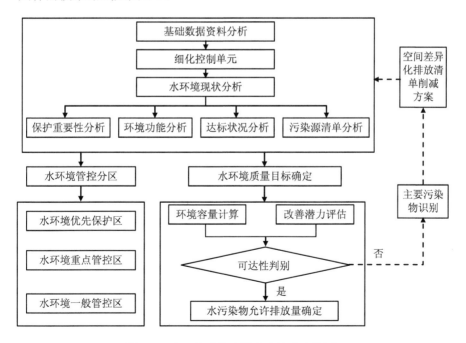

图 5-1　水环境质量底线确定技术路线图

5.2　水环境控制单元划定

5.2.1　划定方法

参照《重点流域水污染防治"十三五"规划编制技术大纲》，在《湖北省水污染防治行动计划工作方案》及《襄阳市环境保护"十三五"规划》确定的控制单元基础上，与水（环境）功能区及其陆上排污口、污染源衔接，以乡镇为最小行政单位细化水环境控制单元。控制单元划分包括四个基本步骤，即水系关系梳理、自然产汇流单元划定、国家控制单元划定、衔接"水十条"和高功能水体空间落地。划分技术流程见图5-2。

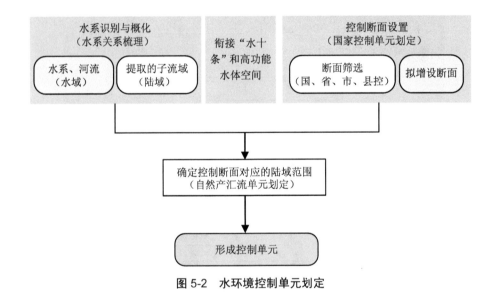

图 5-2　水环境控制单元划定

5.2.1.1　水系关系梳理

河网的自然分布和水系构成是控制单元划分的基础，水系关系梳理及概化是控制单元划分的一个重要准备工作。

（1）基础数据收集

尽可能收集大比例尺（矢量数据）或者高分辨率（栅格数据）的原始数据。矢量数据比例尺至少应达到 1∶250 000 或更高精度；栅格数据分辨率至少达到 90 m 或更高精度。

（2）DEM 数据采集与预处理

数字高程模型（DEM）包括平面位置和高程数据两种信息，可以通过 GPS、激光测距仪等测量获取，也可以间接从航空或遥感影像和已有地图上获取。在条件许可的前提下，应尽量采用分辨率更大、精度更高的 DEM 数据。若没有大分辨率和高精度 DEM 数据，也可以从网络上获取 SRTM（航天飞机雷达地形测量任务）DEM 数据（如在中国科学院国际科学数据服务平台可以下载我国任意一个地理区域的分辨率为 90 m 或更高精度的 DEM 数据）。若采集的 DEM 栅格数据中有洼地和尖峰，可以采用 ArcHydro 水文模块的相关命令进行预处理，避免出现逆流的现象，得到无凹陷的栅格地形数据。

（3）DEM 提取河网

应用 ArcGIS 中 ArcHydro 水文模块的相关命令生成河流网络。首先按照"地表径流在流域空间内从地势高处向地势低处流动，最后经流域的水流出口排出流域"的原理，确定水流方向。根据"流域中地势较高的区域可能为流域的分水岭"等原则，确定集水区汇水范围。根据河流排水去向，从汇流栅格中提取河网，并将河网栅格转换为矢量化的河网或水系图层（Shape 格式）。

（4）水系概化

根据水利部门提供的水系分布图件结合 ArcGIS 产生矢量河网，校验检查河流的相互连接状况、流向、等级等，并完善河流名称从属关系等属性，最终完成水系概化内容。此外，对于环境管理部门关注的重要河段（如流域干流、重点支流、重点湖泊、城市水体、重污染支流或小流域等至少到五级河流），应在水系概化后予以重点检查和补充。

5.2.1.2　自然产汇流单元划定

基于 SWAT 模型的 Watershed-Delineation 模块划分汇水单元。通过 SWAT 模

型 Burn-In 功能加载研究区域的概化水系图，可改善水文划分及子流域边界的提取，使 SWAT 子流域河段与已知的河流位置拟合，模拟结果更加精确。河流定义时首先通过填洼和计算流向及水流累积栅格来预处理 DEM。其次确定阈值，阈值面积或临界水源面积，定义了形成河流所需的最小汇水面积，用于确定河网的详细程度、子流域的大小及数目，研究区采用模型推荐的阈值为 5 210.222 4 hm^2。通过添加子流域出水口、总流域出水口，划分子流域和边界。添加水库的位置，计算子流域的参数等，最终完成自然产汇流单元的划分。

5.2.1.3　国家控制单元划定

在国家划定的"水十条"控制单元的基础上，进一步根据需求细化，控制单元的尺度应介于乡镇和区县尺度之间，边界与乡镇行政边界相拟合。控制单元的细分应充分考虑各类水源保护区、湿地保护区、江河源头、珍稀濒危水生生物及重要水产种质资源的产卵场、索饵场、越冬场、洄游通道、河湖周边一定范围的生态缓冲带等所需的保护边界，以确保满足后续分区管控需求。

环境功能相近、环境问题相近的相邻控制单元可酌情合并，人口和工业密集区控制单元原则上细化到乡镇、街道，人口和产业稀疏地区控制单元可适当放大至区县。

5.2.1.4　衔接"水十条"和高功能水体空间落地

收集整理研究区域内国家"水十条"控制单元、源头水、饮用水水源地、湿地公园、种质资源保护区等高功能水体进行空间落地。

5.2.2　襄阳市水系关系梳理

汉江流域襄阳段自丹江口市黄家港入境，流经老河口市、谷城县，襄州区，横穿樊城区、襄城区，纵贯宜城市而出境入钟祥市，在襄阳市境内流长 195 km，有 30 多条支流直接汇入汉江，流域面积 17 357.6 km^2，占襄阳市总面积的 88%，占汉江流域总面积的 10.02%。汉江主要支流包括北河、南河、小清河、唐白河及蛮河等。

北河：发源于房县，于谷城聂家滩注入汉江，全长 103 km，流域面积 910 km^2。

南河：发源于神农架林区东南麓，流经神农架林区、房县、保康、谷城，全长 253 km，流域面积 6 481 km^2。

小清河：发源于河南邓县邹楼，在樊城清河口注入汉江，长 116 km，流域面积 6 481 km^2。多年平均径流量为 2.65 亿 m^3。

唐白河：由唐河和白河于襄州区两河口汇合而得名，于张湾注入汉江，全长 381 km，流域面积 24 500 km^2，多年平均径流量 49.37 亿 m^3。其中唐河发源于河南方城县，于襄州区埠口入境；白河发源于河南鲁山县，流经南阳、新野，于襄州区翟湾入境。

蛮河：发源于保康境内，经南漳、宜城、由钟祥胡集注入汉江，河流全长 118 km，流域面积 3 276 km^2，多年平均径流量 16.75 亿 m^3。

襄阳市市区水系主要涉及汉江、唐白河、小清河、滚河、淳河、浩然河、王家河、陈家沟、高排河、东大沟、七里河、普陀沟、黄龙沟、仇家沟、连山沟、顺正河、葫芦沟、襄水河、护城河、杨汉河、王家大沟、姚山沟等 22 条大小河流，其中属于汉江流域的主要河流有 9 条（表 5-1、图 5-3）。对襄阳市区防洪及水生态环境起决定性作用的有 9 条河流，分别为汉江、唐白河、小清河、襄水河、七里河、滚河、淳河、浩然河、连山沟。

表 5-1　汉江流域襄阳段主要河流分布

名称	境内河长/km	境内流域面积/km^2	径流量/亿 m^3	上级河流	源头区
汉江	195	16 893	448	长江	陕西省留坝县
小清河	74.5	1 376	4.08	汉江	河南省淅川县
唐白河	50.6	4 576	62.2	汉江	河南省嵩山县
唐河	46.8	1 189	16.3	唐白河	河南省方城县
滚河	146	2 824	6.35	唐白河	湖北省随州市
南河	141.5	2 568	24.7	汉江	神农架林区

名称	境内河长/km	境内流域面积/km²	径流量/亿 m³	上级河流	源头区
北河	59.6	894.7	4.6	汉江	十堰市房县
蛮河	184	3 276	6.04	汉江	襄阳市保康县
淳河	67.4	626	1.5	汉江	襄阳市枣阳市

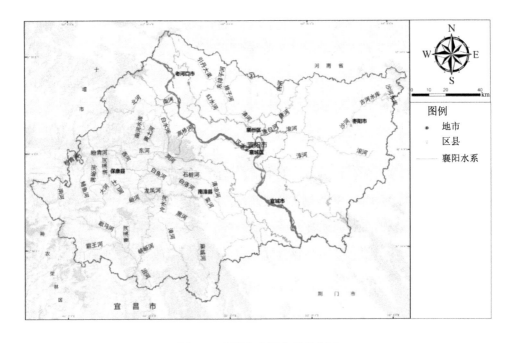

图 5-3　襄阳市主要水系分布图

借助 ArcGIS 系统平台，梳理汉江流域襄阳段并对襄阳市主要河流进行整合和空间落图，按照水环境产汇流的传输关系，对主要水系进行空间梳理概化，明确汇流传输特征（图 5-4）。

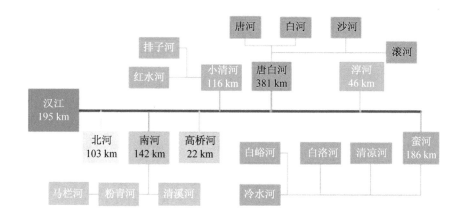

图 5-4   襄阳市重点水系架构图

5.2.3   襄阳市规划区自然产汇流单元划定

基于 SWAT 模型的 Watershed-Delineation 模块划分汇水单元，在汇水单元的基础上，结合实际水系情况进行调整，得到汇水单元共计 115 个（图 5-5）。

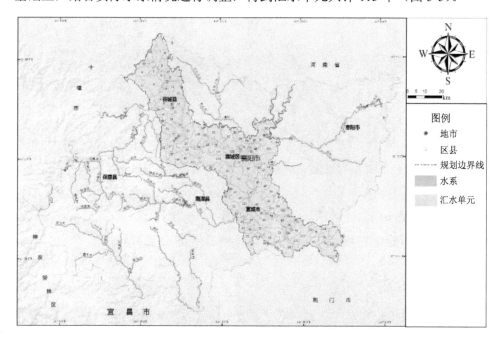

图 5-5   襄阳市汉江沿江区域汇水单元划定

5.2.4　襄阳市"水十条"控制单元

根据《湖北省水污染防治行动计划工作方案》中襄阳段水环境控制单元划定结果，襄阳市共划定 10 个控制单元，分别为北河控制单元、南河控制单元、唐白河控制单元、汉江余家湖控制单元、汉江白家湾控制单元、汉江转斗控制单元、沮河控制单元、滚河控制单元、漳河控制单元、蛮河控制单元（图 5-6）。

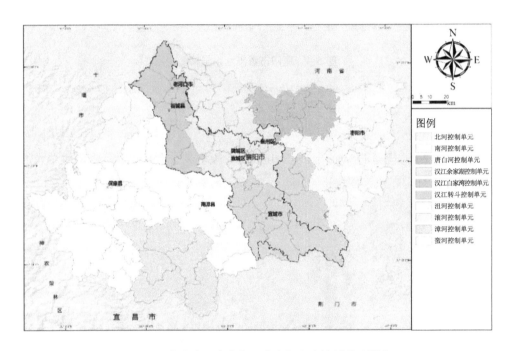

图 5-6　湖北省"水十条"中襄阳市水控制单元划分

汉江流域襄阳段沿江区域规划范围共涉及 3 个控制单元，分别为汉江白家湾控制单元、汉江余家湖控制单元、汉江转斗控制单元。

5.2.5　襄阳市高功能水体空间分布

目前，襄阳市汉江沿江带共有沿江主要集中式饮用水水源地 13 处，涉水风景名胜区 1 处，梨花湖风景区；湿地公园 6 处，湖北谷城汉江国家湿地公园、湖北长寿岛国家湿地公园、湖北襄阳汉江国家湿地公园、湖北万洋洲国家湿地公园、湖北鲤鱼湖省级湿地公园、湖北崔家营省级湿地公园（图 5-7）。

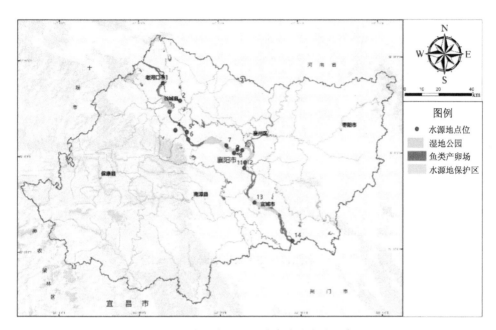

图 5-7　襄阳市沿江区域高功能水体分布

5.2.6　襄阳市规划区水环境管控单元划定

基于湖北省"水十条"涉及的汉江流域襄阳段沿江区域规划范围内的 3 个水生态控制单元，综合考虑汇水单元、水源地保护区边界等因素，分解 3 个单元为襄阳市沿江区域 166 个水环境控制单元（图 5-8）。控制单元的划分是后续的污染源统计分析、环境容量计算、质量目标的确定、承载调控、分区管控等基础工作空间平台。

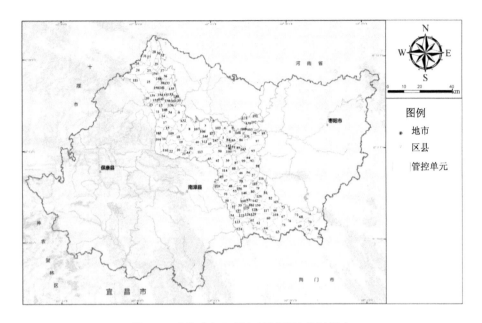

图 5-8　襄阳市汉江沿江区域管控单元划定

5.3　水环境现状分析

5.3.1　水环境监测网络现状

目前，襄阳市在汉江干流共设置水环境监测断面 6 个（表 5-2），分别为付家寨、仙人渡、白家湾、余家湖、郭安和钱营断面，全部位于汉江流域襄阳段沿江区域研究范围内。

汉江支流设置监测断面 15 个（表 5-3），分别为聂家滩、玛瑙观、茶庵、方家坪、清河店、云湾、清河口、埠口、翟湾、张湾、琚湾、渠首、申家嘴、孔湾、马栏河口断面，其中汉江流域襄阳段沿江区域涉及断面为：聂家滩、茶庵、清河店、云湾、清河口、张湾、申家嘴 7 个断面（图 5-9）。

表 5-2　汉江干流（襄阳段）水环境监测断面及其分类

序号	断面名称	断面上游排污口状况	断面设置说明	规定类别	断面功能
1	付家寨	距丹江口出境约 1 km	由丹江口市入境断面	Ⅱ	对照
2	仙人渡	距江家营约 15 km	老河口市出境断面	Ⅱ	削减
3	白家湾	上游距湖北化纤厂排污口约 30 km	襄阳市区入境断面	Ⅱ	对照
4	余家湖	距钱营约 4 km	襄阳市区出境断面	Ⅱ	削减
5	郭安	宜城汉江大桥下	襄阳市出境断面	Ⅱ	控制
6	钱营	蛮河入汉江断面	襄阳市和荆门市跨界断面	Ⅱ	考核

表 5-3　襄阳市境内汉江流域主要支流水环境监测断面及其分类

序号	水系	断面名称	断面设置说明	规定类别	断面功能	断面所在县（市、区）
1	北河	聂家滩	聂家滩大桥下，距入汉江口约 4 km	Ⅲ	控制	
2	南河	玛瑙观	位于谷城城关上游约 4 km	Ⅲ	对照	谷城县
3		茶庵	下游距入汉江口约 300 m	Ⅲ	控制	
4	清溪河	方家坪	位于保康城关下游约 4 km	Ⅲ	控制	保康县
5		清河店	位于清河店公路大桥	Ⅲ	对照	
6	小清河	云湾	位于顺正河入口下游约 3 km	Ⅲ	控制	襄阳市区
7		清河口	位于小清河入汉江口	Ⅳ	控制	
8	唐河	埠口	唐河由河南省唐河县入境处	Ⅲ	入境断面	
9	白河	翟湾	白河由河南省新野县入境处	Ⅳ	入境断面	襄阳区
10	唐白河	张湾	位于唐白河入汉江口	Ⅳ	控制	
11	滚河	琚湾	位于沙河入口下游约 500 m	Ⅲ	控制	枣阳市
12		渠首	位于南漳城关上游三道河水库坝下	Ⅲ	对照	南漳县
13	蛮河	申家嘴	位于南漳县—宜城市交界处	Ⅲ	控制	
14		孔湾	位于宜城孔湾公路大桥	Ⅲ	控制	宜城市
15	马栏河	马栏河口	位于马栏河入南河口	Ⅲ	入境断面	保康县

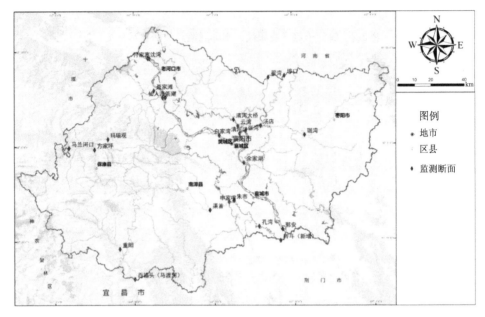

图 5-9　襄阳市沿江区域监测断面分布

　　城市内湖和纳污河渠共设置护城河、南渠两个断面,全部位于襄阳市沿江区域范围内。

　　城市集中式饮用水水源地共设置汉江白家湾、汉江火星观两个断面,全部位于襄阳市沿江区域范围内。

5.3.2　水环境质量现状评价

（1）部分支流水质较差,汉江干流岸边污染带影响突出

　　2017 年汉江干流襄阳段水质处于优良状态（表 5-4、图 5-10）。6 个监测断面水质各监测指标稳定,余家湖及郭安出境断面优于规定类别（III类）。汉江干流虽然水质优良,但由于沿岸排污口及污染支流汇入形成大量岸边污染带,如老河口市区的大明渠排污口形成的污染带;市区的小清河入口至唐白河入口江段,由于受小清河、唐白河的IV类水质汇入及鱼梁洲城市污水处理厂尾水汇入形成的污染带群的影响,II类水体的汉江干流水环境问题突出。此外,汉江观音阁段由于襄城南渠（城市纳污沟）及观音阁污水处理厂尾水汇入汉江,岸边

污染带影响也较为突出。根据现状监测资料，其主要污染因子为氨氮、总磷，高锰酸盐指数等。

表 5-4　汉江干流襄阳段 2017 年度水质类别评价表

监测江段	断面名称	规定类别	本年类别	上年类别	是否达标
老河口	付家寨	II	II	II	达标
	仙人渡	II	II	II	达标
襄阳市区	白家湾	II	II	II	达标
	余家湖	III	II	II	达标
宜城	郭安	III	II	II	达标
—	转斗	II	II	II	达标

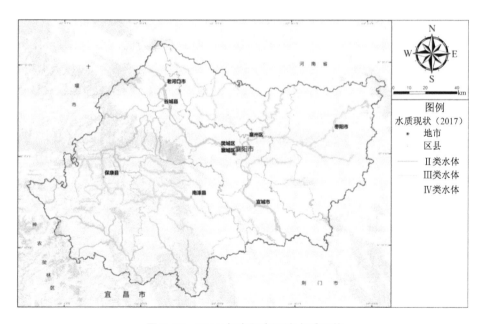

图 5-10　2017 年襄阳市河流水质现状

（2）部分支流水质较差

2017 年各支流断面年均值未出现劣 V 类断面（图 5-11、表 5-5）。在 19 个监测断面中，水质优良（II 类和 III 类）的占 84.2%；水质为轻度污染（IV 类）的占

15.8%。各支流水质状况分别为：清溪河方家坪断面水质为良，水质类别与上年Ⅲ类持平；马栏河马栏河口水质为优，水质类别与上年Ⅱ类持平；南河玛瑙观断面水质为优，水质类别与上年Ⅱ类持平，南河茶庵断面水质为优，水质类别与上年Ⅱ类持平；北河水质为优，水质类别与上年Ⅱ类持平；蛮河渠首断面水质为良，水质类别与上年Ⅲ类持平；蛮河朱市断面水质为良，水质类别与上年Ⅲ类持平；蛮河孔湾断面水质为良，水质类别由上年Ⅴ类升为Ⅲ类；唐河埠口断面水质为良，水质类别与上年Ⅲ类持平；白河翟湾断面水质为良，水质类别与上年Ⅲ类持平；唐白河张湾断面水质为良，水质类别由上年Ⅳ类升为Ⅲ类；滚河琚湾断面水质为良，水质类别由上年Ⅳ类升为Ⅲ类；滚河汤店断面水质为良，水质类别由上年Ⅳ类升为Ⅲ类；小清河清河店断面水质轻度污染，水质类别由上年Ⅲ类降为Ⅳ类；小清河云湾断面水质轻度污染，水质类别由上年Ⅲ类降为Ⅳ类；小清河出口断面水质轻度污染，水质类别由上年Ⅲ类降为Ⅳ类；沮河重阳、百福头断面水质分别为优，水质类别都与上年Ⅱ类持平；漳河康家沟断面水质为优，水质类别为Ⅱ类。

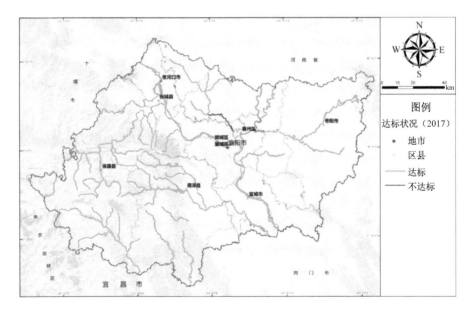

图 5-11   2017 年襄阳市河流水质达标现状

表 5-5　2017 年汉江各支流水质状况

河流名称	断面名称	规定类别	水质类别		是否达标	超过规定标准项目及超标倍数
			本年	上年		
清溪河	方家坪	III	III	III	达标	
马栏河	马栏河口	III	II	II	达标	
南河	玛瑙观	II	II	II	达标	
	茶庵	II	II	II	达标	
北河	聂家滩	II	II	II	达标	
蛮河	渠首	III	III	III	达标	
	朱市	III	III	III	达标	
	孔湾	III	III	V	达标	
唐河	埠口	III	III	III	达标	
白河	翟湾	IV	III	III	达标	
唐白河	张湾	IV	III	IV	达标	
滚河	琚湾	III	III	IV	达标	
	汤店	III	III	IV	达标	
小清河	清河店	III	IV	III	不达标	总磷（0.07）
	云湾	III	IV	III	不达标	总磷（0.36）
	出口	IV	IV	III	达标	
沮河	重阳	II	II	II	达标	
	百福头	II	II	II	达标	
漳河	康家沟	II	II	/		

（3）中心城区内河污染严重，部分河道黑臭水体问题仍然突出

根据 2017 年城市内河监测结果，南渠为城市纳污河渠，南渠仍然受到重度污染，水质类别与上年劣 V 类持平，主要超标因子为氨氮，超标 1.38 倍（表 5-6）。根据住建部和环保部对外公布的全国城市黑臭水体清单，襄阳市区共存在四段黑臭水体，分别为：月亮湾湿地公园内湖，黑臭等级为轻度；南渠（麒麟路至三桥头），起点襄南大道与麒麟路交叉口，终点是内环南线三桥头，全长 0.89 km，黑

臭等级为轻度；南渠 603 桥至汉江入口处，全长 3.62 km，黑臭等级轻度；大李沟（起点为中航大道大李沟桥，终点为小清河入口）全长 6.43 km，黑臭等级为轻度。其中，月亮湾湿地公园内湖及南渠（麒麟路至三桥头）黑臭水体已经完成治理，南渠 603 桥至汉江入口处，大李沟（起点为中航大道大李沟桥，终点为小清河入口）仍处于治理中。由于排水管网体系不健全、部分河道被棚盖等，仍存在污废水排放口直排、合流制管道雨水溢流、分流制管道雨水溢流及改造难等问题，影响城市黑臭水体治理进程。如因周边区域排水不畅导致生活污水直接排入的现象时有发生，致使大李沟等黑臭水体治理进程缓慢。

表 5-6   城市内湖和纳污河渠 2017 年度水质类别评价表

河流名称	断面名称	规定类别	水质类别		超过规定标准项目及超标倍数
			本年	上年	
南渠	出口	V	劣V	劣V	氨氮（1.38）、总磷（0.18）
护城河	西门桥	IV	III	III	

（4）水源地水质稳定达标，水质安全风险凸显

在汉江干流襄阳段现有集中式饮用水水源地 6 处，即老河口水厂水源地、谷城县三水厂水源地、太平店水厂水源地、白家湾水源地、火星观水源地、宜城市水厂水源地。近年来各饮用水水源地基本满足《地表水环境质量标准》（GB 3838—2002）中 II 类水体（表 5-8）。从监测数据看，襄阳市区汉江崔家营水库流域内饮用水水源地水质安全还存在一定的风险。白家湾和火星观饮用水水源地水质监测指标中总氮长期维持在较高水平（表 5-7）、总磷指标在 2010—2013 年超过 0.05 mg/L，不能满足《地表水环境质量标准》（GB 3838—2002）中III类水体要求。特别是 2009 年汉江市区段由江河向水库转变，加之南水北调中线工程实施，来水减少，导致自净能力降低，饮用水水源地水质安全存在潜在威胁。此外，由于支流河水质较差，在肖家河等支流入汉江河口处已经发生了小范围的水华，如不加以控制极有可能蔓延，对整个汉江市区段及饮用水水源地构成威胁。市区汉江干流水质如长期遭到污染，必将严重威胁下游地区水质安全。

表 5-7　襄阳市 2017 年城市集中式饮用水水源地水质达标情况

城市	监测点位	水质类别	本年达标率/%	上年达标率/%
襄阳市	汉江白家湾	Ⅱ	100	100
	汉江火星观	Ⅱ	100	100

表 5-8　襄阳市各县市区集中饮用水水源取水达标率统计表

城市名称	地表水源数量/个	地下水源数量/个	供水总量/（万 t/a）	水源达标率/%	水量达标率/%	达标水源数量/个
襄阳市	9	0	5 386.38	100.00	100.00	9

5.3.3　水生态现状评价

5.3.3.1　水生态资源现状

（1）汉江襄阳段水生生物

1）浮游藻类

汉江中游水生生物种类丰富，根据武汉中科院水生所采集结果，藻类有蓝藻、隐藻、甲藻、金藻、硅藻、裸藻、绿藻 7 门 35 属，从种类而言，绿藻门种类较多，硅藻门次之，蓝藻门第三。

2）水生动物

襄阳主要有大鲵（娃娃鱼）、鳖、龟、虾、蟹、螺、蚌等。大鲵是世界上最大的两栖动物之一，个体最长可达 2 m，重百余斤，为国家二类保护动物，分布于保康县、南漳县、宜城市等地。

3）浮游动物

浮游动物共发现 40 余种，主要种类有原生动物的砂壳虫属，轮虫有龟甲轮虫、多枝轮虫等属，枝角类有水蚤、秀体蚤等属，桡足类有剑水蚤等属，平均密度为 1 047.9 ind/L，生物量为 0.18 mg/L，浮游甲壳类为 0.2～0.9 mg/L，底栖动物共 33 种。

4）水生植物

根据武汉大学生态所采样调查，中游江段内水生植物盖度及平均生物量均大于下游江段内水生植物的生物量。

调查采集到的水生—湿生植物共 18 科 22 属 34 种，蕨类植物 2 科 2 属 2 种，种子植物 16 科 20 属 32 种。沼生、湿生植物 10 种，水生植物 24 种（挺水植物 3 种，浮叶根生植物 2 种，沉水植物 13 种，漂浮植物 6 种）。

（2）一般鱼类资源

汉江中游是天然渔业的主要产区，鱼类资源十分丰富。在干流采集到鱼类共 118 种，支流南河 29 种，唐白河 57 种，分别属 9 目 21 科 78 属。襄阳已查明的鱼类有 98 种，分别隶属 11 目 20 科，鲤科鱼类占绝对优势，有 58 种，占现有鱼类的 59%，其次是鳅科 9 种；鱼类资源以汉江最为丰富，自然生长的鱼类有 73 种，占 74%。

汉江襄阳鱼类组成以流水生态型鱼类为主，大多数为广布性种类，如华鳊、南方马口鱼、乐山棒花鱼、圆吻鲴等。

襄阳段鱼类特点是经济鱼种类较多，占总数的 80% 以上。常见的重要经济鱼类有：鲤、鲫、长春鳊、乌鳢、青鱼、草鱼、鲢、鳙、赤眼鳟、鲶、鳜及鲴鱼等。其中草食性鱼类，如草鱼、鳊鱼、赤眼鳟和以底栖无脊椎动物为食的鲤鱼、青鱼、鲇鱼、鲴，以及凶猛性鱼类鲅、鳜鱼等为优势种群。

（3）汉江襄阳段湿地

全市现有湿地面积 234 万亩，占襄阳市总面积的 7.93%，根据资源类型分为河流湿地、湖泊湿地、沼泽与沼泽化草甸湿地、库塘湿地 4 个大类，以及永久性河流湿地、季节性河流湿地、洪泛平原湿地、永久性淡水湖湿地、藓类沼泽湿地、草本沼泽湿地、灌丛沼泽湿地、森林沼泽湿地和库塘湿地 9 个小类。皆为内陆淡水湿地。

襄阳市地貌类型多样，地理环境复杂，境内共有大小河流 683 条，流域面积大于 100 km² 的有 66 条，众多支流穿行其间导致全市河流纵横、水库密布、水面宽广，具有十分丰富的湿地资源。

全市水库资源最为丰富，主要表现在数量众多、面积较大，尽管属于人工湿地，一些水库因修建时间较长，湿地植物众多，也具有类似天然湿地的生态功能。

各型水库 947 座，分布有湿地高等植物 82 科 255 属 671 种，湿地野生动物 30 目 74 科 360 种。

2008 年 3 月 21 日，省林业局以鄂林护函〔2008〕77 号文件批准建立枣阳市熊河省级湿地公园。该湿地公园占地面积 5 581 hm²，分为湿地重点保护区、游乐区和水源涵养区三个功能区域。枣阳市熊河省级湿地公园发源于大洪山北麓，周围群山环绕，山峦起伏，由泉水相继注入而成，分布有野生水禽达 38 种、其他野生动物 68 种、野生植物 593 种，是襄阳市重要的野生动植物物种基因库。

国家林业局以林湿发〔2009〕297 号文件批准襄阳市建立首家国家级湿地公园——谷城汉江国家湿地公园。谷城汉江国家湿地公园位于谷城县境内的南河、北河与汉江交汇处，上接丹江口水库，面积 2 188 hm²，属缓流浅滩河流湿地。

省林业厅以鄂林护函〔2010〕547 号文件批复同意建立襄阳崔家营省级湿地公园，该公园位于襄阳市襄州区境内，地处汉江中游崔家营大坝至汉江一桥之间，面积 3 428 hm²，是汉江流域具有典型代表的河流湿地，其湿地类型独特、生态环境优良、生物多样性丰富，具有很强的湿地生态保护价值和开发价值。

老河口市汉江梨花湖湿地自然保护风景区。梨花湖湿地自然保护区是 2003 年经襄阳市政府批准建立的首批湿地自然保护区。面积 4 200 hm²，为襄阳市级，主要保护对象为白鹳、秋沙鸭、赤麻鸭、鸬鹚等水禽。

2012 年长寿岛国家湿地公园获国家林业局批准，这是继襄阳谷城汉江国家湿地公园获批后，襄阳市第二家国家湿地公园。长寿岛国家湿地公园位于襄阳市樊城区牛首镇，面积 3 077 hm²，距襄阳城区 20 km，与隆中 4A 级风景区仅一江之隔。这里四面环水，水质优良，湿地资源丰富。长寿岛分为 4 块：牛首镇的长寿岛村、新集农场、袁营农场、卧龙镇的黄河村三组。其中，长寿岛村分布在洲上的牛家洲、马家洲、林家洲、李家洲、许家洲、桥湾等地，共 10 个组。洲上拥有 2.3 万亩沙土地及沙滩，森林面积约 1.8 万亩，森林覆盖率达 72.5%，居住人口近 2 000 人，其中，长寿岛村 1 640 人，耕地面积 353 hm²。

月亮湾城市湿地公园位于襄阳西北郊,南濒汉水,北接汉江大堤,东起热电厂,西至市郊汉北轴承厂。公园主景区 110 hm²,江心长丰洲 180 hm²,共计 290 hm²。

湖北省人民政府以鄂政函〔2010〕195 号文件批复同意建立湖北襄阳南河湿地省级自然保护区。保护区位于谷城县中西部的薤山林场和南河镇,总面积 14 843 hm²,其中核心区 4 386 hm²,缓冲区 3 466 hm²,实验区 6 991 hm²。

国家林业局(林湿发〔2013〕243)正式批准宜城万洋洲国家湿地公园成立,该公园以汉江(宜城段)为主体,总面积 2 466.03 hm²,湿地类型为永久性河流湿地以及洪泛平原湿地,湿地率为 69.53%。

5.3.3.2　水生态现状评价

襄阳市水生态综合状态评价对象为河流及水库,经过调查,目前沿江区域水生态环境存在的主要问题如下:

(1)生物多样性下降

近年来,由于人类活动的干扰,水生生物赖以栖息的生境发生改变,进而影响水生生物的繁衍与增殖,水生生物的多样性有明显的下降趋势,存在诸如濒危物种增加、种群数量萎缩、种质资源退化等问题。

(2)水环境恶化

襄阳市部分河流近岸水域污染趋势未能得到遏制,蛮河、唐河、唐白河、清河等污染严重,有的湖库存在富营养化的情况。水质污染不仅影响鱼类生存环境,导致鱼类死亡,还对浮游生物、底栖生物等多种鱼类饵料生物造成危害,破坏鱼类食物链,间接影响江河鱼类资源,导致鱼类天然资源量减少。

(3)湿地萎缩,生境退化

由于多种原因的影响,多年以来,襄阳沿江区域湿地一直有退化的趋势。湿地作为鱼类、水禽等重要栖息地的环境条件正在逐步丧失。

(4)水资源开发产生的影响凸显

由于水利水电工程建设所产生的水库淹没、大坝阻隔、河流水文情势改变等因素,襄阳市各流域水生生物生境发生改变,对部分水生生物产生负面影响。水库淹没、泥沙冲淤及水文条件变化造成很多天然产卵场消失。大坝阻隔、建闸控制及水文情势变化，造成河流、湖泊形态的均一化和不连续化，使许多鱼类洄游通道受阻，生境多样性发生了改变，造成水生生物生境的异质性降低，水生态系统的结构与功能发生变化，生物群落多样性降低，引起生态系统退化。无序开发、过度开发和不合理利用造成河流减水、脱水，水生态环境恶化，从而破坏河流湿地生态系统和自然保护区的生物多样性。

5.3.4　建立水污染源排放清单

为建立全面系统的污染源清单，对襄阳沿江区域传统的工业企业源、生活源、畜禽养殖源、农业面源四类污染源进行调研统计分析，并通过 ArcGIS 平台进行空间校准落位。

5.3.4.1　点源污染排放量

（1）工业源

系统梳理襄阳市环统数据库，经 ArcGIS 平台进行空间校准落位后，获取沿江涉水工业污染源 119 家，其中有 69 个点源的废水排放到城市污水处理厂中进行处理。流域范围内各区、镇、街道工业点源污染物（化学需氧量 COD、氨氮含量 $NH_3\text{-}N$ 和总磷 TP）实际入河量见表 5-9。

表 5-9　涉水工业污染源污染物排放量统计表　　　　单位：t/a

行政名称	COD	$NH_3\text{-}N$	TP
樊城片区	421.87	29.29	1.13
牛首镇	0.00	0.00	0.00
太平店镇	1 688.01	129.69	10.87
城关镇	60.06	19.54	7.77
庙滩镇	0.00	0.00	0.00
茨河镇	0.00	0.00	0.00
冷集镇	0.11	0.02	0.00
洪山嘴镇	0.00	0.00	0.00

行政名称	COD	NH₃-N	TP
仙人渡镇	66.78	4.03	0.00
光化街道	45.32	3.73	0.00
酂阳街道	170.99	32.81	0.05
李楼街道	211.67	4.33	0.00
尹集乡	0.00	0.00	0.00
卧龙镇	0.00	0.00	0.00
欧庙镇	8.56	0.68	0.00
小河镇	0.42	0.13	0.00
王集镇	0.00	0.00	0.00
郑集镇	0.00	0.00	0.00
流水镇	0.00	0.00	0.00
南营街道	0.00	0.00	0.00
鄢城街道	20.35	3.05	0.14
鱼梁洲经济开发区	0.00	0.00	0.00
余家湖街道	123.90	11.34	0.00
襄城片区	79.55	5.46	0.35
东津片区	0.00	0.00	0.00
襄州片区	108.50	4.88	3.44
雷河镇	75.42	8.26	0.00
合计	3 081.51	257.24	23.75

化工类及纺织行业为污染物排放的主要行业。其中，纺织业 COD 排放量最大，为 1 162.97 t，占比为 37.74%；化学原料和化学制品制造业 NH₃-N 排放量最大，为 185.76 t，占比为 72.21%；化学纤维制造业 TP 排放量最大，为 8.86 t，占比为 37.32%；各行业污染物排放见图 5-12。

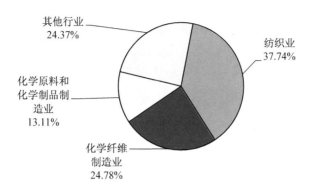

COD 工业行业排放占比

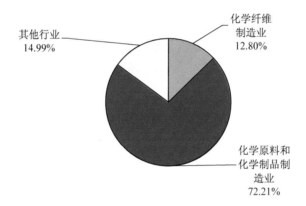

NH₃-N 工业行业排放占比

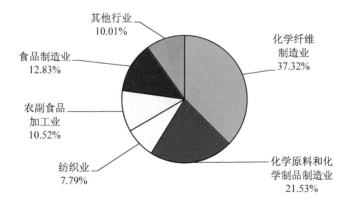

TP 工业行业排放占比

图 5-12 各行业污染物排放分布图

（2）城镇生活源

目前，沿江区域共有生活污水处理厂 7 座，具体信息见表 5-10。

表 5-10 沿江区域污水处理厂

区域	单位名称	现状规模/（万 m³/d）
鱼梁洲经济开发区	鱼梁洲污水厂	30
襄州片区	油坊岗污水厂	2
余家湖街道	余家湖污水厂	12.5
襄城片区	观音阁污水厂	10
李楼街道办	老河口市污水厂	6
谷城县城关镇	谷城银泰达水务有限公司	4
鄢城办事处	宜城市三达水务有限公司	2

根据各地区城市总体规划中污水处理率相关数据设定各地区中心城区，由于目前多数城镇污水处理厂处于开工建设状态，本次规划设定为乡镇为 30%，依据调查资料，中心城区襄城、樊城区按 90%，襄州区按 80%，宜城、谷城、老河口城区按 70%计算。

依据污水处理厂控制范围，重新核算各区域污水排放量，即把污水处理厂控制范围内生活源排放量，重新核算到污水处理厂排污口所在区域范围，主要涉及中心城区区域。

襄城片区污水整体上自北向南、自西向东主要通过南渠截污干管、胜利街污水干管、闸口二路污水管收集后进入观音阁污水处理厂进行处理，出水按《城镇污水处理厂污染物排放标准》（以下简称《标准》）一级 B 标准排入汉江。此外，隆中风景区污水经襄隆路污水管—万山泵站—轴承二路污水管道经南渠截污干管转输至观音阁污水处理厂，尹集片区污水经尹集泵站—襄南大道污水管—麒麟路污水管经南渠截污干管转输至观音阁污水处理厂。

樊城片区：樊城区污水整体上由铁路分割分别向南北两个方向，自西向东主要通过沿江大道截污干管、七里河路污水主管及小清河西侧截污干管收集后经汉江底部倒虹吸管接入鱼梁洲污水处理厂处理，出水按《标准》一级 B 标准排入汉江。鱼梁洲污水通过鱼梁洲泵站抽排至鱼梁洲污水处理厂处理。此外高新区樊北片区（邓城大道以北）以及樊西新区目前多条道路已同步修建污水管道，但尚未接入鱼梁洲污水处理厂。

襄州片区：襄州区、深圳工业园区污水整体沿铁路分割向南北两个方向，自东向西通过钻石大道及航空路污水干管收集后经小清河倒虹吸管（清河一桥及清河二桥附近）接入小清河西侧截污干管，进入鱼梁洲污水处理厂处理，出水按《标准》一级 B 标准排入汉江。此外，二汽基地内部建有油坊岗污水处理厂，基地内部污水经污水管道收集，进入油坊岗污水处理厂处理后，尾水排入顺正河。

余家湖片区：余家湖片区污水主要通过余家湖 7 号路污水干管接入余家湖污水处理厂，处理后尾水达到《标准》一级 B 标准排入汉江。

经处理的生活污水按照《标准》一级 B 标准进行核算：COD 浓度取 60 mg/L，$NH_3\text{-}N$ 浓度取 8 mg/L，TP 浓度按 0.5 mg/L，人均需水量按 160 L/d，污水排放量按需水量的 80% 计算，经核算污水处理厂点源排放量见表 5-11。

表 5-11　城镇居民生活点源水污染物排放量

区县	街道镇	COD	$NH_3\text{-}N$	TP
樊城区	樊城片区	0.00	0.00	0.00
樊城区	牛首镇	0.00	0.00	0.00
樊城区	太平店镇	45.14	2.58	0.16
谷城县	城关镇	22.14	11.81	0.74
谷城县	庙滩镇	25.07	1.43	0.09
谷城县	茨河镇	2.53	0.14	0.01
谷城县	冷集镇	13.96	0.80	0.05
老河口市	洪山嘴镇	37.09	2.12	0.13
老河口市	仙人渡镇	22.86	1.31	0.08
老河口市	光化街道	0.00	0.00	0.00
老河口市	鄢阳街道	0.00	0.00	0.00
老河口市	李楼街道	75.18	30.07	1.88

区县	街道镇	COD	NH₃-N	TP
襄城区	尹集乡	12.00	0.69	0.04
襄城区	卧龙镇	42.35	2.42	0.15
襄城区	欧庙镇	37.19	2.13	0.13
宜城市	小河镇	13.14	0.75	0.05
宜城市	王集镇	36.83	2.10	0.13
宜城市	郑集镇	17.43	1.00	0.06
宜城市	流水镇	5.16	0.29	0.02
宜城市	南营街道	15.82	2.11	0.13
宜城市	鄢城街道	120.70	16.09	1.01
襄城区	鱼梁洲经济开发区	1.75	3.09	0.19
襄城区	余家湖街道	6.72	11.91	0.74
襄城区	襄城片区	42.09	74.56	4.66
襄州区	东津片区	1 729.13	236.81	14.80
襄州区	襄州片区	337.40	122.78	7.67
宜城市	雷河镇	23.98	1.37	0.09
	总计	2 685.66	528.36	33.01

5.3.4.2　面源污染排放量

（1）城镇生活散排源

对于尚未建设污水处理厂的乡镇或是未接管的城镇，散排生活污水所造成的生活污染负荷见式（5-1）：

$$W_{cz} = N_{cz} \times \alpha_1 \times \left(1 - \theta_1\right) \tag{5-1}$$

式中，W_{cz} —— 城镇生活污染物排放量；

N_{cz} —— 城镇人口数；

α_1 —— 城镇生活排污系数（表 5-12）；

θ_1 —— 城镇污水处理率。

未处理的生活污水 COD 浓度取 300 mg/L，NH₃-N 浓度取 30 mg/L，TP 浓度按

2 mg/L 计算,人均需水量按 160 L/d,污水排放量按需水量的 80% 计算可得 (表 5-13)。

表 5-12 城镇生活污水排污系数

污染物指标	单位	排污量
COD		38.40
NH$_3$-N	g/（人·d）	3.84
TP		0.51

表 5-13 城镇居民生活散排水污染物排放量

单位：t/a

区县	街道镇	COD	NH$_3$-N	TP
樊城区	樊城片区	561.47	56.15	7.57
樊城区	牛首镇	63.65	6.37	0.86
樊城区	太平店镇	336.32	33.63	4.53
谷城县	城关镇	164.99	16.50	2.22
谷城县	庙滩镇	186.81	18.68	2.52
谷城县	茨河镇	18.86	1.89	0.25
谷城县	冷集镇	104.04	10.40	1.40
老河口市	洪山嘴镇	276.34	27.63	3.72
老河口市	仙人渡镇	170.36	17.04	2.30
老河口市	光化街道	177.16	17.72	2.39
老河口市	酂阳街道	357.34	35.73	4.81
老河口市	李楼街道	25.65	2.56	0.35
襄城区	尹集乡	89.43	8.94	1.20
襄城区	卧龙镇	315.54	31.55	4.25
襄城区	欧庙镇	277.11	27.71	3.73
宜城市	小河镇	97.93	9.79	1.32
宜城市	王集镇	274.40	27.44	3.70
宜城市	郑集镇	129.90	12.99	1.75
宜城市	流水镇	38.42	3.84	0.5

区县	街道镇	COD	NH₃-N	TP
宜城市	南营街道	117.90	11.79	1.59
宜城市	鄢城街道	899.31	89.93	12.12
襄城区	鱼梁洲	13.01	1.30	0.18
襄城区	余家湖街道	50.08	5.01	0.67
襄城区	襄城片区	313.62	31.36	4.23
襄州区	东津片区	28.49	2.85	0.38
襄州区	襄州片区	322.79	32.28	4.35
宜城市	雷河镇	178.65	17.86	2.41
总计		5 589.57	558.94	75.30

（2）农村生活

农村生活污水主要来自人们的日常生活，如淘米洗菜、洗衣、淋浴和排泄等。根据统计年鉴，计算公式如下：

$$W_{nc} = N_{nc} \times \alpha_3 \tag{5-2}$$

式中，W_{nc} —— 农村生物污染物排放量；

　　　N_{nc} —— 农村人口数；

　　　α_3 —— 农村生活排污系数。

根据《湖北省水源地环境保护规划基础调查》中相关资料，农村居民的生活污水排污系数见表 5-14，农村居民生活水污染物排放量见表 5-15。

表 5-14　农村生活污水排污系数

污染物指标	单位	排污量
COD		16.4
NH₃-N	g/（人·d）	5
TP		0.44

表 5-15　农村居民生活水污染物排放量　　　　　单位：t/a

区县	街道镇	COD	NH₃-N	TP
樊城区	樊城片区	228.67	55.77	6.13
樊城区	牛首镇	354.89	86.56	9.52
樊城区	太平店镇	329.77	80.43	8.85
谷城县	城关镇	168.73	41.15	4.53
谷城县	庙滩镇	160.37	39.11	4.30
谷城县	茨河镇	92.32	22.52	2.48
谷城县	冷集镇	284.91	69.49	7.64
老河口市	洪山嘴镇	148.32	36.18	3.98
老河口市	仙人渡镇	162.75	39.70	4.37
老河口市	光化街道	110.74	27.01	2.97
老河口市	酂阳街道	0.00	0.00	0.00
老河口市	李楼街道	219.03	53.42	5.88
襄城区	尹集乡	80.53	19.64	2.16
襄城区	卧龙镇	293.55	71.60	7.88
襄城区	欧庙镇	262.34	63.98	7.04
宜城市	小河镇	297.44	72.55	7.98
宜城市	王集镇	237.46	57.92	6.37
宜城市	郑集镇	427.70	104.32	11.47
宜城市	流水镇	250.61	61.12	6.72
宜城市	南营街道	183.17	44.68	4.91
宜城市	鄢城街道	0.00	0.00	0.00
襄城区	鱼梁洲	0.00	0.00	0.00
襄城区	余家湖街道	113.38	27.65	3.04
襄城区	襄城片区	225.97	55.12	6.06
襄州区	东津片区	543.94	132.67	14.59
襄州区	襄州片区	29.12	7.10	0.78
宜城市	雷河镇	143.07	34.89	3.84
总计		5 348.78	1 304.57	143.50

（3）农业面源

农业面源污染主要是指土地中的土粒、氮磷、农药以及其他有机和无机污染物质，通过地表径流和地下渗透，使污染物质进入水体，造成水体污染的过程。农业面源污染主要推动力是降水所形成的径流，因此在丰水期特别是暴雨期间，农田土地面源污染对水体的污染最严重。主要采用输出系数法进行计算，具体公式如下：

$$W_{nt} = M_{nt} \times \alpha_4 \qquad (5\text{-}3)$$

式中，W_{nt} —— 农田污染物排放量；

M_{nt} —— 耕地面积；

α_4 —— 农田排污系数。

根据《全国饮用水水源地环境保护规划》相关计算参数和生态环境部公布的农田径流污染物流失源强系数，并参考《第一次全国污染源普查：农业污染源肥料流失系数手册》中源强参数，确定襄阳的沿江区域农业面源污染物排放系数（表5-16），对核算区域进行土地利用情况及各污染源污染物排放系数统计，然后采用排放系数计算襄阳的沿江区域面源排放负荷。

襄阳市耕地土壤主要为水稻土类，根据《全国地表水环境容量核定》的相关资料，对污染物排放量进行修正，以土壤流失率为0.25进行校准。

表 5-16　襄阳沿江区域水环境面源农田径流污染物排放系数表　　单位：kg/（亩·a）

污染物指标	排放量
COD	10
NH$_3$-N	1.182
TP	0.067

结果表明（表5-17），农业面源COD、NH$_3$-N及TP排放分别为5 519.28 t、213.05 t及41.32 t，污染排放主要集中在流水镇、郑集镇、牛首镇和东津片区等区域。

表 5-17　襄阳沿江区域农业面源各类污染物排放量空间分布　　　单位：t/a

区县	街道镇	COD	NH₃-N	TP
樊城区	樊城片区	36.61	1.41	0.58
樊城区	牛首镇	344.10	13.28	2.61
樊城区	太平店镇	262.49	10.13	2.99
谷城县	城关镇	115.95	4.48	1.11
谷城县	庙滩镇	173.58	6.70	1.36
谷城县	茨河镇	69.98	2.70	0.63
谷城县	冷集镇	286.77	11.07	2.29
老河口市	洪山嘴镇	285.10	11.00	2.36
老河口市	仙人渡镇	158.20	6.11	1.39
老河口市	光化街道	65.08	2.51	0.59
老河口市	酂阳街道	13.66	0.53	0.18
老河口市	李楼街道	99.68	3.85	1.06
襄城区	尹集乡	35.15	1.36	0.53
襄城区	卧龙镇	298.19	11.51	3.22
襄城区	欧庙镇	443.64	17.12	3.16
宜城市	小河镇	345.01	13.32	1.85
宜城市	王集镇	237.45	9.17	1.09
宜城市	郑集镇	488.75	18.87	2.32
宜城市	流水镇	753.81	29.10	2.35
宜城市	南营街道	299.00	11.54	1.26
宜城市	鄢城街道	79.22	3.06	0.79
襄城区	鱼梁洲	0.00	0.00	0.00
襄城区	余家湖街道	43.89	1.69	0.45
襄城区	襄城片区	6.84	0.26	0.43
襄州区	东津片区	338.24	13.06	4.22
襄州区	襄州片区	110.89	4.28	1.56
宜城市	雷河镇	128.00	4.94	0.94
总计		5 519.28	213.05	41.32

（4）畜禽养殖源

农村分散养殖产生的畜禽粪污基本无处理，而是直接排放。根据全国水环境容量核定相关资料，牲畜和家禽需换算成猪的量进行计算，换算关系如下：30 只蛋鸡=1 头猪，60 只肉鸡=1 头猪，3 只羊=1 头猪，50 只鸭=1 头猪，40 只鹅=1 头猪，60 只鸽=1 头猪，5 头猪=1 头牛。对畜禽废渣以回收等方式进行处理的污染源，按产生量的 12%计算污染物流失量。具体计算公式如下：

$$W_{xq} = N_{xq} \times \alpha_5 \qquad (5\text{-}4)$$

式中，W_{xq} —— 畜禽养殖污染物排放量；

N_{xq} —— 折换成猪后的养殖头数；

α_5 —— 畜禽排污系数。

通过综合襄阳沿江区域的调研监测资料，畜禽养殖场主要集中在南营街道、郑集镇和欧庙镇一带，根据《湖北省水源地环境保护规划基础调查》，确定畜禽粪便污染物排放系数（表 5-18），对襄阳的沿江区域畜禽养殖场污染物排放量进行估算。

表 5-18　襄阳沿江区域畜禽养殖场污染物排放系数表　　　单位：kg/（头·a）

污染物指标	排放量
COD	20.06
$NH_3\text{-}N$	3.40
TP	1.27

结果表明（表 5-19），生活源 COD、$NH_3\text{-}N$ 及 TP 排放分别为 6 372.93 t、1 051.84 t 及 392.12 t，污染排放主要集中在东津片区、襄州片区、流水镇等区域。

表 5-19　襄阳沿江区域畜禽养殖场污染物排放量　　　　　　　单位：t/a

区县	街道镇	COD	NH₃-N	TP
樊城区	樊城片区	37.65	6.21	2.32
樊城区	牛首镇	87.92	14.51	5.41
樊城区	太平店镇	108.40	17.89	6.67
谷城县	城关镇	345.15	56.97	21.24
谷城县	庙滩镇	264.92	43.73	16.30
谷城县	茨河镇	105.72	17.45	6.50
谷城县	冷集镇	373.19	61.59	22.96
老河口市	洪山嘴镇	353.92	58.41	21.78
老河口市	仙人渡镇	249.33	41.15	15.34
老河口市	光化街道	110.43	18.23	6.79
老河口市	鄡阳街道	54.01	8.91	3.32
老河口市	李楼街道	207.87	34.31	12.79
襄城区	尹集乡	30.04	4.96	1.85
襄城区	卧龙镇	84.74	13.99	5.21
襄城区	欧庙镇	82.37	13.59	5.07
宜城市	小河镇	138.65	22.88	8.53
宜城市	王集镇	258.43	42.65	15.90
宜城市	郑集镇	175.62	28.99	10.81
宜城市	流水镇	438.77	72.42	27.00
宜城市	南营街道	222.37	36.70	13.68
宜城市	鄢城街道	55.33	9.13	3.40
襄城区	鱼梁洲	0.00	0.00	0.00
襄城区	余家湖街道	20.33	3.36	1.25
襄城区	襄城片区	19.49	3.22	1.20
襄州区	东津片区	1 827.73	301.66	112.46
襄州区	襄州片区	650.23	107.32	40.01
宜城市	雷河镇	70.34	11.61	4.33
	总计	6 372.93	1 051.84	392.12

5.3.4.3 污染源统计分析

根据研究结果（表 5-20），襄阳的沿江区域水环境污染物排放集中在樊城片区和太平店镇等区域。水环境污染源 COD 污染负荷贡献比例排序为：生活源>畜禽养殖源>农业面源>工业污染源。水环境污染源 NH_3-N 污染排放量贡献比例排序为：生活源>畜禽养殖源>工业污染源>农业面源。水环境污染源 TP 污染排放量贡献比例排序为：畜禽养殖源>生活源>农业面源>工业污染源。

表 5-20   襄阳市沿江区域各污染源的主要污染物排放情况   单位：t

	COD	NH_3-N	TP
农村生活源	5 348.79	1 304.58	143.50
城镇生活源	8 275.22	1 087.33	108.34
畜禽养殖源	6 372.93	1 051.84	392.12
农业面源	5 519.28	213.04	36.98
工业污染源	3 081.52	257.25	23.75
合计	28 597.74	3 914.04	704.69

5.4   水环境质量形势预判

5.4.1   社会经济发展对水环境影响预判

（1）主要污染物排放预测方法

本次规划水平年污染物入河量是在结合《襄阳市城市总体规划（2011—2020年）》等相关规划，针对点源和面源，从城镇生活、工矿企业、耕地面积、养殖规模等方面的增长预测基础上，参照现状排放量计算方法，预测规划水平年入河污染物情况。

根据襄阳市历年人口增长趋势进行反推,2022 年沿江区域人口增长率为 6.8‰;2035 年沿江区域人口增长率为 6.64‰。沿江区域人口预计到 2022 年为 243.49 万人;

到 2035 年为 256.43 万人；新增人口主要分布在东津新区及沿江特色乡镇。

根据湖北省畜禽养殖增长情况，确定农村大型牲畜养殖数量维持现有水平，根据各区域禁养区、限养区划定情况，沿江大部分区域属于禁养区或限养区域，因此偏保守估计，本次预测 2022 年和 2035 年襄阳市畜禽养殖污染维持现有水平。

随着襄阳市工业化的发展，工业污染物产生量将持续增加，但随着循环经济和清洁生产的推行，工矿企业可做到超低排放甚至零排放，偏保守估计，本次预测 2022 年和 2035 年襄阳市工业污染维持现有水平。

襄阳市位于我国粮食主产区，土地已经最大程度利用，耕地面积不会增长，偏保守估计，2022 年和 2035 年农业面源污染维持现有水平。

（2）未来年份污染物排放量计算

1）按照现状污水处理率计算新增排放量

按照现状污水处理率，目前中心城区污水处理率为 90%，县城污水处理率约为 70%，沿江乡镇污水处理厂绝大部分处于筹建状态，按 30% 计算。结合人口增长状况，预计到 2022 年，将新增 COD、NH_3-N 及 TP 排放量分别为 757 t、57 t 及 7 t；预计到 2035 年，将新增 COD、NH_3-N 及 TP 排放量分别为 4 284 t、464 t 及 39 t（东津、尹集等主要人口增长区域仍按现状污水处理率 30% 计算）。

2）按照规划污水处理率计算新增排放量

综合考虑《襄阳市城市总体规划（2011—2020 年）》《襄阳市环境保护"十三五"规划》等，到 2020 年中心城区、市县城区污水要做到全收集、全处理，国家级重点镇建成集中式污水处理设施，城市、县城、乡镇污水处理率分别达到 95%、85%、35%；重点镇污水处理率达到 50% 以上。同时参考杭州、广州等沿江、沿海城市综合污水处理率指标，确定 2022 年沿江区域中心城区污水处理率为 97%，县城污水处理率为 90%，重点镇污水处理率为 45%。确定 2035 年沿江区域中心城区污水处理率为 100%，县城污水处理率为 95%，重点镇污水处理率为 70%。

预计到 2022 年，相对于现状值将削减 40% 的城镇污染物排放，到 2035 年，相对于现状值将削减 67% 的城镇污染物排放，远超新增人口所排放的污染物。但目前，中心城区水环境主要污染物超载近一倍，随着南水北调工程及航运中心的建设，水环境容量将持续下降，区资源环境承载压力进一步加大。同时，沿江重化工的布局也难以在短期得到根本性改变，布局型水环境风险仍是未来水环境防控的重点。

因此，面对未来城市建设和经济总量跨越式发展的宏大目标，必须以发展方式的跨越式发展为保障，按照区域环境承载力和绿色集约原则提升城市发展质量和水平，实现城市发展与发展格局匹配、与发展结构相协调、与发展特色相融合、与资源环境相支撑，才能有效地保障和实现襄阳市沿江区域未来持续健康的发展。

5.4.2　重大工程项目对水环境影响预判

5.4.2.1　南水北调工程对襄阳水环境影响预判

（1）水环境容量下降，水污染防治工作难度加大

根据《南水北调中线工程对汉江中下游生态环境影响及生态补偿政策研究》一书的分析测算，一期调水 95 亿 m^3 后，汉江襄阳段多年平均水位将下降 0.41 m，年入境水量将减少 21%～36%，汉江中下游的水文条件会发生很大变化，多年平均流量减少 35.4%，流量减至 531 m^3/s；多年平均水位下降 0.7 m，水位降至 60.96 m；多年平均流速减小 0.17 m/s，流速减至 0.31 m/s。由于汉江中下游水量、水位不同程度下降，流速减缓，加速水中污染物沉降，降低了汉江水体对中下游居民生活污染物与工农业排放物的稀释和自净能力，其中，COD 水环境容量减少 36.2%，NH_3-N 水环境容量减少 35%。调水后，由于来水量减少，将导致汉江水体的自净能力大幅下降。污染负荷不变，河流水质必然恶化，部分断面水质将达到或超过Ⅲ类水质标准，有机污染浓度上升，汉江襄阳段 COD 浓度平均升高 19%、NH_3-N 浓度平均升高 20.8%，其中，襄阳市区断面的 COD 和 NH_3-N 将分别升高 26%、25%，水污染防治形势十分严峻。

（2）"水华"现象将进一步加剧，水生态环境风险加剧

与调水前相比，汉江中下游出现 800～1 000 m^3/s 的中水流量天数减少约 20d，出现 1 000～3 000 m^3/s 大水流量的天数减少 100 d，特别是平水年和枯水年，有效水体大量北调，稀释自净能力减弱，整个流域环境容量将大幅度降低，调水前汉江中下游水华发生概率为 16.2%，调水后净增 15.4%，达到 31.6%。同时，调水后

汉江水量减少，流量、水位、流速等水文情势向不利方向变化，鱼类的生存环境将进一步受到破坏，喜急流生存环境鱼类、洄游鱼类、珍稀鱼类等种群数量会继续减少，导致天然鱼类资源减少，渔业产量下降。由于各江段流量减小，水流变缓，水位稳定，稀释自净能力下降，加之沿岸城镇与工业企业排放污染物，浮游藻类可能发生暴发性生长繁衍形成水华，对渔业造成不利影响。由于调水后汉江中丹江来水减少，将使汉江流域中下游地区水面大量减少，地下水位下降，导致地表蒸发量减少，空气干燥，直接破坏原来的生态平衡，自然降水量减少，植被破坏，草地、湿地面积缩小，两岸沙化，水土流失的程度会加剧，并可能出现生物种群为适应调水后的生态环境而发生相应变化的问题，导致新的农作物病虫害发生。同时，汉江中游地区毫无控制性的水利枢纽工程，易造成河床下切，加剧沿江岸坡倒塌，宽浅河段河槽游荡频繁，浅滩面积增加，有可能导致汉江中下游的生态环境恶化。

5.4.2.2　汉江梯级开发对襄阳水环境的影响预判

目前，根据汉江流域水电梯级开发规划可知，汉江夹河以下干流河段梯级开发有 8 级：孤山—丹江口（大坝加高）—王甫州—新集—崔家营—雅口—碾盘山—兴隆。其中王甫州枢纽、崔家营枢纽、丹江口大坝加高工程已建成，兴隆枢纽基本完工，新集、雅口枢纽正在建设，其他枢纽在开展前期工作。汉江流域襄阳段各枢纽工程部分技术经济指标见表 5-21。

表 5-21　汉江流域襄阳段水电枢纽参数

序号	枢纽名称	距离河口距离/km	回水范围/km	正常蓄水位/m	相应库容/亿 m³
1	雅口	446	69	55.22	6.99
2	崔家营	515	47.3	62.73	2.42
3	新集	562.3	56.7	76.23	3.01
4	王甫州	619	30	86.23	3.10

（1）现状梯级开发对汉江水环境的影响

崔家营、王甫州等航电枢纽已建设运营，根据崔家营航电枢纽工程完工后汉江水环境变化实际情况来反映航道枢纽工程对汉江水环境质量的影响。

襄阳市水利局水利信息网数据显示：2009 年 10 月 24 日崔家营航电枢纽工程正式蓄水后，襄阳段成为崔家营库区，流域面积达 13.06 万 km^2，蓄水水位超过 62 m，库区总容量约为 2.42 亿 m^3。崔家营工程蓄水后，汉江襄阳市区段产生了 30 km 的回水库区，由于河道湖库化致使水流速度降低，水体主要污染物降解系数下降（主要污染物降解系数下降了 50%以上），不同水体主要污染物降解系数对比见表 5-22。

表 5-22   不同水体主要污染物降解系数对比

水质及水生态状况	COD 水质降解系数/d^{-1}		NH$_3$-N 水质降解系数/d^{-1}	
	大江大河	湖泊水库	大江大河	湖泊水库
优（相应水质为Ⅱ～Ⅲ类）	0.20～0.30	0.06～0.10	0.20～0.25	0.06～0.10
中（相应水质为Ⅲ～Ⅳ类）	0.10～0.20	0.03～0.06	0.10～0.20	0.03～0.06
劣（相应水质为Ⅴ类或劣Ⅴ类）	0.05～0.10	0.01～0.03	0.05～0.10	0.01～0.03

此外，航运船舶的数量及吨位的快速增长将进一步增大船舶污染排放。唐白河经常有Ⅳ类水进入库区，该水域流速减缓，不利于污染物扩散，枢纽及回水区域内的排污口附近局部水域污染物浓度有所升高，部分区域由Ⅱ类水体下降到Ⅲ类水体，保护汉江水质的压力增大。崔家营航电枢纽工程蓄水前，无论汛期和旱期都以较清洁的Ⅱ、Ⅲ类水质为主，Ⅱ类断面占 67%，Ⅲ类断面占 33%；而蓄水后，汛期无显著变化，旱期水质受微生物影响，Ⅱ类断面占 55%，Ⅲ类断面占 27%，Ⅳ类断面占 18%（表 5-23），蓄水后较短时间内牛首段断面和钱营段断面的个别监测点大肠菌群超出标准限值。

此外，汉江干流襄阳段分布着湖北谷城汉江国家湿地公园、湖北长寿岛国家湿地公园、湖北襄阳汉江国家湿地公园、湖北万洋洲国家湿地公园等湿地公园。由于河道库渠化，致使水流减缓，水位大幅度上升，水库蓄水水位提升造成原有湿地系统被破坏，汉江湿地系统环境风险凸显。

表 5-23　崔家营工程蓄水前后监测断面水质变化

监测断面	水期	蓄水前	蓄水后
牛首段	汛期	II	II、III
	旱期	II	II
北门段	汛期	II	II
	旱期	II	II
钱营段	汛期	III	IV
	旱期	III	III

（2）拟建梯级开发对汉江水环境的影响

由于水电枢纽建设完毕后，汉江干流呈现"库渠"化状态。因此，根据水电枢纽建成后汉江襄阳段的水文情势变化，采用零维模型的方法，使用襄阳市环境监测站 2016 年汉江干流水环境功能区目标值及监测断面数据值，模拟和预测汉江襄阳段的水环境容量。

根据《地表水环境质量标准》：II 类水环境功能区，COD、NH$_3$-N 及 TP 目标值为 15 mg/L、0.5 mg/L 及 0.1 mg/L（按湖库计算）；2022 年、2035 年汉江干流均按照 II 类水体计算水环境容量。

经计算可得，汉江干流襄阳段 COD、NH$_3$-N 及 TP 目标值为 24 984 t/a、2 302 t/a 及 561 t/a。相较于水利纳污红线（见 5.6 节，水环境承载调控），2035 年三者环境容量分别下降了 21.61%、28.50% 和 22.19%。水电枢纽建成后，由于流速缓慢，降解系数下降，将导致汉江水体的自净能力大幅下降。污染负荷不变，河流水质必然恶化。

5.5　水环境质量底线目标分解

5.5.1　"水十条"制定目标

5.5.1.1　总体目标

到 2022 年，全市水环境质量得到阶段性改善，优质水体比例增加，污染严重水体大幅度减少，饮用水安全保障水平持续提升，地下水污染趋势得到基本控制。到 2035 年，力争全市水环境质量明显改善，水生态系统功能基本良好。到 21 世纪中叶，全市水生态环境质量全面改善，生态系统实现良性循环。

5.5.1.2　主要指标

到 2022 年，全市 17 个考核断面地表水水质优良（达到Ⅲ类或优于Ⅲ类）比例总体达到 94.1%及以上，其中 12 个国家级、省级考核断面地表水水质优良（达到Ⅲ类或优于Ⅲ类）比例达到 91.6%及以上（除唐白河张湾断面达到或优于Ⅳ类，其他考核断面水质均达到或优于Ⅲ类）；襄阳出境断面达标率保持 100%（汉江的转斗断面和沮河的马渡河断面）；消除劣Ⅴ类水体断面（蛮河孔湾断面）及中心城区黑臭水体（南渠、大李沟）；县级以上城市集中式饮用水水源水质达标率达到 100%；地下水质量考核点位水质级别保持稳定。

5.5.2　环境功能目标

依据《湖北省地表水环境功能类别》（鄂政办发〔2000〕10 号）可知：襄阳市汉江干流及主要支流现行水环境功能区划分别见表 5-24、表 5-25（其中 COD 以高锰酸钾作为氧化剂进行测定，表示为 COD_{Mn}）。

表 5-24　汉江干流襄阳段现行水环境功能区划

所在区域	水域范围	主要适用功能	执行环境质量标准类别（GB 3838—2002）	主要水质指标值/（mg/L）
老河口市	付家寨—仙人渡	集中式生活饮用水水源地一级保护区	Ⅱ	COD_{Mn}: 4; NH₃-N: 0.5; TP: 0.1
襄阳市区	仙人渡—闸口	集中式生活饮用水水源地一级保护区	Ⅱ	COD_{Mn}: 4; NH₃-N: 0.5; TP: 0.1
	闸口—余家湖	集中式生活饮用水水源地二级保护区	Ⅲ	COD_{Mn}: 6; NH₃-N: 1.0; TP: 0.2
襄阳市区宜城市	余家湖—郭安江段	集中式生活饮用水水源地一级保护区	Ⅱ	COD_{Mn}: 4; NH₃-N: 0.5; TP: 0.1

表 5-25　襄阳市汉江支流现行水环境功能区划

支流	水域范围	主要适用功能	执行环境标准类别（GB 3838—2002）	主要水质指标值/（mg/L）
北河	谷城县境内河段	集中式生活饮用水水源地二级保护区	III	
南河	保康、谷城县境内猴儿岩断面以上河段	集中式生活饮用水水源地二级保护区	III	CODMn：6；NH3-N：1.0；TP：0.2
	谷城县境内猴儿岩断面以下河段	集中式生活饮用水水源地二级保护区	III	
清溪河（南河支流）	保康县境内河段	集中式生活饮用水水源地二级保护区	III	
小清河	襄阳胡湾电站至云湾	集中式生活饮用水水源地二级保护区	III	CODMn：10；NH3-N：1.5；TP：0.3
	云湾至清河口	一般工业用水区	IV	
唐白河	襄阳区境内河段	一般工业用水区	IV	
滚河（唐白河支流）	枣阳市（含支流沙河）、襄阳区境内河段	集中式生活饮用水水源地二级保护区	III	CODMn：6；NH3-N：1.0；TP：0.2
蛮河	保康、南漳县境内导流洞以上河段及三道河库区	集中式生活饮用水水源地二级保护区	III	
	南漳、宜城市境内导流洞以下河段	集中式生活饮用水水源地二级保护区	III	

5.5.3　水环境质量底线确定

5.5.3.1　主要指标

（1）江河湖库

到 2022 年,沿江区域 13 个考核断面地表水水质优良(达到III类或优于III类)比例总体达到 92.3%及以上,其中 10 个国家级、省级考核断面地表水水质优良(达到III类或优于III类)比例达到 90%及以上(除唐白河张湾断面达到或优于IV类,其他考核断面水质均达到或优于III类);襄阳出境断面达标率保持 100%(汉江的转斗断面）；到 2035 年，汉江干流稳定达到 II 类水体，汉江支流稳定达到III 类水体。

（2）城市黑臭水体

2020 年，消除中心城区黑臭水体（南渠、大李沟）；到 2035 年，中心城区水体稳定达到IV 类水体。

（3）城市饮用水水源

县级以上城市集中式饮用水水源水质达标率达到 100%。

（4）地下水水质

地下水质量考核点位水质级别保持稳定。

5.5.3.2   分断面指标设置

结合县控及以上地表水（河流、湖库）、地下水共计 13 个断面的现状水质，以及"水十条"实施方案制定目标、环境功能区划目标，制定 2022 年、2035 年的环境质量底线目标，并将其划分到控制单元上，具体见图 5-13、图 5-14 和表 5-26。

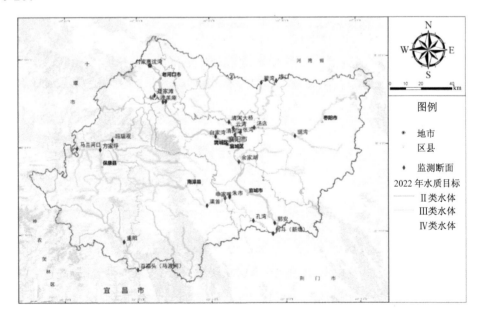

图 5-13   襄阳市沿江区域 2022 年水环境底线目标

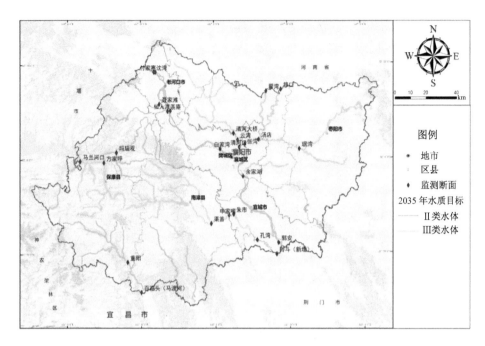

图 5-14　襄阳市沿江区域 2035 年水环境底线目标

表 5-26　水环境管控单元环境质量底线

区域	乡镇、街道	控制单元编码	管控分区	水功能分区	水功能目标	2017年水质现状	2022年水质目标	2035年水质目标	承载状况
樊城区	樊城片区	152	水源涵养区	汉江襄阳樊城饮用水水源、工业用水区	II	II	II	II	COD、NH$_3$-N 濒临超载
樊城区	樊城片区	149	水源保护区	汉江襄阳樊城饮用水水源、工业用水区	II	II	II	II	COD、NH$_3$-N 濒临超载
樊城区	牛首镇	107	农业面源控制区	汉江襄阳樊城饮用水水源、工业用水区	II	II	II	II	COD、NH$_3$-N 濒临超载
樊城区	牛首镇	6	农业面源控制区	汉江襄阳樊城饮用水水源、工业用水区	II	II	II	II	COD、NH$_3$-N 濒临超载

区域	乡镇、街道	控制单元编码	管控分区	水功能分区	水功能目标	2017年水质现状	2022年水质目标	2035年水质目标	承载状况
樊城区	樊城片区	3	工业控制区	汉江襄阳樊城饮用水水源、工业用水区	II	II	II	II	COD、NH_3-N 濒临超载
樊城区	樊城片区	2	工业控制区	汉江襄阳樊城饮用水水源、工业用水区	II	II	II	II	COD、NH_3-N 濒临超载
樊城区	樊城片区	106	城镇生活控制区	汉江襄阳樊城排污控制区	IV	IV	IV	II	COD、NH_3-N 濒临超载
樊城区	樊城片区	87	城镇生活控制区	汉江襄阳樊城排污控制区	IV	IV	IV	II	COD、NH_3-N 濒临超载
樊城区	樊城片区	86	城镇生活控制区	汉江襄阳樊城排污控制区	IV	IV	IV	II	COD、NH_3-N 濒临超载
樊城区	樊城片区	11	工业控制区	汉江襄阳樊城排污控制区	IV	IV	IV	II	COD、NH_3-N 濒临超载
樊城区	樊城片区	10	工业控制区	汉江襄阳樊城排污控制区	IV	IV	IV	II	COD、NH_3-N 濒临超载
樊城区	牛首镇	5	工业控制区	汉江襄阳樊城排污控制区	IV	IV	IV	II	COD、NH_3-N 濒临超载
樊城区	樊城片区	1	工业控制区	汉江襄阳樊城排污控制区	IV	IV	IV	II	COD、NH_3-N 濒临超载
樊城区	牛首镇	159	农业面源控制区	汉江老河口—襄樊保留区	II	II	II	II	不超载
樊城区	牛首镇	146	水源涵养区	汉江老河口—襄樊保留区	II	II	II	II	不超载
樊城区	太平店镇	134	工业控制区	汉江老河口—襄樊保留区	II	II	II	II	COD、NH_3-N 超载

区域	乡镇、街道	控制单元编码	管控分区	水功能分区	水功能目标	2017年水质现状	2022年水质目标	2035年水质目标	承载状况
樊城区	牛首镇	109	农业面源控制区	汉江老河口—襄樊保留区	II	II	II	II	不超载
樊城区	太平店镇	109	农业面源控制区	汉江老河口—襄樊保留区	II	II	II	II	不超载
樊城区	牛首镇	108	农业面源控制区	汉江老河口—襄樊保留区	II	II	II	II	不超载
樊城区	太平店镇	9	农业面源控制区	汉江老河口—襄樊保留区	II	II	II	II	COD、NH$_3$-N 超载
樊城区	太平店镇	8	城镇生活控制区	汉江老河口—襄樊保留区	II	II	II	II	COD、NH$_3$-N 超载
樊城区	太平店镇	7	农业面源控制区	汉江老河口—襄樊保留区	II	II	II	II	COD、NH$_3$-N 超载
樊城区	牛首镇	4	农业面源控制区	汉江老河口—襄樊保留区	II	II	II	II	不超载
谷城县	城关镇	15	城镇生活控制区	南河保留区	III	II	II	II	NH$_3$-N、TP 超载
谷城县	庙滩镇	166	水源涵养区	汉江老河口—襄樊保留区	II	II	II	II	不超载
谷城县	庙滩镇	165	水源保护区	汉江老河口—襄樊保留区	II	II	II	II	不超载
谷城县	冷集镇	156	水源保护区	汉江老河口—襄樊保留区	II	II	II	II	不超载
谷城县	城关镇	150	水源保护区	汉江老河口—襄樊保留区	II	II	II	II	NH$_3$-N、TP 超载
谷城县	城关镇	141	工业控制区	汉江老河口—襄樊保留区	II	II	II	II	NH$_3$-N、TP 超载
谷城县	茨河镇	112	水源涵养区	汉江老河口—襄樊保留区	II	II	II	II	不超载
谷城县	庙滩镇	111	水源保护区	汉江老河口—襄樊保留区	II	II	II	II	COD、NH$_3$-N 超载
谷城县	冷集镇	28	水源保护区	汉江老河口—襄樊保留区	II	II	II	II	不超载

区域	乡镇、街道	控制单元编码	管控分区	水功能分区	水功能目标	2017年水质现状	2022年水质目标	2035年水质目标	承载状况
谷城县	冷集镇	27	农业面源控制区	汉江老河口—襄樊保留区	II	II	II	II	NH₃-N、TP超载
谷城县	冷集镇	26	水源涵养区	汉江老河口—襄樊保留区	II	II	II	II	不超载
谷城县	冷集镇	25	水源涵养区	汉江老河口—襄樊保留区	II	II	II	II	不超载
谷城县	茨河镇	24	水源涵养区	汉江老河口—襄樊保留区	II	II	II	II	不超载
谷城县	茨河镇	23	水源涵养区	汉江老河口—襄樊保留区	II	II	II	II	不超载
谷城县	茨河镇	22	水源保护区	汉江老河口—襄樊保留区	II	II	II	II	不超载
谷城县	茨河镇	21	水源涵养区	汉江老河口—襄樊保留区	II	II	II	II	COD、NH₃-N 超载
谷城县	茨河镇	20	水源涵养区	汉江老河口—襄樊保留区	II	II	II	II	COD、NH₃-N 超载
谷城县	庙滩镇	19	水源涵养区	汉江老河口—襄樊保留区	II	II	II	II	COD、NH₃-N 超载
谷城县	庙滩镇	18	水源涵养区	汉江老河口—襄樊保留区	II	II	II	II	不超载
谷城县	庙滩镇	17	水源涵养区	汉江老河口—襄樊保留区	II	II	II	II	COD、NH₃-N 超载
谷城县	庙滩镇	16	水源涵养区	汉江老河口—襄樊保留区	II	II	II	II	NH₃-N、TP超载
谷城县	城关镇	14	工业控制区	汉江老河口—襄樊保留区	II	II	II	II	NH₃-N、TP超载
谷城县	城关镇	13	水源涵养区	汉江老河口—襄樊保留区	II	II	II	II	NH₃-N、TP超载
谷城县	城关镇	154	城镇生活控制区	北河谷城保留区	II	II	II	II	NH₃-N、TP超载

区域	乡镇、街道	控制单元编码	管控分区	水功能分区	水功能目标	2017年水质现状	2022年水质目标	2035年水质目标	承载状况
谷城县	冷集镇	113	水源涵养区	北河谷城保留区	II	II	II	II	NH₃-N、TP超载
谷城县	城关镇	12	工业控制区	北河谷城保留区	II	II	II	II	NH₃-N、TP超载
老河口市	仙人渡镇	163	水源涵养区	汉江老河口—襄樊保留区	II	II	II	II	COD、NH₃-N 超载
老河口市	光化街道	160	城镇生活控制区	汉江老河口—襄樊保留区	II	II	II	II	不超载
老河口市	李楼街道	160	城镇生活控制区	汉江老河口—襄樊保留区	II	II	II	II	不超载
老河口市	李楼街道	155	城镇生活控制区	汉江老河口—襄樊保留区	II	II	II	II	COD、NH₃-N、TP超载
老河口市	光化街道	151	水源保护区	汉江老河口—襄樊保留区	II	II	II	II	不超载
老河口市	李楼街道	143	水源涵养区	汉江老河口—襄樊保留区	II	II	II	II	不超载
老河口市	鄮阳街道	143	水源涵养区	汉江老河口—襄樊保留区	II	II	II	II	不超载
老河口市	仙人渡镇	142	水源保护区	汉江老河口—襄樊保留区	II	II	II	II	NH₃-N 超载
老河口市	仙人渡镇	140	城镇生活控制区	汉江老河口—襄樊保留区	II	II	II	II	NH₃-N 超载
老河口市	仙人渡镇	139	工业控制区	汉江老河口—襄樊保留区	II	II	II	II	NH₃-N 超载
老河口市	仙人渡镇	138	工业控制区	汉江老河口—襄樊保留区	II	II	II	II	COD、NH₃-N 超载
老河口市	李楼街道	137	农业面源控制区	汉江老河口—襄樊保留区	II	II	II	II	NH₃-N 超载
老河口市	李楼街道	136	农业面源控制区	汉江老河口—襄樊保留区	II	II	II	II	NH₃-N 超载

区域	乡镇、街道	控制单元编码	管控分区	水功能分区	水功能目标	2017年水质现状	2022年水质目标	2035年水质目标	承载状况
老河口市	李楼街道	135	工业控制区	汉江老河口—襄樊保留区	II	II	II	II	COD、NH$_3$-N、TP超载
老河口市	酂阳街道	40	工业控制区	汉江老河口—襄樊保留区	II	II	II	II	COD、NH$_3$-N、TP超载
老河口市	光化街道	39	农业面源控制区	汉江老河口—襄樊保留区	II	II	II	II	NH$_3$-N濒临超载
老河口市	洪山嘴镇	39	农业面源控制区	汉江老河口—襄樊保留区	II	II	II	II	NH$_3$-N濒临超载
老河口市	光化街道	38	工业控制区	汉江老河口—襄樊保留区	II	II	II	II	COD、NH$_3$-N、TP超载
老河口市	李楼街道	38	工业控制区	汉江老河口—襄樊保留区	II	II	II	II	COD、NH$_3$-N、TP超载
老河口市	酂阳街道	38	工业控制区	汉江老河口—襄樊保留区	II	II	II	II	COD、NH$_3$-N、TP超载
老河口市	仙人渡镇	37	农业面源控制区	汉江老河口—襄樊保留区	II	II	II	II	COD、NH$_3$-N超载
老河口市	仙人渡镇	36	农业面源控制区	汉江老河口—襄樊保留区	II	II	II	II	COD、NH$_3$-N超载
老河口市	仙人渡镇	35	农业面源控制区	汉江老河口—襄樊保留区	II	II	II	II	NH$_3$-N超载
老河口市	洪山嘴镇	34	农业面源控制区	汉江老河口—襄樊保留区	II	II	II	II	NH$_3$-N濒临超载
老河口市	洪山嘴镇	33	农业面源控制区	汉江老河口—襄樊保留区	II	II	II	II	不超载
老河口市	洪山嘴镇	32	农业面源控制区	汉江老河口—襄樊保留区	II	II	II	II	NH$_3$-N濒临超载
老河口市	洪山嘴镇	31	农业面源控制区	汉江老河口—襄樊保留区	II	II	II	II	不超载

区域	乡镇、街道	控制单元编码	管控分区	水功能分区	水功能目标	2017年水质现状	2022年水质目标	2035年水质目标	承载状况
老河口市	洪山嘴镇	30	农业面源控制区	汉江老河口—襄樊保留区	II	II	II	II	不超载
老河口市	洪山嘴镇	29	农业面源控制区	汉江老河口—襄樊保留区	II	II	II	II	不超载
襄城区	鱼梁洲经济开发区	88	城镇生活控制区	汉江襄樊鱼梁洲过渡区	III	III	III	II	COD、NH$_3$-N 濒临超载
襄城区	欧庙镇	90	工业控制区	汉江襄樊余家湖工业用水、饮用水水源	III	III	III	II	不超载
襄城区	余家湖街道	90	工业控制区	汉江襄樊余家湖工业用水、饮用水水源	III	III	III	II	不超载
襄城区	襄城片区	89	工业控制区	汉江襄樊余家湖工业用水、饮用水水源	III	III	III	II	不超载
襄城区	余家湖街道	89	工业控制区	汉江襄樊余家湖工业用水、饮用水水源	III	III	III	II	不超载
襄城区	尹集乡	41	农业面源控制区	汉江襄樊余家湖工业用水、饮用水水源	III	III	III	II	不超载
襄城区	卧龙镇	115	水源涵养区	汉江襄樊襄城饮用水水源、工业用水区	III	III	III	II	COD、NH$_3$-N 濒临超载
襄城区	襄城片区	102	城镇生活控制区	汉江襄樊襄城饮用水水源、工业用水区	III	III	III	II	不超载
襄城区	襄城片区	93	城镇生活控制区	汉江襄樊襄城饮用水水源、工业用水区	III	III	III	II	NH$_3$-N 超载
襄城区	襄城片区	92	水源涵养区	汉江襄樊襄城饮用水水源、工业用水区	III	III	III	II	COD、NH$_3$-N 濒临超载

区域	乡镇、街道	控制单元编码	管控分区	水功能分区	水功能目标	2017年水质现状	2022年水质目标	2035年水质目标	承载状况
襄城区	尹集乡	92	水源涵养区	汉江襄樊襄城饮用水水源、工业用水区	III	III	III	II	COD、NH₃-N 濒临超载
襄城区	卧龙镇	45	农业面源控制区	汉江襄樊襄城饮用水水源、工业用水区	III	III	III	II	不超载
襄城区	襄城片区	153	水源保护区	汉江襄阳樊城饮用水水源、工业用水区	II	II	II	II	COD、NH₃-N 濒临超载
襄城区	襄城片区	145	水源涵养区	汉江襄阳樊城排污控制区	II	II	II	II	COD、NH₃-N 濒临超载
襄城区	余家湖街道	145	水源涵养区	汉江襄阳樊城排污控制区	II	II	II	II	COD、NH₃-N 濒临超载
襄城区	鱼梁洲经济开发区	145	城镇生活控制区	汉江襄阳樊城排污控制区	III	II	II	II	COD、NH₃-N 濒临超载
襄城区	襄城片区	91	城镇生活控制区	汉江襄阳樊城排污控制区	IV	IV	IV	II	NH₃-N 濒临超载
襄城区	欧庙镇	117	农业面源控制区	汉江襄城—宜城保留区	II	II	II	II	COD、NH₃-N 濒临超载
襄城区	欧庙镇	116	农业面源控制区	汉江襄城—宜城保留区	II	II	II	II	不超载
襄城区	欧庙镇	60	农业面源控制区	汉江襄城—宜城保留区	II	II	II	II	COD、NH₃-N 濒临超载
襄城区	欧庙镇	51	农业面源控制区	汉江襄城—宜城保留区	II	II	II	II	不超载
襄城区	欧庙镇	50	农业面源控制区	汉江襄城—宜城保留区	II	II	II	II	COD、NH₃-N 濒临超载

区域	乡镇、街道	控制单元编码	管控分区	水功能分区	水功能目标	2017年水质现状	2022年水质目标	2035年水质目标	承载状况
襄城区	欧庙镇	49	农业面源控制区	汉江襄城—宜城保留区	II	II	II	II	COD、NH₃-N 濒临超载
襄城区	欧庙镇	48	农业面源控制区	汉江襄城—宜城保留区	II	II	II	II	COD、NH₃-N 濒临超载
襄城区	卧龙镇	47	农业面源控制区	汉江襄城—宜城保留区	II	II	II	II	不超载
襄城区	卧龙镇	44	农业面源控制区	汉江襄城—宜城保留区	II	II	II	II	不超载
襄城区	尹集乡	44	农业面源控制区	汉江襄城—宜城保留区	II	II	II	II	不超载
襄城区	卧龙镇	114	农业面源控制区	汉江老河口—襄樊保留区	II	II	II	II	不超载
襄城区	卧龙镇	46	水源涵养区	汉江老河口—襄樊保留区	II	II	II	II	不超载
襄城区	卧龙镇	43	水源涵养区	汉江老河口—襄樊保留区	II	II	II	II	不超载
襄城区	卧龙镇	42	农业面源控制区	汉江老河口—襄樊保留区	II	II	II	II	COD、NH₃-N 超载
襄州区	襄州片区	132	工业控制区	唐白河襄阳保留区	IV	III	III	III	NH₃-N 超载
襄州区	襄州片区	123	工业控制区	唐白河襄阳保留区	IV	III	III	III	NH₃-N 超载
襄州区	襄州片区	105	工业控制区	唐白河襄阳保留区	IV	III	III	III	COD、NH₃-N、TP 超载
襄州区	襄州片区	104	农业面源控制区	唐白河襄阳保留区	IV	III	III	III	NH₃-N 超载
襄州区	襄州片区	103	农业面源控制区	唐白河襄阳保留区	IV	III	III	III	NH₃-N 超载

区域	乡镇、街道	控制单元编码	管控分区	水功能分区	水功能目标	2017年水质现状	2022年水质目标	2035年水质目标	承载状况
襄州区	东津片区	98	城镇生活控制区	唐白河襄阳保留区	IV	III	III	III	COD、NH$_3$-N、TP超载
襄州区	东津片区	99	城镇生活控制区	汉江襄樊鱼梁洲过渡区	III	III	III	II	不超载
襄州区	襄州片区	99	城镇生活控制区	汉江襄樊鱼梁洲过渡区	III	III	III	II	不超载
襄州区	东津片区	101	农业面源控制区	汉江襄樊余家湖工业用水、饮用水水源	III	III	III	II	COD、NH$_3$-N濒临超载
襄州区	襄州片区	110	工业控制区	汉江襄樊襄城排污控制区	IV	IV	IV	II	NH$_3$-N超载
襄州区	东津片区	145	水源涵养区	汉江襄阳樊城排污控制区	III	II	II	II	COD、NH$_3$-N濒临超载
襄州区	襄州片区	133	城镇生活控制区	汉江襄阳樊城排污控制区	III	II	II	II	不超载
襄州区	襄州片区	106	城镇生活控制区	汉江襄阳樊城排污控制区	IV	IV	IV	II	COD、NH$_3$-N濒临超载
襄州区	东津片区	100	水源涵养区	汉江襄城—宜城保留区	II	II	II	II	COD、NH$_3$-N濒临超载
襄州区	东津片区	96	农业面源控制区	汉江襄城—宜城保留区	II	II	II	II	COD、NH$_3$-N、TP超载
襄州区	东津片区	95	农业面源控制区	汉江襄城—宜城保留区	II	II	II	II	COD、NH$_3$-N、TP超载
襄州区	东津片区	94	农业面源控制区	汉江襄城—宜城保留区	II	II	II	II	COD、NH$_3$-N濒临超载

区域	乡镇、街道	控制单元编码	管控分区	水功能分区	水功能目标	2017年水质现状	2022年水质目标	2035年水质目标	承载状况
襄州区	东津片区	97	农业面源控制区	滚河保留区	III	III	III	III	COD、NH₃-N、TP超载
宜城市	雷河镇	129	农业面源控制区	蛮河南漳—宜城保留区	IV	III	III	III	TP 超载
宜城市	雷河镇	124	工业控制区	蛮河南漳—宜城保留区	IV	III	III	III	TP 超载
宜城市	雷河镇	56	水源涵养区	蛮河南漳—宜城保留区	IV	III	III	III	TP 超载
宜城市	小河镇	56	水源涵养区	蛮河南漳—宜城保留区	IV	III	III	III	不超载
宜城市	小河镇	54	农业面源控制区	蛮河南漳—宜城保留区	IV	III	III	III	不超载
宜城市	小河镇	53	农业面源控制区	蛮河南漳—宜城保留区	IV	III	III	III	NH₃-N 濒临超载
宜城市	小河镇	52	农业面源控制区	蛮河南漳—宜城保留区	IV	III	III	III	不超载
宜城市	雷河镇	63	农业面源控制区	蛮河雷河过渡区	IV	III	III	III	NH₃-N 濒临超载
宜城市	郑集镇	63	农业面源控制区	蛮河雷河过渡区	IV	III	III	III	NH₃-N 濒临超载
宜城市	鄢城街道	131	工业控制区	蛮河雷河工业用水、饮用水水源区	III	III	III	III	NH₃-N 濒临超载
宜城市	郑集镇	131	工业控制区	蛮河雷河工业用水、饮用水水源区	III	III	III	III	NH₃-N 濒临超载
宜城市	雷河镇	128	农业面源控制区	蛮河雷河工业用水、饮用水水源区	III	III	III	III	不超载
宜城市	雷河镇	126	工业控制区	蛮河雷河工业用水、饮用水水源区	III	III	III	III	COD 濒临超载

区域	乡镇、街道	控制单元编码	管控分区	水功能分区	水功能目标	2017年水质现状	2022年水质目标	2035年水质目标	承载状况
宜城市	雷河镇	125	工业控制区	蛮河雷河工业用水、饮用水水源区	III	III	III	III	不超载
宜城市	郑集镇	66	农业面源控制区	蛮河孔湾—岛口保留区	IV	III	III	III	NH₃-N 濒临超载
宜城市	郑集镇	64	农业面源控制区	蛮河孔湾—岛口保留区	IV	III	III	III	NH₃-N 濒临超载
宜城市	鄢城街道	164	水源涵养区	汉江襄城—宜城保留区	II	II	II	II	不超载
宜城市	鄢城街道	162	城镇生活控制区	汉江襄城—宜城保留区	II	II	II	II	不超载
宜城市	鄢城街道	161	城镇生活控制区	汉江襄城—宜城保留区	II	II	II	II	COD、NH₃-N 超载
宜城市	小河镇	158	农业面源控制区	汉江襄城—宜城保留区	II	II	II	II	不超载
宜城市	小河镇	157	农业面源控制区	汉江襄城—宜城保留区	II	II	II	II	不超载
宜城市	鄢城街道	148	水源保护区	汉江襄城—宜城保留区	II	II	II	II	不超载
宜城市	南营街道	144	水源涵养区	汉江襄城—宜城保留区	II	II	II	II	COD、NH₃-N 濒临超载
宜城市	鄢城街道	144	水源涵养区	汉江襄城—宜城保留区	II	II	II	II	COD、NH₃-N 濒临超载
宜城市	郑集镇	144	水源涵养区	汉江襄城—宜城保留区	II	II	II	II	COD、NH₃-N 濒临超载
宜城市	鄢城街道	130	工业控制区	汉江襄城—宜城保留区	II	II	II	II	NH₃-N 濒临超载
宜城市	雷河镇	127	工业控制区	汉江襄城—宜城保留区	II	II	II	II	不超载

区域	乡镇、街道	控制单元编码	管控分区	水功能分区	水功能目标	2017年水质现状	2022年水质目标	2035年水质目标	承载状况
宜城市	南营街道	122	农业面源控制区	汉江襄城—宜城保留区	II	II	II	II	不超载
宜城市	王集镇	122	农业面源控制区	汉江襄城—宜城保留区	II	II	II	II	不超载
宜城市	南营街道	121	农业面源控制区	汉江襄城—宜城保留区	II	II	II	II	COD、NH_3-N濒临超载
宜城市	流水镇	120	农业面源控制区	汉江襄城—宜城保留区	II	II	II	II	NH_3-N濒临超载
宜城市	郑集镇	119	农业面源控制区	汉江襄城—宜城保留区	II	II	II	II	NH_3-N濒临超载
宜城市	王集镇	118	农业面源控制区	汉江襄城—宜城保留区	II	II	II	II	COD、NH_3-N濒临超载
宜城市	鄢城街道	85	城镇生活控制区	汉江襄城—宜城保留区	II	II	II	II	不超载
宜城市	流水镇	84	农业面源控制区	汉江襄城—宜城保留区	II	II	II	II	不超载
宜城市	南营街道	84	农业面源控制区	汉江襄城—宜城保留区	II	II	II	II	不超载
宜城市	南营街道	83	农业面源控制区	汉江襄城—宜城保留区	II	II	II	II	不超载
宜城市	南营街道	82	农业面源控制区	汉江襄城—宜城保留区	II	II	II	II	COD、NH_3-N濒临超载
宜城市	南营街道	81	农业面源控制区	汉江襄城—宜城保留区	II	II	II	II	不超载
宜城市	流水镇	80	水源涵养区	汉江襄城—宜城保留区	II	II	II	II	不超载
宜城市	流水镇	79	水源涵养区	汉江襄城—宜城保留区	II	II	II	II	不超载

区域	乡镇、街道	控制单元编码	管控分区	水功能分区	水功能目标	2017年水质现状	2022年水质目标	2035年水质目标	承载状况
宜城市	流水镇	78	农业面源控制区	汉江襄城—宜城保留区	II	II	II	II	不超载
宜城市	流水镇	77	水源保护区	汉江襄城—宜城保留区	II	II	II	II	NH_3-N 濒临超载
宜城市	流水镇	76	水源涵养区	汉江襄城—宜城保留区	II	II	II	II	不超载
宜城市	流水镇	75	农业面源控制区	汉江襄城—宜城保留区	II	II	II	II	不超载
宜城市	流水镇	74	农业面源控制区	汉江襄城—宜城保留区	II	II	II	II	不超载
宜城市	流水镇	73	水源涵养区	汉江襄城—宜城保留区	II	II	II	II	不超载
宜城市	流水镇	72	水源涵养区	汉江襄城—宜城保留区	II	II	II	II	不超载
宜城市	流水镇	71	农业面源控制区	汉江襄城—宜城保留区	II	II	II	II	不超载
宜城市	流水镇	70	农业面源控制区	汉江襄城—宜城保留区	II	II	II	II	不超载
宜城市	流水镇	69	农业面源控制区	汉江襄城—宜城保留区	II	II	II	II	NH_3-N 濒临超载
宜城市	流水镇	68	农业面源控制区	汉江襄城—宜城保留区	II	II	II	II	NH_3-N 濒临超载
宜城市	流水镇	67	农业面源控制区	汉江襄城—宜城保留区	II	II	II	II	不超载
宜城市	郑集镇	65	农业面源控制区	汉江襄城—宜城保留区	II	II	II	II	NH_3-N 濒临超载
宜城市	流水镇	62	农业面源控制区	汉江襄城—宜城保留区	II	II	II	II	NH_3-N 濒临超载
宜城市	郑集镇	62	农业面源控制区	汉江襄城—宜城保留区	II	II	II	II	NH_3-N 濒临超载
宜城市	王集镇	61	农业面源控制区	汉江襄城—宜城保留区	II	II	II	II	不超载

区域	乡镇、街道	控制单元编码	管控分区	水功能分区	水功能目标	2017年水质现状	2022年水质目标	2035年水质目标	承载状况
宜城市	王集镇	60	农业面源控制区	汉江襄城—宜城保留区	II	II	II	II	COD、NH$_3$-N 濒临超载
宜城市	小河镇	60	农业面源控制区	汉江襄城—宜城保留区	II	II	II	II	COD、NH$_3$-N 濒临超载
宜城市	王集镇	59	农业面源控制区	汉江襄城—宜城保留区	II	II	II	II	COD、NH$_3$-N 濒临超载
宜城市	王集镇	58	农业面源控制区	汉江襄城—宜城保留区	II	II	II	II	COD、NH$_3$-N 濒临超载
宜城市	雷河镇	57	农业面源控制区	汉江襄城—宜城保留区	II	II	II	II	不超载
宜城市	小河镇	57	农业面源控制区	汉江襄城—宜城保留区	II	II	II	II	不超载
宜城市	鄢城街道	57	农业面源控制区	汉江襄城—宜城保留区	II	II	II	II	不超载

5.6　水环境承载调控

5.6.1　水环境容量校核

5.6.1.1　水环境容量校核原则

本次规划主要参照《襄阳市水生态文明建设规划（2015—2030）》的相关成果进行核算。主要污染物化学需氧量（COD）、氨氮（NH$_3$-N）采用上述研究成果，并根据现有污染物排放数据进行校核。

总磷（TP）容量采用本次工作计算的污染物入河量、面源入河污染物量作为水环境承载负荷重新进行校核。

开发利用区统一采用最近 10 年最枯月平均量重新校核设计水量，并予以调整。

5.6.1.2 水环境容量计算程序

确定计算区域、调查区域内自然和社会经济状况及污染物排放情况，根据水体的特性和水质水量资料，选定合适的水质模型，计算不同条件下水体的纳污能力，具体程序如下：

（1）选定计算区域（水功能区）；

（2）调查区域内自然地理和社会经济概况；

（3）分析水域污染特性、入河排污口状况，确定计算水域纳污能力的污染物种类；

（4）分析水域水力学条件，确定水文特性及计算条件；

（5）根据水域扩散特性，选择纳污能力计算模型；

（6）参照水功能区水质目标和水质监测成果，确定水域污染物初始浓度 C_0 和水质目标浓度 C_s；

（7）确定模型参数；

（8）计算水域水环境容量；

（9）进行合理性分析和检验。

5.6.1.3 水环境容量计算模型

水质模型是描述水体中污染物变化的数学表达式，模型的建立可以为水体中污染物排放与水体水质提供定量关系。

按照《水域纳污能力计算规程》（GB/T 25173—2010）和《全国水资源综合规划地表水资源保护补充技术细则》执行：一般河流（汉江支流）水功能区纳污能力计算采用一维模型，宽阔水域（汉江干流）纳污能力计算采用二维水质模型。

（1）河流一维水质模型

本规划中环境容量计算采用了河流一维模型。河流一维模型介绍如下：

适用于污染物在横断面上均匀混合的中、小型河段。污染物浓度计算公式如下：

$$C_x = C_0 \exp\left(-K\frac{x}{u}\right) \tag{5-5}$$

式中，C_x —— 流经 x 距离后的污染物浓度，mg/L；

$\quad\quad C_0$ —— 初始断面污染物浓度，mg/L；

$\quad\quad x$ —— 沿河段的纵向距离，m；

$\quad\quad u$ —— 设计流量下河道断面的平均流速，m/s；

$\quad\quad K$ —— 污染物综合衰减系数，1/s。

相应的水域纳污能力计算公式如下：

$$M = (C_s - C_x)(Q + Q_p) \tag{5-6}$$

式中，M —— 水域纳污能力，g/s；

$\quad\quad C_s$ —— 水质目标浓度值，mg/L；

$\quad\quad Q$ —— 初始单面的入流流量，m^3/s；

$\quad\quad Q_p$ —— 废污水排放流量，m^3/s。

当 $x=L/2$ 时，即入河排污口位于计算河段的中部时，水功能区下断面的污染物浓度计算公式如下：

$$C_{x-L} = C_0 \exp(-KL/u) + \frac{m}{Q}\exp(1 - KL/u) \tag{5-7}$$

式中，m —— 污染物入河速率，g/s；

$\quad\quad L$ —— 计算河段长，m；

$\quad\quad C_{x-L}$ —— 水功能区下断面污染物浓度，mg/L。

相应的水域纳污能力计算公式如下：

$$M = (C_s - C_{x-L})(Q + Q_p) \tag{5-8}$$

式中符号意义同前。

（2）河流二维水质模型

二维水质模型对流扩散方程：

$$\mu \frac{\partial c}{\partial x} = \frac{\partial}{\partial z}\left(E_z \frac{\partial c}{\partial x} \right) - k \cdot c \qquad (5\text{-}9)$$

式（5-9）在连续点源稳态情况时的解为：

$$c(x,z) = \left[c_0 + \frac{m}{uh\sqrt{\pi E_z x / u}} \exp\left(-\frac{u}{4x} \times \frac{z^2}{E_z}\right) \right] \exp\left(-k\frac{x}{u}\right) \qquad (5\text{-}10)$$

以岸边浓度作为下游控制断面的控制浓度，即 $z=0$ 时可得：

$$c(x,0) = \left[c_0 + \frac{m}{uh\sqrt{\pi E_z x / u}} \right] \exp\left(-k\frac{x}{u}\right) \qquad (5\text{-}11)$$

式中，c_0 —— 起始断面背景浓度，mg/L；

　　　$c(x,0)$ —— 排污口下游控制断面岸边（$z=0$）污染物浓度，mg/L；

　　　k —— 污染物综合衰减系数，1/s；

　　　m —— 排污口污染物排放速率，g/s；

　　　u —— 设计流量下污染带内纵向平均流速，m/s；

　　　h —— 设计流量下污染带起始断面平均水深，m；

　　　E_z —— 横向扩散系数，m^2/s；

　　　x —— 计算点距排污口距离，m。

污染物最大允许负荷量应为：

$$[m] = \left[\frac{C_s - C_0 \exp\left(-k\frac{2L}{u}\right)}{\exp\left(-k\frac{2L}{u}\right)} \times h \times \sqrt{\pi E_z u L / 2} \right] \qquad (5\text{-}12)$$

此式适用于排污口在 $L/2$ 处，控制断面为功能区出口断面。

（3）湖（库）型水功能区水质数学模型

库区河段可采用湖（库）型水功能区水质数学模型计算纳污能力。依据《水域纳污能力计算规程》（GB/T 25173—2010），湖（库）型水功能区水域纳污能力采用湖（库）均匀混合模型计算。计算公式如下：

$$M = (C_s - C_0) \times V \qquad (5\text{-}13)$$

式中，V —— 设计水文条件下的湖（库）容积，m^3。

式中其余符号意义同前。

5.6.1.4 水质数学模型参数

（1）水功能区水质数学模型参数的确定

数学模型法计算水功能区纳污能力工作步骤如下：

第一步，明确功能区纳污能力计算条件，包括 COD 和 $NH_3\text{-}N$ 两项水质指标分别对应于功能区水质保护目标的目标浓度值 C_s；功能区设计水文条件（包括设计水量及其相应设计流速）等。

第二步，选择适宜的水量水质模型及其模型参数值，用来模拟污染物在水功能区段水体内的稀释与自净规律。

第三步，利用数学模型，根据纳污能力计算条件，进行水功能区纳污能力计算。

在河段纳污能力计算中，参数的确定和取值是否符合客观实际，直接关系到计算结果是否准确合理。因此，参数的确定是纳污能力计算的关键。

根据《水域纳污能力计算规程》（GB/T 25173—2010）规定，水功能区纳污能力计算模型参数有：污染物综合降解系数 K、河段平均流速、设计流量、湖（库）设计水量和水质浓度等。

纳污能力计算结果均转换为 COD、氨氮。

（2）污染物综合降解系数 K

分析借用：有资料可利用的，直接利用现有资料。无资料时，借用水力特性、污染状况，以及地理、气象条件相似的邻近河流资料。

实测法：选取一个河道顺直、水流稳定、中间无支流汇入、无排污口的河段，分别在河段上游（A 点）和下游（B 点）布设采样点，监测污染物浓度值，并同时测验水文参数以确定断面平均流速，则综合自净系数按式（5-14）计算：

$$K = \frac{U}{X} \ln \frac{C_\mathrm{A}}{C_\mathrm{B}} \qquad (5\text{-}14)$$

式中，U —— 断面平均流速，m/s；

X —— 上下游断面之间的距离，m；

C_A —— 上游断面污染物浓度，mg/L；

C_B —— 下游断面污染物浓度，mg/L。

本次水功能区污染物综合降解系数 K 采用《襄阳市水资源保护规划》中相关研究成果，并进行复核。其中库区 K_COD 取 0.06/d，$K_{\mathrm{NH_3\text{-}N}}$ 取 0.06/d，其他河段 K_COD 取 0.17/d，$K_{\mathrm{NH_3\text{-}N}}$ 取 0.08/d。

（3）设计水文条件

参照《水域纳污能力计算规程》（GB 25173—2010）规定，河流型水功能区纳污能力计算的设计水文条件包括设计流量和设计流速，其中设计流量为90%保证率最枯月平均流量或近 10 年最枯月平均流量；位于饮用水水源区的水功能区，设计流量为 95%保证率最枯月平均流量或近 10 年最枯月平均流量。设计流速即与设计流量相对应的代表断面平均流速。

湖库型水功能区纳污能力计算设计水文条件主要是设计水量，以近 10 年最低月平均水位或 90%保证率最枯月平均水位相应的蓄水量作为设计水量，也可直接采用死库容相应的蓄水量作为设计水量。

5.6.1.5　水环境容量校核结果

本规划采用《襄阳市水生态文明建设规划（2015—2030）》成果，在衔接水功能区的基础上复核水环境容量。初步核算沿江区域COD环境容量约为 29 320 t/a，NH_3-N 环境容量约为 3 080 t/a，TP 环境容量约为 721 t/a。依据控制单元所对应河道信息，"以水定陆"将各容许排放量分配到各控制单元中，具体见图 5-15～图 5-17。

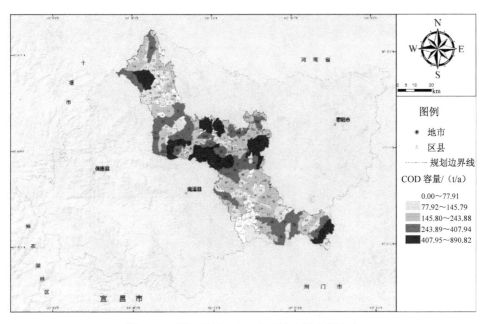

图 5-15　沿江区域 COD 水环境容量空间分布

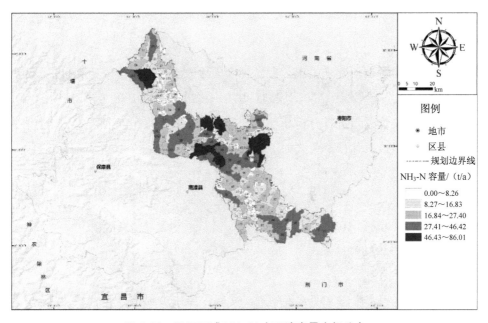

图 5-16　沿江区域 NH₃-N 水环境容量空间分布

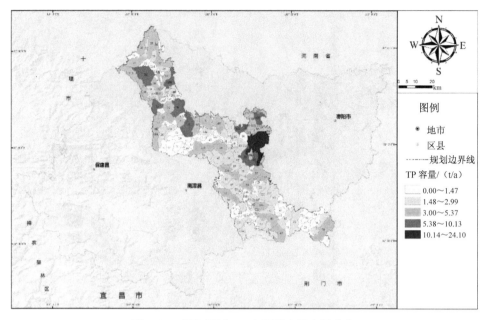

图 5-17　沿江区域 TP 水环境容量空间分布

5.6.2　水污染源入河量计算

依据水污染源清单建立结果，参考《全国地表水环境容量核定和总量分配工作方案》和《重点流域水污染防治规划（2016—2020 年）》所述的方法对各县（市、区）的入河污染物总量进行分析和计算。在本次规划中采用入河系数法计算各河段污染物入河量，具体计算公式如下：

$$W' = W \times \beta \qquad (5\text{-}15)$$

式中，W' —— 污染物入河量；

W —— 污染物排放量；

β —— 入河系数。

参照《襄阳市水生态文明建设规划（2015—2030）》成果，设置城镇生活入河系数（取值为 0.5～0.8，本规划取 0.7），工业及污水处理厂污染物入河系数（取值为 0.9～1.0，本规划取 1），农村生活入河系数（取值为 0.2～0.5，本规划取 0.4），农田面源污染物入河系数（取值为 0.3～0.7，本规划取 0.6），畜禽入河系数（0.4～0.6，本规划取 0.5）。襄阳市沿江区域各污染源的主要污染物入河情况见表 5-27。

表 5-27　襄阳市沿江区域各污染源的主要污染物入河情况　　　　　　单位：t

污染源	COD	NH$_3$-N	TP
工业污染源	3 209.27	782.75	86.10
城镇生活源	6 598.36	919.64	85.74
农村生活源	3 186.46	525.92	196.06
农业面源	3 311.57	127.83	22.19
畜禽养殖源	3 081.52	257.25	23.75
合计	19 387.18	2 613.39	413.84

5.6.3　水环境承载调控

经过对主要水污染物排放量与理想水环境容量对比，分析各控制单元水环境承载强度（图 5-18～图 5-20）。现状评价结果显示，襄阳沿江区域 NH$_3$-N 总体处于未超载状态，其中心城区及主要城镇区域内主要污染物中 COD、NH$_3$-N 和 TP 承载率均超载。

沿江区域产业布局调整应充分考虑承载空间格局，新建允许符合排放标准的涉水项目在不影响水质达标的基础上，优先布局在水环境容量富余单元。超载单元实施涉水项目限批直至水质考核达标，对严重影响断面水质达标的企业，依法实施停产治理。推进现有重点行业向工业源控制区集聚，持续提高重点行业清洁生产改造比例。引导形成与水环境承载一致的发展结构与布局。

基于沿江区域内不同控制单元水环境承载差别，重点调控污染物超载区域内中心城区、老河口内的产业及城镇化建设结构与布局，加强其他控制单元内 NH$_3$-N 与 TP 承载力的控制，城区应限制发展高污染、高水耗的产业，配套建设污水处理设施，确保达标排放，各乡镇应加强畜禽养殖污染治理，取缔网箱养鱼，改善农村生态环境。

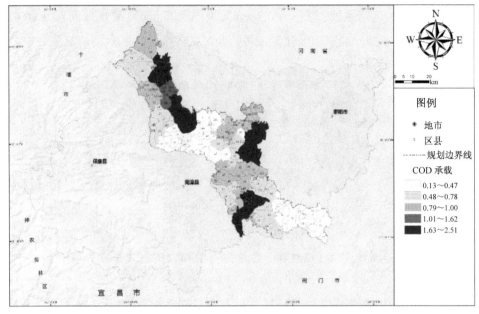

图 5-18 沿江区域 COD 水环境承载空间分布

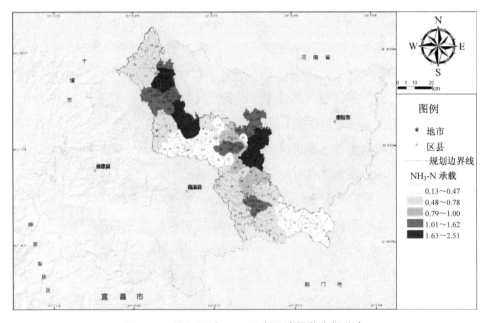

图 5-19 沿江区域 NH₃-N 水环境承载空间分布

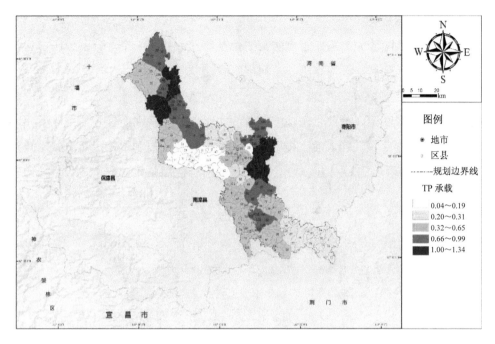

图 5-20　沿江区域 TP 水环境承载空间分布

5.7　水环境分类分区管控

根据自然汇流特征、水环境功能、水质状况和污染源分布特征，构建"流域—控制区—控制单元"三级空间管控体系。

5.7.1　汉江襄阳段全流域分类指引

参照《襄阳市环境保护"十三五"规划》，将襄阳市全域划分为三种类型实行分类管理指引。

（1）水质改善类

包括现状水质未达规划目标要求，群众反映水体较差，以及污染相对较重的控制单元，共计 2 个，分别为蛮河孔湾控制单元及滚河琚湾控制单元。

（2）风险防范类

主要包括风险较大、需要重点防范的控制单元，共计 5 个，分别为唐白河张湾、小清河口、云湾、滚河琚湾、蛮河申家嘴控制单元。

（3）水质维护类

包括饮用水水源、重要生态功能区、源头水以及现状水质较好的控制单元，共计 8 个，分别为汉江仙人渡、白家湾、余家湖、转斗控制单元；北河聂家滩控制单元；南河玛瑙观、茶庵控制单元；小清河清河店控制单元（表 5-28、图 5-21）。

表 5-28　控制单元分类结果

单元类型	个数	控制单元名称
水质改善单元	2	蛮河孔湾控制单元及滚河琚湾控制单元
风险防范单元	5	唐白河张湾、小清河口、云湾、滚河琚湾、蛮河申家嘴控制单元
水质维护单元	8	汉江仙人渡、白家湾、余家湖、转斗控制单元；北河聂家滩控制单元；南河玛瑙观、茶庵控制单元；小清河清河店控制单元

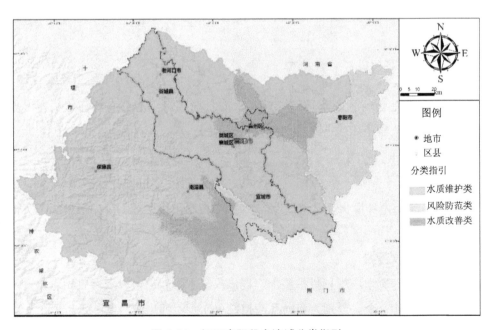

图 5-21　汉江襄阳段全流域分类指引

分类指引：

水质改善类，重点强化污染物排放总量控制，大幅削减污染物排放量，保障河道生态基流，确保消除重污染水体和城镇黑臭水体，使控制单元水质达到规划目标要求。

风险防范类，重点加强流域风险监督管理，对重点污染企业开展安全检查，制定和完善水污染事故处置应急预案，明确预警预报与响应程序、应急处置及保障措施等内容有效防范风险。

水质维护类，按照"预防为主、保护优先"的原则，加大水环境保护力度，重点实施水源涵养、湿地建设、河岸带生态阻隔等综合治理工程，确保控制单元维持现有水质不退化。

5.7.2　水环境重点管控区识别

结合水环境评价结果，根据自然汇流特征、水环境功能、水质状况和污染源分布，将全市 166 个控制单元划分为水源保护管控区、水源涵养管控区、工业管控区、农业面源管控区和城镇生活管控区，实施分区分类管理。

（1）水源保护管控区

包括 2 个市级、3 个县级、7 个乡镇集中式饮用水水源地所在区域的 7 个控制单元，总面积 163.84 km^2，占土地面积的 3.75%，涉及汉江、腾冲水库、八仙洞水库等河湖。

（2）水源涵养管控区

包括水源地上游汇水区所在的 33 个控制单元，总面积 1 042.56 km^2，占土地面积的 23.89%，涉及南河、北河、湿地保护区等河湖。

（3）工业管控区

包括12 个工业园区及其他工业聚集区所在的27 个控制单元，总面积476.96 km^2，占土地面积的 10.93%，涉及南河、小清河、唐白河等河湖。

（4）农业面源管控区

包括农村生产生活区域所在的 75 个控制单元，总面积 2 286.54 km^2，占土地面积的 52.39%，涉及北河、南河、小清河、唐白河、淳河等河湖。

（5）城镇生活管控区

包括中心城区、城镇区域所在的 19 个控制单元，总面积 394.20 km²，占土地面积的 9.03%，涉及北河、南河、汉江干流、小清河、唐白河等河湖（图 5-22）。

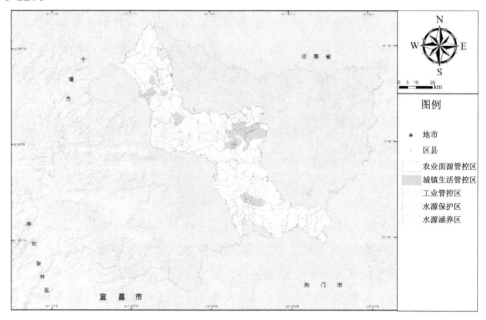

图 5-22   襄阳市沿江区域水环境管控分区图

实施分区管控要求，制定执行沿江区域环境准入负面清单（表 5-29）。

表 5-29   襄阳市沿江区域环境准入负面清单

功能类型	区域	准入规定
水源保护管控区	汉江、腾冲水库、八仙洞水库等河湖的饮用水水源区	①禁止新建一切与水源保护无关的新增排污项目，遵循减量置换原则限批项目 ②对于正在排污企业，勒令进行污水处理，不能达标排放的企业，勒令停止 ③严禁规模化畜禽养殖，排污口设置。水源地一级保护区禁止现有规模化畜禽养殖、排污口等按要求关闭及清退

功能类型	区域	准入规定
水源涵养控制区	鱼梁洲经济开发区、襄城片区、谷城县城关镇及小河镇等区域的沿江区域、卧龙镇、流水镇、冷集镇、茨河镇、庙滩镇等区域（水源涵养林区）全域	①新建、扩建、改建项目遵循减量置换原则，禁止布局石化、化工、危险废物、电镀、医药、化肥、造纸、化学品、铅蓄电池等高污染高环境风险行业 ②严禁新增规模化畜禽养殖，在湖库型饮用水水源集雨区一定范围内设立禁止规模化畜禽养殖区 ③限期对破坏的山体进行恢复治理 ④禁止毁林造田等破坏植被的行为，25°以上的陡坡耕地逐步实施退耕 ⑤加强生态公益林保护与建设，提升区域水源涵养和水土保持功能 ⑥最大限度地保留原有自然生态系统，保护好河湖湿地生境，禁止未经法定许可占用水域
工业源重点管控区	鄌阳街道、鄢城街道、襄州片区、仙人渡镇、太平店镇、李楼街道、雷河镇、光化街道、樊城片区、谷城县城关镇、余家湖街道、冷集镇、庙滩镇、茨河镇等工业园区及聚集区	①加快产业结构转型升级，实行工业项目退城进园 ②工业园区配备完善的雨污分流管网，工业废水达标排放，排入汉江的污水口应达到《标准》一级 A 类标准，提高工业用水重复利用率，提升清洁化水平 ③中心城区、太平镇、老河口等水环境承载较高区域，应严格限制污染物排放，采取"以新带老、削老增新"等手段，有度地限制设置新的入河排污口。在现状污染物入河量未削减到水域纳污能力范围内之前，该水域原则上不得新建、扩建入河排污口 ④除经批准专门用于工业集聚的开发区（工业区）外，禁止新建、扩建造纸、磷化工、氮肥、印染、原料药制造、制革、农药、电镀类工业项目，鼓励对上述工业项目进行淘汰和提升改造 ⑤禁止规模化畜禽养殖 ⑥加强土壤和地下水污染防治与修复 ⑦最大限度地保留区内原有自然生态系统，保护好河湖湿地生境，禁止未经法定许可占用水域；除防洪、重要航道必需的护岸外，禁止非生态型河湖堤岸改造；建设项目不得影响河道自然形态和河湖水生态（环境）功能

功能类型	区域	准入规定
农业面源重点管控区	郑集镇、尹集乡、王集镇、欧庙镇、牛首镇、南营街道、洪山嘴镇等区域全域。小河镇、卧龙镇、流水镇、冷集镇等除水源涵养外其他区域。仙人渡镇、太平店镇、李楼街道、光化街道等除工业及生活控制区外其他区域、东津片区	①遵从畜禽养殖三区划定管控要求；规模化畜禽养殖场配套建设完善的畜禽粪便处理设施；规模以下养殖场鼓励实行生态循环发展模式 ②加强农业面源污染治理，严格控制化肥农药施用量，加强水产养殖污染防治，逐步削减农业面源污染物排放量
城镇生活源重点管控区	鄢阳街道、鱼梁洲经济开发区、鄂城街道、襄州片区、襄城片区、太平店镇、樊城片区、东津片区、谷城城关镇等乡镇街道办的城区	①污水收集管网范围内，禁止新建除城镇污水处理设施外的入江（河）排污口，现有的入江（或河）排污口应限期纳管。相关法律法规和标准规定必须单独设置排污口的除外。中心城区、老河口等当前水环境承载超标的区域应采取"以新带老、削老增新"等手段，适度限制设置新的入河排污口。在现状污染物入河量未削减到水域纳污能力范围内之前，该水域原则上不得新建、扩建入河排污口 ②提高污水处理率，逐步将排入汉江的污水处理厂处理标准提高至《标准》一级 A 类标准 ③城市建成区应逐步完成雨污分流和污水管网配套建设 ④城市城区的主要河流、湖泊滨岸带保护生态功能保障区内，禁止新建民宅和一切工业项目，现有的应逐步退出 ⑤中心城区等人群聚集区域，工业企业实行"退二进三"，禁止新建、扩建、改建造纸、磷化工、氮肥、有色金属、印染、农副食品加工、原料药制造、制革、农药、电镀等工业项目，现有的要限期关闭搬迁 ⑥最大限度地保留区内原有自然生态系统，保护好河湖湿地生境，禁止未经法定许可占用水域；除防洪、重要航道必需的护岸外，禁止非生态型河湖堤岸改造；建设项目不得影响河道自然形态和水生态（环境）功能

5.8　水环境质量维护与治理重点任务

5.8.1　水污染防治工作进展

5.8.1.1　高度重视水环境保护工作

一是将环保工作纳入五年发展规划、年度地方国民经济和社会发展计划。市政府常务会议每年专题研究环保工作不少于 2 次，先后研究了"汉江流域水污染防治规划""汉江湿地保护规划""汉江流域生态红线划定方案"等重大议题，并将环保法律、法规和有关知识纳入各级党校教学内容，将环保工作纳入改善民生三年行动计划，逐年安排环保工程，明确目标任务，落实环保责任，强力予以推进。

二是强化汉江流域水环境保护目标考核。市长与县（市、区）政府、开发区管委会和市直有关职能部门主要负责人签订目标责任状，做到平时有检查、年终有考核，考核结果与实绩挂钩，规定对考核不合格的单位"一票否决"，对主要负责人予以问责。同时，对所有的县（市、区）考核跨界断面按月监测评估、按年度进行考核。一次超标对考核县（市、区）预警通知，连续 3 个月超标约谈地方政府主要负责人，年度考核不合格的，实行环评限批。

三是全力打造"碧水蓝天"工程。从 2014 年开始，用 3 年时间，实现全市主要水污染物排放总量持续削减；重点流域水环境质量持续改善，消除城市黑臭水体；完善城乡一体化供水管网建设，实现全市农村饮水安全；完成城市备用水源和抗旱应急备用水源工程，保证工农业生产和城镇居民生活用水需求。

5.8.1.2　多措并举严守汉江生态红线

一是合理规划产业布局，加快结构调整步伐。"十一五"以来，下大力度依法彻底取缔了对水体污染严重的小造纸、小黄姜、小印染等"十五小"企业，草浆造纸已全部退出襄阳，黄姜生产已灭迹。积极调整磷化工、精细化工、涉铅等行业规模和布局，淘汰落后产能，搬离水环境敏感区域，促进高耗水、高排放企业开展清洁生产改造，减少末端排放。实施化工企业搬迁改造、"退城入园"，积极推进园区循环化改造，大力发展循环经济。实行招商引资项目评审制度，严把环境保护关口，对不符合国家产业政策，污染重、治理难、没有经济技术合理性的项目一律不予引进。严格执行环境影响评价制度和"三同时"制度，把好项目准入关、审批关、治理关、验收关。

二是坚持整体联动，加大环境治理力度。各级政府每年组织开展环保专项行动，集中查处未批先建、污水处理设施不正常运行、偷排超排等环境违法行为。市政府每年向市人大常委会做环境保护专题报告，市人大每年开展汉江流域水环境保护执法大检查，市政协每年组织开展汉江流域水环境保护调研视察和专题协商，协力解决水环境保护中的突出问题。负有水环境保护职能的各个部门分工协作，各司其职，各负其责，按照《中华人民共和国水污染防治法》明确的职责，严格水体管理，严厉打击各类违法行为。

三是强化区域协作，建立跨界流域共管机制。唐白河作为汉江的最大支流，对汉江水质的影响举足轻重。襄阳市与河南省南阳市建立了"南襄唐白河流域水环境联合监管联防联控机制"，经过共同努力，唐白河水质已达到规定的Ⅳ类水质标准，摘掉了唐白河水质多年劣Ⅴ类的"黑帽子"。

四是实施跨界断面考核，全面提升支流水环境质量。2015 年 10 月印发《关于做好跨界断面水质改善工作的通知》，从 2016 年开始，对襄阳市行政区域内汉江主要支流 11 个水体断面和沮河 2 个断面按月度进行考核，2016 年已发布 12 期通报，督促各地积极开展河流水环境综合整治工作。截至 11 月，省"水十条"考核襄阳市 9 个断面累加均值水质达标率 100%。

5.8.1.3　切实强化饮用水水源保护

一是明确职责，齐抓共管。建立了饮用水水源保护区制度，并依据相关法律、法规，明确了环保、水利、建设、卫生、农业、交通等部门在保护饮用水水源方面的职责，细化分解工作任务，对地方政府和责任部门实行严格的目标考核和责任追究，确保了全市集中式饮用水水源水质多年保持达标，未发生因水质问题造成停水、断水事件，保障了饮水安全。全市县级以上集中式饮用水水源地水质达标率 100%。

二是严密监控，严格执法。各地政府根据地方实际建立了由多部门联合参与的饮用水水源保护区管理机制，定期对保护区水质进行检测，每天有专人在保护区范围巡查，及时制止在保护区内洗衣、游泳等行为。针对在保护区内采砂、餐饮、违章搭建、网箱养鱼等问题，每年集中开展专项整治行动，坚决依法予以清除取缔，有效遏制了水污染违法行为的反弹。

三是完善机制，控制船舶污染。2015 年前完成老旧船舶挂桨柴油机的改造，严格控制油料的跑、冒、滴、漏。新船舶一律严格按照国家相关标准，配备先进的油污过滤、油水分离和废油回收等装置。建立健全了运行管理、控制排放、应急处置等制度，禁止船舶排放生活污水和垃圾，严禁装载危险化学品的船舶进入，未发生过船舶污染事件。

5.8.1.4 扎实做好水污染物减排

一是进一步强化减排目标责任制。将减排目标分解到各县（市、区）政府、开发区管委会，实行年度考核，逐级签订责任状，考核结果纳入县级领导班子实绩考核并逐年增加考核权重。对进度滞后的地方及时预警、约谈、通报，年终未完成减排任务的实行"一票否决"。

二是将减排任务落实到具体工程。积极挖掘减排潜力，抓大不放小，将承担减排项目企业的工程进度与其新上项目环评、争取资金、评先评优等紧密挂钩。"十二五"以来，全市共完成污水处理厂、垃圾渗滤液处理、工业企业水治理和结构调整项目 51 个。

三是全力推进污水处理厂和截污管网建设。"十二五"期间，全市新建 4 座、扩建 2 座污水处理厂，县（市、区）乡镇污水处理厂建设正在加快推进。目前全市污水处理厂已形成日处理污水 64 万 t 的能力，较 2010 年增长 34.5%。2013—2015 年，市区新建截污干管及雨污分流管道超过 200 km，并在统一规划的基础上，结合道路改造逐步对排水系统进行改造，雨污分流管道累计改造超过 60 km。"十二五"期间，全市 COD、NH_3-N 排放量分别较 2010 年下降 11.71% 和 10.29%，均超额完成了省政府下达的减排目标。

四是大力实施"九水润城"工程。推进引水入城、显山活水，有效地改善城市内河水系的生态环境。按照清理漂浮物、清淤、截污的要求，高标准规划，积极推进黑臭水体整治，将市区南渠、大李沟两条黑臭水体改造成水系景观廊道。

5.8.1.5 大力推进畜禽养殖及农业面源污染治理

一是科学规划养殖布局和规模，引导健康养殖方式。2010 年开始划定了汉江沿岸的禁养区和限养区，合理控制养殖规模，采用生态健康养殖、生物发酵床养殖以及污水深度处理三种模式推进畜禽养殖污染防治，鼓励对畜禽废弃物实行综合利用。

二是科学施用农药化肥。通过加强科学安全用药培训、认真开展测土配方施肥、推广有机肥及农作物病虫综合防治技术等方式，促使农民科学用药施肥，减少农药、化肥用量。全市 9 个县（市）区推广测土配方施肥面积已超 1 200 万亩次，化肥施用量控制在 53.2 万 t 的水平以下。

三是推行农村环境连片整治。将水环境保护与美丽乡村建设紧密结合起来，按照布局合理、设施配套、环境整洁、村貌美观的原则，开展农村环境综合治理，在重点水体流域村庄建立垃圾清运系统，在农民集中居住区建立人工湿地污水处理系统，对散居的农户则采用建沼气池、化粪池等方式，防止污染物直接进入水体造成污染。目前已建成国家级生态镇（环境优美镇）3 个、生态村 2 个，省级生态镇 12 个、生态村 73 个、生态旅游示范区 3 家。

5.8.1.6 襄阳立法保护汉江流域水环境

《襄阳市汉江流域水环境保护条例》（以下简称《条例》）于 2016 年 12 月 17 日正式发布，2017 年 5 月 1 日起施行。《条例》体现了从严保护的理念，明确流域水环境保护标准和目标。《条例》要求市、县（市、区）人民政府负责本行政区域内汉江流域水环境保护工作，分级制定和实施水环境综合治理和生态保护规划，建立健全水环境投入保障机制和生态补偿机制。《条例》对环境保护主管部门、水行政（水产）主管部门、农业主管部门、城乡建设主管部门等九个部门明确了具体的水环境保护工作职责。《条例》要求襄阳汉江流域实施水环境重点保护区制度；全面推行排放重点水污染物的企业强制入园；加强城乡污水集中处理体系建设；重点加强汉江襄阳段水上活动管制；细化饮用水水源与水生态保护内容。《条例》颁布实施后将更有利于形成全市齐抓共管的大环保格局，为襄阳市落实"共抓大保护，不搞大开发"、加强汉江流域水环境保护工作提供坚实法律依据。

5.8.2　水环境问题原因解析

5.8.2.1　容量改变

调水和梯级开发对襄阳段区域及沿江区域水环境容量影响的加大，直接影响区域水环境质量。根据《南水北调中线一期工程环境影响复核报告书》(环审〔2006〕323 号)，在调水 95 亿 m^3 后，汉江襄阳段水环境容量损失约 27%，损失的主要污染物 COD 允排量为 $2.78×10^4$ t/a，襄阳段水环境容量将由 10.296 万 t (COD) 降低 27%，即降低至 7.516 万 t。调水导致汉江襄阳段水资源环境承载力大幅度降低。

崔家营航电枢纽工程于 2009 年 10 月正式蓄水，蓄水后汉江襄阳市区段成为崔家营库区，库区范围从坝址（钱营）至上游约 33 km 的新集，水库蓄水水位 62.73 m，总库容 2.45 亿 m^3。水库蓄水后汉江襄阳城区段虽然仍是一条河流，但水面变宽、水位增高、流速明显减缓，由河流变成了实质上的水库，其自净化能力已经大不如前。

5.8.2.2　污染治理水平低

（1）工业治理

2015 年全市实现地区生产总值 3 129 亿元，工业废水排放 0.84 亿 t，COD 排放量 0.98 万 t，每万元 GDP 污水排放 2.6 t，排放 COD 3.1 kg，平均排放浓度为 116 mg/L。企业清洁生产、污水末端治理水平还较低，万元 GDP 排水、排放污水中污染物浓度较高，具有一定的升级空间。

市区汉江流域工业水污染负荷主要集中在化纤、纺织、医药、化工等行业，废水浓度高，水质复杂。同时，余家湖工业园的重污染企业相对集中，加大了水污染治理难度和水环境风险隐患。

（2）城镇生活治理

2015 年襄阳生活污水排放 1.84 亿 t，COD 排放量 3.25 万 t，平均排放浓度为 177 mg/L，远高于污水处理厂出水标准。根据现状调研，目前中心城区污水处理率为 90%，县城污水处理率约为 70%，沿江乡镇污水处理厂绝大部分处于筹建状态，以上结果表明生活污水处理率很低，有大量的生活污水未经处理进入水体。

根据未来沿江区域人口预测，市生活需水人均日用水量定额参考往年《湖北省水资源公报》拟定。按照城镇人口用水 200 L/（人·d）计算，到 2022 年及 2035 年城镇生活用水量为 38 万 m^3/d 及 43 万 m^3/d，按照 80%产污量计算。到 2022 年及 2035 年城镇生活污水排放量约为 30.4 万 m^3/d 和 34.4 万 m^3/d。当前沿江区域内建成运营污水处理厂设计处理能力为 54.5 万 m^3/d，处理能力能够满足当前污水产生量。

然而，城镇环境基础设施欠账较多，已建成运营的樊城鱼梁洲（30 万 t/d）、襄城观音阁（10 万 t/d）等污水处理厂，由于配套截污管网尚不完善、再生水利用水平较低，严重限制了现有污水处理设施的污染物减排效能的发挥。襄阳市绝大多数乡镇无污水收集管网，生活污水直接通过沟渠进入附近水体，市区汉江干流及主要支流沿岸城镇排污口多达 60 余个，对汉江水质造成影响。另外，很多地区仍沿用雨污合流管网，导致雨季时大量的污水与雨水混合，未经处理直接排放。

（3）生活垃圾处理

目前襄阳市已经建立少量的垃圾转运站，垃圾收集后在转运站进行压缩，然后送垃圾焚烧发电厂进行处理，改善人居环境，避免污染物通过径流携带等方式进入水体。但目前 90%以上的乡镇还未实施垃圾收集转运，在雨季雨水冲刷后携带大量的污染物进入了水体，对环境造成了污染。

（4）畜禽养殖治理

襄阳是养殖大市，汉江襄阳段干流分散着大量的养殖企业、养殖小区，污染治理设施非常匮乏，绝大多数养殖企业、养殖小区无与之配套的污染治理设施，大量的养殖污水、粪便随地表径流进入水库。畜禽养殖粪污氮磷含量较高，NH_3-N、

TP 的入河量较大。

（5）城市面源污染治理

崔家营水库蓄水后，汉江干流水位抬升，造成现有泵站、排水管网、特别是雨污合流制管网排水不畅，形成城市内涝，威胁城市安全，同时携带大量城市面源污染物进入水库，造成污染。

5.8.2.3　生态环境破坏严重

（1）水源涵养及缓冲带破坏严重

襄阳市森林平均蓄积只有 23.1 m³/万 m²，远低于全国 70.95 m³/万 m²；林龄结构不合理、森林资源质量低下削弱了森林的生态功能，严重影响了森林综合效益的发挥。

由于汉江王甫州、崔家营水库与襄阳市城区存在着湖中城、城中湖的特殊关系，导致城市河段较多，天然的、生态的河堤被钢筋混凝土堤岸、码头所取代，河堤两岸生态缓冲带少，对污染物拦截、净化作用缺失。

（2）湿地系统破坏严重

目前襄阳汉江王甫州、崔家营水库的湿地总体比较少，特别是在入库支流的入库口存在着大量河滩地未能发挥其生态缓冲的作用。包括汉江上小清河河口、唐白河河口间 300 余亩的河滩地，汉江东津段 300 余亩的河滩地等需要开展湿地建设，使其恢复功能。

（3）江心洲生态系统破坏严重

目前襄阳汉江崔家营水库最大的江心洲有鱼梁洲、解佩渚、鹊子洲，其中鱼梁洲是一个已经开发的江心岛，目前人口 1.3 万人，近期将会达到 4 万人以上，此外还有大量的旅游人口，环境压力较大；解佩渚位于火星观饮用水水源地二级保护区，亟待生态修复。此外，水库蓄水水位提升造成原有湿地系统被破坏。

5.8.3　水环境治理方案分析

5.8.3.1　区域水环境治污需求分析

根据水环境承载计算结果，结合未来区域社会经济发展情况确定区域水环境规划水平年入河污染物削减量，具体见表 5-30。当前汉江沿江区域水环境 COD、NH$_3$-H 及 TP 纳污能力分别为 29 321.79 t/a、3 079.97 t/a 及 721.46 t/a，大于相关污染物入河量 19 387.18 t/a、2 613.38 t/a 及 423.85 t/a，环境容量总体上有富余。考虑到梯级开发及远期调水影响，2035 年水环境容量将下降至 24 984 t/a、2 302 t/a 及 561 t/a，届时预计新增 COD、NH$_3$-N 及 TP 排放量分别为 4 284 t、464 t 及 39 t。因此，到 2035 年，沿江经济带 COD 容量基本饱和，NH$_3$-N 将超载。同时，沿江区域污染物排放空间分布不均，未来污染物重点削减区域包括东津片区、谷城县和老河口市城区内生活源削减，以及雷河镇、太平店镇区域内工业源削减。

表 5-30　区域污染物削减量　　　　单位：t/a

区县	街道镇	2022 年削减量			2035 年削减量		
		COD	NH$_3$-N	TP	COD	NH$_3$-N	TP
樊城区	樊城片区	0.00	0.00	0.00	0.00	−3.88	0.00
樊城区	牛首镇	0.00	0.00	0.00	0.00	0.00	0.00
樊城区	太平店镇	−506.12	−39.39	0.00	−602.90	−48.31	−0.29
谷城县	城关镇	0.00	−8.71	−2.52	0.00	−12.73	−3.49
谷城县	庙滩镇	0.00	0.00	0.00	0.00	0.00	0.00
谷城县	茨河镇	0.00	0.00	0.00	0.00	0.00	0.00
谷城县	冷集镇	0.00	0.00	0.00	0.00	0.00	0.00
老河口市	洪山嘴镇	0.00	0.00	0.00	0.00	0.00	0.00
老河口市	仙人渡镇	0.00	−2.17	0.00	−20.16	−4.82	−0.19
老河口市	光化街道	−38.63	−6.52	−0.50	−52.06	−8.27	−0.79
老河口市	鄸阳街道	−90.55	−14.38	0.00	−109.13	−16.93	−0.11

区县	街道镇	2022 年削减量			2035 年削减量		
		COD	NH₃-N	TP	COD	NH₃-N	TP
老河口市	李楼街道	−88.17	−17.45	−1.19	−112.59	−21.02	−1.70
襄城区	尹集乡	0.00	0.00	0.00	−294.59	−35.87	−0.59
襄城区	卧龙镇	0.00	0.00	0.00	0.00	0.00	0.00
襄城区	欧庙镇	0.00	0.00	0.00	0.00	0.00	0.00
宜城市	小河镇	0.00	−0.10	0.00	0.00	−3.64	0.00
宜城市	王集镇	0.00	0.00	0.00	0.00	0.00	0.00
宜城市	郑集镇	0.00	0.00	0.00	0.00	0.00	0.00
宜城市	流水镇	0.00	0.00	0.00	0.00	0.00	0.00
宜城市	南营街道	0.00	0.00	0.00	0.00	0.00	0.00
宜城市	鄢城街道	−125.26	−12.97	0.00	−164.63	−16.94	−0.25
襄城区	鱼梁洲经开区	0.00	0.00	0.00	0.00	0.00	0.00
襄城区	余家湖街道	0.00	0.00	0.00	0.00	−0.19	0.00
襄城区	襄城片区	0.00	−12.55	0.00	0.00	−19.41	0.00
襄州区	东津片区	−598.40	−108.49	−9.45	−2 714.70	−352.67	−29.15
襄州区	襄州片区	0.00	−26.51	−0.39	0.00	−35.09	−1.81
宜城市	雷河镇	−38.96	0.00	−0.73	−56.14	0.00	−1.41
	合计	−1 486.09	−249.14	−14.78	−4 126.90	−579.77	−39.78

5.8.3.2　区域水环境治污潜力分析

当前综合运用工业、城镇生活、农业农村污染治理等"减污"措施，来实现污染物削减。其中，点源污染负荷的削减主要依靠建设污水处理厂和提标改造、铺设配套管网，以及工业点源治理等方式。面源污染负荷的削减主要依托农村环境综合整治，包括畜禽养殖规模化处理、农村生活污水处理、农村垃圾集中处理等方面。近远期投资项目将按照区域治污需求进行规划，力求达到污染物削减目标（表 5-31）。

表 5-31 污染物减排潜力分析

污染源	治理水平和能力	2022 年（与现状比）		2035 年（与现状比）	
		减排措施	削减量	减排措施	削减量
工业源	排放量约为总量的 7%，存在部分直排企业	淘汰落后产能，提高达标排放率和污水处理水平	约 10%	清洁生产末端治理	约 20%
集中治理设施	排放量约为总量的 10%，城区全部改造成一级 A 处理能力	城市和县城污水处理设施出水水质达到一级 A 标准或再生利用要求	约 17%	超标区域继续提高污水治理水平，保障水质达标	约 30%
直排生活源	城市污水处理厂已经基本满负荷，农村处理率不到 20%，排放量约为产生量的 25%	城市、县城污水处理率分别达到 95%、85% 以上，所有建制镇实现"一镇一厂"	约 40%	源头节水，末端集中式和分散式污水处理设施相结合，削减污水直排量	约 70%
农业种植源	测土施肥面积占比较低，治理较好的区域集中在新农村改造区域	全面推广低毒、低残留农药，开展农作物病虫害绿色防控和统防统治。实行测土配方施肥，推广精准施肥技术和机具。严格控制主要粮食产地和蔬菜基地的污水灌溉	约 10%	建设植被缓冲带和河道植草带，精准施肥药+过程生态阻断+河道植被降解吸收	约 50%
畜禽养殖源	排放量约为产生量的 15%	积极推广"养殖-粪污水处理-种植"结合的生态农业牧业发展模式，畜禽养殖场参与资源化利用改造	约 20%	持续推广生态农业牧业发展模式，提高粪污资源化利用率	约 70%

因此，预计到 2022 年，相对于现状值将削减 25% 的污染物排放，到 2035 年，相对于现状值将削减 47% 的污染物排放，远超新增污染物排放。

5.8.4　水环境质量改善战略

5.8.4.1　加强水环境质量目标管理

（1）制定实施不达标控制单元整治方案

根据建立控制单元环境质量目标管理与考核制度。沿江各区域要逐一排查本辖区内的地表水、地下水和饮用水水源等各类水体水质达标状况和对应污染源排放状况。对未达到国家和省市考核要求的断面，所在地区要制定达标方案，将治污任务逐一落实到控制单元内的排污单位，明确防治措施及达标时限，方案报上一级人民政府备案，定期向社会公布。对水质不能按期达标的水体实施挂牌督办，必要时采取控制单元区域限批等措施。确保断面按期达到或优于规定的地表水环境功能类别标准。深化丧失使用功能水体的治理，重点针对劣Ⅴ类水体蛮河孔湾段等，实施劣Ⅴ类水体消除工程。

（2）全面整治黑臭水体

按国家要求，开展城市建成区黑臭水体状况摸底排查，并公布黑臭水体名称、责任人及达标期限，制定黑臭水体总体整治计划及整治方案，按照"一水一策"要求，结合控制单元实际，采取控源截污、垃圾清理、清淤疏浚、调水引流、生态修复等措施，加大黑臭水体治理力度，每半年向社会公布治理情况。2022 年年底前，中心城区完成大李沟、南渠等黑臭水体清淤、除臭、治黑及环境景观整治工程，实现城区无黑臭水体治理目标。到 2035 年，中心城区水体稳定达到Ⅳ类水质。

5.8.4.2　全面推进工业污染防治

（1）全面整治重污染行业

加强"十小"企业排查，全面取缔不符合国家产业政策的小型造纸、制革、印染、染料、炼焦、炼硫、炼砷、炼油、电镀、农药等严重污染水环境的生产项目。制定造纸、磷化工、氮肥、有色金属、印染、农副食品加工、原料药制造、制革、农药、电镀等"十大"重点行业专项治理方案，实施清洁化改造。

新建、改建、扩建上述行业建设项目实行主要污染物排放等量或减量置换（现状水质达标区域实施等量置换，现状水质超标区域实施减量置换）。造纸行业力争完成纸浆无元素氯漂白改造或采取其他低污染制浆技术，钢铁企业焦炉完成干熄焦技术改造，氮肥行业尿素生产完成工艺冷凝液水解解析技术改造，印染行业实施低排水染整工艺改造，制药（抗生素、维生素）行业实施绿色酶法生产技术改造等。

（2）集中治理工业集聚区水污染

集聚区内工业废水必须经预处理达到集中处理要求，方可进入污水集中处理设施。新建、升级工业集聚区应同步规划、建设污水和垃圾集中处理等污染治理设施。在污水集中处理设施建成之前，集聚区内所有企业需确保达标排放，对超标排放的企业依法采取按日计罚、限产停产等措施。对经济技术开发区、高新技术产业开发区等工业集聚区的污染治理设施进行清查，列出集聚区内废水预处理未达标的企业清单及运行不正常的污水集中处理设施清单，限期完成整改。全市所有工业集聚区应按规定建成污水集中处理设施，并安装自动在线监控装置；逾期未完成的，一律暂停审批和核准其增加水污染物排放的建设项目（表5-32）。

表 5-32　规划范围内污水直排企业名单（2016 年）

序号	行政区	企业名称	行业类别
1	襄城区	华中药业股份有限公司	化学药品原料药制造
2	襄城区	襄阳航力机电技术发展有限公司	航空、航天相关设备制造
3	襄城区	湖北华电襄阳发电有限公司	火力发电
4	襄城区	襄阳宇清锻造有限公司	汽车零部件及配件制造
5	谷城县	湖北新和有限公司	无机盐制造
6	谷城县	谷城县大峪桥造纸厂	机制纸及纸板制造
7	谷城县	谷城县锦昌建筑陶瓷有限公司	建筑陶瓷制品制造
8	宜城市	湖北海宜生物科技有限公司	其他调味品、发酵制品制造
9	宜城市	天壕新能源股份有限公司宜城分公司	其他电力生产
10	宜城市	襄阳东阳汽车零部件有限公司	汽车零部件及配件制造

序号	行政区	企业名称	行业类别
11	宜城市	宜城市雪涛纸业有限公司	机制纸及纸板制造
12	宜城市	葛洲坝宜城水泥有限公司	水泥制造
13	宜城市	湖北诺鑫生物科技有限公司	有机化学原料制造
14	宜城市	嘉施利（宜城）化肥有限公司	磷肥制造
15	宜城市	宜城市长风纸业有限公司	其他纸制品制造
16	宜城市	湖北龙祥磷化有限公司	磷肥制造
17	宜城市	襄阳楚天化纤有限责任公司	人造纤维（纤维素纤维）制造
18	宜城市	湖北禹晖化工有限公司	磷肥制造
19	宜城市	湖北东方化工有限公司	炸药及火工产品制造
20	宜城市	湖北阿泰克糖化学有限公司	有机化学原料制造
21	宜城市	宜城市共同药业有限公司	化学药品原料药制造

5.8.4.3　强化城镇生活污染治理

（1）扎实推进污水处理厂的建设、达标运营和提标改造

重点建设老河口城南污水处理厂、谷城县石花污水处理厂、保康县城南污水处理厂，扎实推进重点城镇污水处理厂的达标运营；已建 7 座污水处理厂应配套安装除磷脱氮工艺设备，升级现有污水处理厂尾水排放标准至《标准》一级 A。所有污水处理厂安装在线监测装置，实现对污水处理厂运行和污水排放的实时监控。鼓励配置人工型湿地净化尾水，进一步削减氮、磷等污染物。

根据污染物入河削减量计算成果，以及未来年份社会经济发展预测结果对污水处理规模需求进行分析：2022 年污水处理厂规划处理量按废污水入河量的 90%确定，即要求 2022 年规划区域污水处理率达到 90%以上。2022 年污水处理厂建设规模按照规划废污水处理量的 1.05 倍（即运行负荷率为 95%）确定。

2035 年污水处理厂规划处理量按废污水入河量的 95%确定，即要求 2035 年规划区域污水处理率达到 95%以上。2035 年污水处理厂建设规模按照规划废污水处理量的 1.02 倍（即运行负荷率为 98%）确定。区域治污需求规模计算结果见表5-33。

表 5-33　区域污水处理需求　　　　　　　　　　　　　单位：万 t/d

区域	污水处置需求		污水处理能力	需新增能力	
	2022 年	2035 年	现状（2016 年）	2022 年	2035 年
太平店镇	6.03	7.11	5.00	1.03	2.11
城关镇	1.57	3.42	4.00	0.00	0.00
庙滩镇	0.40	0.84	0.00	0.40	0.84
茨河镇	0.06	0.24	0.00	0.06	0.24
冷集镇	0.21	0.72	0.00	0.21	0.72
洪山嘴镇	0.45	0.85	0.00	0.45	0.85
仙人渡镇	0.40	0.78	0.00	0.40	0.78
光化街道					
鄋阳街道	3.57	5.89	6.00	0.00	0.00
李楼街道					
尹集乡	0.39	2.04	0.00	0.39	2.04
卧龙镇	0.72	1.69	0.00	0.72	1.69
欧庙镇	0.64	1.21	0.00	0.64	1.21
小河镇	0.72	1.30	0.00	0.72	1.30
王集镇	0.07	0.32	0.00	0.07	0.32
郑集镇	0.13	0.50	0.00	0.13	0.50
流水镇	0.14	0.38	0.00	0.14	0.38
南营街道	0.33	0.63	0.00	0.33	0.63
鄋城街道	2.20	3.69	2.00	0.20	1.69
襄城片区					
余家湖街道	10.77	13.63	11.50	0.00	2.13
雷河镇	1.08	2.12	0.00	1.08	2.12
襄州片区					
樊城片区					
牛首镇	25.37	38.16	30.00	0.00	8.16
东津片区					
鱼梁洲经济开发区					
合计	55.25	85.52	58.50	6.97	27.71

2022 年规划区城镇污水处理需求为 55.25 万 t/d，城镇污水处理厂总规模至少需要 58.01 万 t/d。2035 年规划区城镇污水处理需求为 85.52 万 t/d，城镇污水处理厂总规模至少需求 87.23 万 t/d。结合污水处理厂沿江分布，经分析表明，2022 年需新增污水处理量 6.97 万 t/d，2035 年需新增污水处理量 27.71 万 t/d。

根据水环境承载计算结果，未来污染物重点削减区域位于东津片区、谷城县及老河口市城区内生活源削减及雷河镇、太平店镇区域内工业源削减。因此，为改善水环境质量，近期污水处理新建工程主要布局在东津片区、鄂城街道及尹集乡区域。对老河口市、谷城县、宜城市以及中心城区污水处理进行提标改造。优先对雷河镇、太平店镇区域内进行工业污水处理建设及升级改造。

（2）加强污水处理配套管网建设

加快实施城市雨污分流管网建设与改造，完善襄州区、老河口市、谷城县、宜城市及襄阳市城区生活和生产污水收集管网建设，稳步提高城镇污水收集能力；扩大纳管范围，强化城中村、老旧城区和城乡接合部污水截流、收集，推进襄阳市规模以上生活污水排污口接入市政污水管网；对现有难以改造的合流制排水系统，加快实施截流、调蓄和治理等措施，完善枣阳市、襄州区、老河口市、谷城县、宜城市及襄阳市城区生活及生产污水截污工程；加快建设中水回用设施，城镇新区建设均实行雨污分流，积极推进初期雨水收集、处理和资源化利用。

推进污泥安全处理处置。对污水处理设施产生的污泥进行稳定化、减量化、无害化和资源化处理处置，推广鱼梁洲污泥综合处置工艺，对宜城市、枣阳市、老河口市等城市污泥处理设施进行达标改造与资源利用，禁止处理处置不达标的污泥进入耕地，取缔非法污泥堆放点。

5.8.4.4　加强入河排污口综合整治

（1）入河排污口设置布局方案

入河排污口的布局要遵循可持续发展原则，强调饮用水水源地保护、水生态系统功能的维持。首先要考虑敏感区保护原则，使排污口设置不会对饮用水水源地和生态敏感区产生不良影响。其次，水域纳污能力是排污口合理布局的关键因素，合理利用水域纳污能力，既可实现对水质、水生生态敏感区的有效保护，又可充分利用河流稀释与自净能力。对区域经济社会发展、人民生活具有重要影响的水域范围，禁止设置入河排污口，以保证区域经济社会健康发展。根据《中华人民共和国水法》、各流域及各省（自治区、直辖市）水功能区划、水域纳污能力及限制排污总量控制、《排污口设置及规范化整治管理办法》等有关要求：

①排污口应符合"一明显，二合理，三便于"的要求，即环保标志明显；排污口设置合理、排污去向合理；便于采集样品、便于监测计算、便于公众参与监督管理。

②建设项目需设置排污口，必须经负责审批环境影响报告书（表）的环保部门审查批准。凡需在水利工程管理范围内设置废水排污口的建设单位，还应当向水行政主管部门提出申请，办理报批手续。环保部门在对环境影响报告书（表）审批时，必须明确允许设置排污口的数量、位置和规范化建设要求，并作为环保设施竣工验收的重要内容之一。

③凡在城镇集中式生活用水地表水源一级和二级保护区、国家和省划定的自然保护区和风景名胜区内的水体、重要渔业水体、其他有特殊经济文化价值的水体保护区，以及海域中的海洋特别保护区、海上自然保护区、海滨风景旅游区、盐场保护区、海水浴场和重要渔业水域等需要特殊保护的水域内，不得新建排污口。在生活饮用水地表水源一级保护区内已设置的排污，限期拆除。

④城镇集中式生活饮用水地表水源准保护区、一般经济渔业水域和风景浏览区内的水体等重点保护水域，严格控制新建排污口。

⑤规定每家排水单位、企业在雨水、污水排水口设置辨识度高的标示牌。

⑥严格限制设置入河排污口水域，对于污染物入河量已经削减到纳污能力范围内或者现状污染物入河量小于纳污能力的水域，原则上可在不新增污染物入河量的控制目标前提下，采取"以新带老、削老增新"等手段，严格限制设置新的入河排污口。在现状污染物入河量未削减到水域纳污能力范围内之前，该水域原则上不得新建、扩建入河排污口。

（2）排污口整治措施

①位于禁止区内，集中式生活饮用水、地表水水源地保护区内的排污口需关闭或将排污口调整至饮用水取水口的下游安全范围以内。

②污染排放量大、达标排放仍不满足受纳水体水功能区水质管理要求的排污口，关闭或对排污口位置进行改造。

③排污口规范化建设。针对排污口隐蔽、未规范化设置、排水方式不当等进行整治。主要措施：公告牌、警示牌、排污口标志牌建设、缓冲堰板建设（主要针对泵排水）等。

④排污口改造工程。针对排污口位置不合理，影响水功能水质管理目标和用水安全等问题进行整治。主要措施：排污口关闭、合并，污水管网改造及建设、排水泵站建设等。

⑤污水深度处理工程。针对在排污达标的情况下，由于水域纳污能力有限，不能满足水功能区水质管理目标的情况。主要措施：人工湿地、半人工湿地、生物塘。

⑥对于排污量大、对水功能区水质达标具有显著影响的排污企业，若采取上述整治措施仍无法满足水功能区水质目标要求，应提出关闭或搬迁企业的整治要求。

（3）入河排污口综合整治方案

根据《襄阳市水资源保护规划》中排污口数据信息，结合区域污染物入河总量控制分解方案，水环境重点保护区域分布应综合考虑河道管理、岸线规划等要求，本规划提出包括排污口净化生态工程、排污口合并与调整工程、污水经处理后回用等措施的主要入河排污口综合整治方案。

一般情况下，位于禁止设置入河排污口水域范围内的排污口和排污规模及对水质影响较大的入河排污口均应纳入综合整治范围。原则上，位于饮用水水源地保护区、调（供）水水源地及其输水沿线的排污口应列入近期重点整治项目中。

本规划提出全面开展襄阳市域汉江及重要支流 140 处排污口登记核查工作，关闭或调整位于禁设排污区内的排污口，对排污量大、达标排放仍不满足水功能区水质管理要求的排污口进行关闭或改造，实施污水深度处理工程；针对沿江区域规模以上 7 个污水排污口实施规范化建设，竖立排污口标志牌、公告牌，设置缓冲堰板等。针对部分位置不合理、影响水功能水质管理目标的排污口实施改造，进行排污口合并、整治等（图 5-23）。

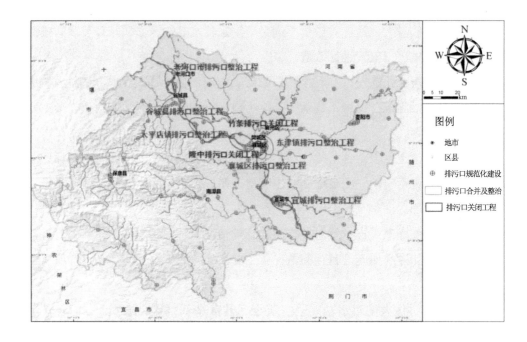

图 5-23   襄阳市沿江区域排污口综合整治工程图

5.8.4.5   推进农业农村污染防治

（1）防治畜禽养殖污染

科学规划布局，推行标准化规模养殖，依据禁养区、限养区、适养区划定方案，依法关闭或搬迁禁养区内的畜禽养殖场（小区）和养殖专业户。以宜城市、襄州区等地为重点开展畜禽养殖清粪改造。现有规模化畜禽养殖场（小区）要配套建设粪便污水贮存、处理、利用设施。因地制宜推广畜禽粪污综合利用技术模式，规范和引导养殖废弃物资源化利用。新建、改建、扩建规模化畜禽养殖场（小区）要实施雨污分流、粪便污水资源化利用。到 2022 年，规模化畜禽养殖场粪便利用率达到 90% 以上，沿江区域 90% 以上的规模化畜禽养殖场配套完善粪污贮存设施；50% 以上的养殖专业户实施粪污集中收集处理和利用。到 2035 年沿江区域内规模化畜禽养殖场粪便利用率达到 95% 以上。

（2）防治水产养殖污染

按照不同养殖区域的生态环境状况、水体功能和水环境承载能力，科学划定禁养区、限养区，严格控制水库养殖面积。水产养殖应符合功能区划要求，并取得主管部门的同意。开展禁止投肥养殖行动，全面清理整顿严重污染水体的水产养殖场所。强化风险监控，加强养殖投入品管理，深化水产养殖水污染治理。

（3）控制种植业污染

深入推进测土配方施肥，大力推进新肥料、新技术应用，推进有机肥资源合理利用，减少化肥投入，提高耕地质量水平。大力推广低毒低残留农药、高效大中型药械，重点推行精准对靶施药、对症适时适量施药，推行农业病虫害绿色防控和专业化统防统治，实现农药减量减污。到 2022 年，沿江区域内测土配方施肥技术推广覆盖率达到 92% 以上，化肥利用率提高到 40% 以上，农作物病虫害统防统治覆盖率提高到 45% 以上，主要农作物化肥农药使用量零增长。

（4）加快农村环境综合整治

落实"以奖促治""以奖代补"政策，以生态功能区保护为目的，从上级拨付的"生态补偿"转移支付资金中拿出不少于 30% 的经费，开展农村环境综合整治。在农村积极开展河道、小塘坝、小水库的清淤疏浚、岸坡整治、河渠连通等集中整治，建设生态河塘，提高农村地区水源调配能力、防灾减灾能力、河库保护能力，改善农村生活环境和河流生态。

5.8.4.6　加强船舶港口污染控制

（1）积极开展船舶污染治理

全面排查全市现有运输船舶，依法强制报废超过使用年限的船舶，限期淘汰不能达到污染物排放标准的船舶，严禁新增不达标船舶进入运输市场；规范船舶水上拆解行为，禁止船舶冲滩拆解。以襄阳港小河港区、陈埠港区、余家湖港区等为重点，建立海事、港航、环保、城建等部门联合监管的船舶污染接收、转运、处置监管机制。禁止单壳化学品船舶和 600 载重吨以上的单壳油船进入汉江干线水域航行。2021 年起投入使用的内河船舶执行新的标准，其他船舶应于 2020 年年底前完成有关设施、设备的配备或改造，经改造仍不能达到要求的，限期予以淘汰。

（2）增强港口码头污染防治能力

加快船舶垃圾及水面漂浮物接收、转运及处理处置设施建设与监管措施，提高含油污水、化学品洗舱水等接收处置能力及污染事故应急能力。港口、码头、装卸站的经营人应制定防治船舶及其有关活动污染水环境的应急预案。到 2020年年底前，全市所有港口、码头及永久性砂石集并中心达到建设要求。

5.8.4.7　深化重点流域污染防治

实施重点流域水环境分区管控。推进实施汉江及崔家营库区、王甫州库区等重点流域区域水环境分区管控。重点开展水污染风险防控，强化水环境应急管理，对危险化学品生产、有色金属冶炼等重点行业的应急工作实行动态管理。加强蛮河、小清河、唐白河、滚河等水体沿岸的生活污染源治理，完善污水处理设施，优化排水体制，增加河道流量。在汉江王甫州、崔家营库区，以及南河、北河梯级开发库区、上游流域重点开展水资源保护，加快库区周边植被恢复，增强森林的水源涵养与水土保持能力，加强库区周边生态隔离带建设，减少水体周边生产生活对水质的影响；针对入库河流，开展沿岸污染源治理，确保入库河流水质达标。

5.8.4.8　加强河流和水库水生态环境保护

加强河流水库水资源统一管理和水污染源的监督管理。坚持保护优先和自然恢复为主，大力实施河流水库生态建设和保护工程。以汉江崔家营库区等河库为重点，开展河库生态环境安全评估，制定实施生态环境保护方案。强化控源减排，开展湿地与生物多样性保护，增强河库自然修复能力，确保河库及入库河流水质达到标准要求。加强工业污染、城乡生活污染、农村面源污染治理力度，保证汉江干流达到并稳定在 II 类水质标准，支流及重要河库达到水功能区划标准。

5.8.4.9　防治地下水污染

定期调查评估集中式地下水型饮用水水源补给区等区域环境状况，逐步开展地下水环境质量常态化管理。报废矿井、钻井、取水井应实施封井回填。逐步建立地下水污染风险防范体系、监测体系和建立地下水监测信息共享平台。

5.8.5 水生态保护修复战略

5.8.5.1 完善汉江生态水网建设

2022 年前，对小清河口及蛮河孔湾等水质超标地区和黎塘镇等水资源匮乏地区，加强坑塘、河湖、湿地等自然水体形态的保护和恢复，开展水网清淤疏浚，实施河渠水网连通工程，实现城市河渠、湖库、湿地、主干河道相互连通。2035 年前，采取生物与工程相结合的措施，开展城市河渠截污整治，对城市河湖水系岸线进行生态修复，加强水网绿化美化，建设河网连通、水质清洁、生态良好的生态水网体系。加强河道水生植物和岸滨植被缓冲带的保护，改善水生态环境（图 5-24）。

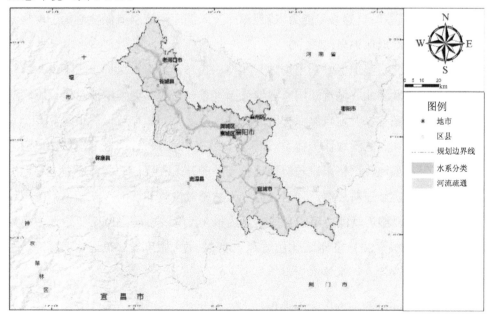

图 5-24 襄阳市汉江经济带河流清淤疏浚区域

积极推进实施汉江干流和主要支流的清淤疏浚，对石河畈沟、黑鱼沟及北河故道等河流淤积严重的河流实施清淤疏浚，完成江河湖库水系连通，促进构建汉江生态水系。重点推进实施中心城区水系连通及生态治理工程（"九水润城"）、中心城区环城河库连通工程、宜城城区水系连通及老河口市引水入城工程的建设，形成布局合理、生态良好、引排得当、循环通畅、蓄泄兼筹的河库水系连通格局和生态水网。

5.8.5.2　加强湖库与湿地保护

（1）提升湖库水质净化能力

深入贯彻落实《湖北省湖泊保护条例》，加强湖泊水库水资源统一管理和水污染源的监督管理；坚持保护优先和自然恢复为主，大力实施湖泊水库生态建设和保护工程，进一步提高沿江区域湖泊水库的优良水体比例。以汉江崔家营库区等湖库为重点，开展湖库生态环境安全评估，制定实施生态环境保护方案；严格建设项目环境准入条件，确保水生态环境良好；强化控源减排，开展湿地与生物多样性保护，增强湖库自然修复能力,确保湖库及入湖库河流水质保持或优于现状。

（2）加强湿地保护与治理

实施《湖北省湿地保护利用规划（2016—2025）》，重点保护汉江王甫州、崔家营库区，以及湖北谷城汉江国家湿地公园等重要湿地。继续申报及建设国家湿地公园，不断完善以湿地自然保护区为主体、湿地公园和自然保护小区并存、其他保护形式为补充的湿地保护体系。加强湿地保护法制建设,严格湿地保护监管。严禁非法侵占湿地，严格限制与湿地保护无关的开发利用活动。合理划定湿地保护红线，大力实施退耕还湿、退渔还湿、天然植被恢复和滨河（湖、库）生态建设等工程，恢复湿地功能。形成合理的自然和人工岸线格局，2022 年退还被占用洲滩、湿地 48%，2035 年退还比例达到 100%，最大限度发挥退还滨河缓冲带水体自净作用，改善入河水体水质。

5.8.5.3　饮用水水源地保护与修复

（1）加大饮用水水源保护力度

加强饮用水水源保护区规范化建设，水源保护区要设置明显的地理界标、警示标志及护栏围网等设施,饮用水水源一级保护区完成物理或生物隔离设施建设。推进中心城区及县城区备用饮用水水源建设。完善乡镇水源保护区或保护范围划分,开展水源保护区检查。

(2)推进水源地污染综合整治

坚决关闭和取缔一级保护区内排污口及与供水作业和保护水源无关的建设项目,禁止网箱养殖、旅游、餐饮等可能污染饮用水水体的活动;二级保护区内已建成排放污染物的建设项目,由县级以上人民政府责令限期拆除或者关闭。对影响饮用水水源安全的污染源单位责令限期整改,逾期不达标的坚决予以关闭。严厉打击水源保护区内一切威胁水质安全的违法行为,发现一起查处一起,并公开查处结果。到 2022 年,襄阳汉江经济带取水口、排污口和应急水源布局基本合理,重要江河湖泊水功能区水质明显改善,基本形成城市供水安全保障体系。

(3)积极防治地下水污染

定期调查评估集中式地下水型饮用水水源补给区等区域环境状况;石化生产存贮销售企业、工业园区、矿山开采区、垃圾填埋场等重点区域应进行必要的防渗处理;加油站地下油罐应全部更新为双层罐或完成防渗池设置;定期对石化生产存贮销售企业开展安全检查;逐步开展地下水环境质量常态化管理;报废矿井、钻井、取水井应实施封井回填;逐步建立地下水污染风险防范体系、监测体系和建立地下水监测信息共享平台。

5.8.5.4　推进海绵城市及湿地系统建设

(1)实施海绵城市建设

中心城区及特色小镇推行海绵城市建设,采取低影响开发技术,充分截留和利用雨水资源。新建住宅小区全部推行海绵型建筑,采取屋顶绿化、雨水调蓄与收集利用、微地形等措施,提高建筑与小区的雨水积存和蓄滞能力。推进海绵型道路与广场建设,增强道路绿化带对雨水的消纳功能,在非机动车道、人行道、停车场、广场等使用透水铺装。推进新区排水防涝设施的达标建设,加快改造和消除城市易涝点。采用植草沟、透水铺装、植被缓冲带等设施,降低城市径流和初期雨水污染冲击。到 2022 年,城区年径流污染控制率达到 50%,到 2035 年达到 65%以上。

（2）营建和维护城市景观水体

推进襄阳国家级水生态文明试点城市建设。开展沿江城市城区河道湖泊整治和景观提升，实施碧水工程。开展中心城区黑臭水体水生态保护与修复，建成岸绿景美的城市沿河滨湖空间。到 2020 年，城市景观水体水质主要指标好于地表水Ⅳ类标准，2035 年进一步改善。

5.8.5.5　加强水生生物资源养护

严格汉江的重要水生野生动植物保护及相关自然保护区的监督和管理。重点加强汉江等鱼类集中产卵场、越冬场和索饵场的保护，根据水产种质资源保护区主要保护对象的繁殖期、幼体生长期等生长繁育关键阶段界定特别保护期，特别保护期内不得从事捕捞、爆破、挖沙采砂等活动以及其他可能对保护区内生物资源和生态环境造成损害的活动（图 5-25、表 5-34）。在汉江重要支流，开展重要经济水生动植物苗种的增殖放流。

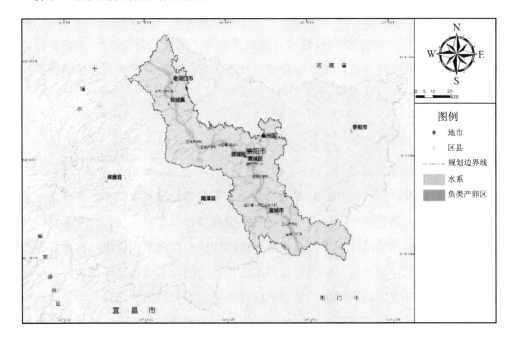

图 5-25　襄阳市重要鱼类保护区空间分布

表 5-34　襄阳市重要鱼类保护区

名称	范围/km	距上游产卵场距离/km
王甫州	老河口—谷城（18.0）	距丹江口（31.5）
茨河	洄流湾—茨河（22.5）	距王甫州（9.5）
襄州	牛首—襄州（22.5）	距茨河（14.5）
宜城	宜城—关家山（41.5）	距襄阳（63）

5.9　水资源利用上线调控

5.9.1　水资源现状评价

5.9.1.1　水资源总量现状

人均水资源量较少，且时空分布不均。《2016 年襄阳市水资源公报》显示，2016 年，全市平均降水量 835.1 mm，折合降水总量 164.664 7 亿 m³，比上年增加 6.2%，较常年偏少 7.7%，为偏枯水年。2016 年境内年降水量地区分布不均，总体趋势为从西部、南部向北减少。各县市区的年平均降水量南漳县最大，襄州区最小。年最大点雨量发生在保康县马桥镇堰垭站，为 1 184.0 mm；年最小点雨量发生在宜城市鄢城街办宜城站，为 549.5 mm；年最大点雨量与年最小点雨量之比为 2.15。全市降水量年内分配不均，1—4 月、11—12 月降水量分别约占全年降水量的 18.55%、7.86%，5—10 月降水量约占全年降水量的 73.59%，其中 6—8 月降水量约占全年降水量的 46.27%。

地表水资源量时空分布与降水量基本一致。2016 年襄阳全市水资源总量 54.651 8 亿 m³，比上年增加 24.5%，较常年偏少 13.2%。其中地表水资源量 49.889 5 亿 m³，地下水资源量 21.121 1 亿 m³，地下与地表水资源量间不重复计算量为 4.762 3 亿 m³（即地下水资源量有 16.358 8 亿 m³ 与地表水资源量重复计算）。全市人均水资源量为 969 m³（其中，沿江区域所涉及的襄城及樊城区域人均水资源量仅为 236 m³），远远低于湖北省人均水资源量的 2 546 m³，根据国际水资源丰富程度指标（人均 1 750 m³ 以上），襄阳地区属于人均水资源量缺乏地区（表 5-35）。

表 5-35　2016 年襄阳市行政分区水资源总量表　　　单位：亿 m³

行政区		地表水资源量	地下水资源量	水资源总量	产水系数	产水模数/万 m³/km²	人均水资源总量/m³
枣阳市		6.600 2	2.915 7	7.743 7	0.293	23.7	776
宜城市		5.296 6	2.131 8	5.766 1	0.346	27.3	1 100
老河口市		1.752 1	0.855 5	2.162 7	0.284	20.8	452
南漳县		12.550 5	4.760 9	12.693 3	0.356	32.9	2 338
谷城县		7.597 7	2.168 2	7.864 3	0.336	30.8	1 511
保康县		9.392 6	4.241 6	9.392 6	0.333	29.2	3 686
襄州区		4.228 1	2.875 4	5.717 1	0.329	23.2	622
城区	襄城	1.363 4	0.720 1	1.983 5	0.397	30.9	395
	樊城	1.108 3	0.451 9	1.328 5	0.306	23.7	148
	小计	2.471 7	1.172 0	3.312 0	0.354	27.5	236
全市		49.889 5	21.121 1	54.651 8	0.332	27.7	969

5.9.1.2　水资源利用现状

（1）供水现状

2016 年全市总供水量 34.255 7 亿 m³，其中地表水源供水量 32.177 4 亿 m³，占总供水量的 94%，地下水源供水量 2.078 3 亿 m³，占总供水量的 6%。地表水源供水量中，蓄水、引水、提水工程供水量分别为 14.111 2 亿 m³、2.759 9 亿 m³、15.306 3 亿 m³。蓄水、提水和地下水工程主要供农业灌溉、生活和工业用水，引水工程主要供农业灌溉用水（表 5-36）。

表 5-36　2016 年襄阳市行政分区供水量表　　　　　单位：亿 m³

行政区		地表水源供水量				地下水源供水量	总供水量	与上年比较/%
		蓄水	引水	提水	小计			
枣阳市		2.758 2	0.087 8	1.624 0	4.470 0	0.305 8	4.775 8	0.0
宜城市		1.055 5	0.919 3	0.969 1	2.943 9	0.212 1	3.156 0	0.1
老河口市		1.757 1	0.031 3	0.857 8	2.646 2	0.106 5	2.752 7	−0.1
南漳县		1.511 6	0.684 8	0.292 5	2.488 9	0.026 5	2.515 4	2.8
谷城县		1.320 2	0.576 7	0.450 0	2.346 9	0.188 6	2.535 5	−3.1
保康县		0.208 8	0.255 8	0.116 2	0.580 8	0.050 1	0.630 9	−4.2
襄州区		3.192 3	0.173 0	1.146 9	4.512 2	0.657 6	5.169 8	2.8
城区	襄城	0.751 7	0.015 3	7.727 1	8.494 1	0.301 5	8.795 6	1.0
	樊城	1.555 8	0.015 9	2.122 7	3.694 4	0.229 6	3.924 0	1.6
	小计	2.307 5	0.031 2	9.849 8	12.188 5	0.531 1	12.719 6	1.1
全市		14.111 2	2.759 9	15.306 3	32.177 4	2.078 3	34.255 7	0.7

（2）用水量现状

2016 年全市总用水量 34.255 7 亿 m³，比上年增加 0.248 7 亿 m³，其中农业（即农林牧渔畜）用水量 17.220 6 亿 m³，占总用水量的 50.3%；工业用水量 12.159 9 亿 m³，占总用水量的 35.5%；城镇公共用水量 1.910 4 亿 m³，占总用水量的 5.6%；居民生活用水量 2.808 1 亿 m³，占总用水量的 8.2%；生态环境用水量 0.156 7 亿 m³，占总用水量的 0.4%（表 5-37）。

（3）水资源利用系数

根据《2016 年湖北省农田灌溉水有效利用系数测算分析成果报告》，襄阳市有 16 个样点灌区进行了灌溉水有效利用系数测算，包含大型灌区 5 个、中型灌区 4 个、小型灌区 7 个；大型样点灌区灌溉水有效利用系数为 0.500 1～0.510 5，中型样点灌区灌溉水有效利用系数为 0.499 8～0.510 6，小型样点灌区灌溉水有效利用系数为 0.479 8～0.603 3；2016 年全市农田灌溉水有效利用系数综合分析为 0.513。目前，发达国家灌溉水有效利用系数一般大于 0.65，部分区域达到 0.7 以上。因此，由于农业用水占比较高（>50%），提高灌溉水有效利用系数仍是节水工作的重点。

表 5-37　2016 年襄阳市行政分区用水量表

单位：亿 m³

行政区	农田灌溉用水量		林牧渔畜用水量		工业用水量		城镇公共用水量		居民生活用水量		生态环境用水量		总用水量		其中：地下水
	当年值	与上年比较/%	当年值	与上年比较/%	当年值	与上年比较/%	当年值	与上年比较/%	当年值	与上年比较/%	当年值	与上年比较/%	当年值	与上年比较/%	
襄阳市	3.1194	2.3	0.2269	-43.5	0.7048	7.5	0.2482	-0.8	0.4556	13.1	0.0209	36.6	4.7758	0.0	0.3058
宜城市	2.0920	0.0	0.1250	-39.0	0.5026	5.7	0.1886	10.0	0.2352	15.2	0.0126	157.1	3.1560	0.1	0.2121
老河口市	1.7436	2.0	0.1205	-33.5	0.4774	-4.8	0.1743	8.5	0.2203	11.0	0.0166	225.5	2.7527	-0.1	0.1065
南漳县	1.7505	5.0	0.1427	-23.5	0.2345	-6.0	0.1457	4.4	0.2339	17.8	0.0081	88.4	2.5154	2.8	0.0265
谷城县	1.4840	-2.9	0.1134	-45.8	0.5129	0.3	0.1855	16.2	0.2316	14.3	0.0081	68.8	2.5355	-3.1	0.1886
保康县	0.2985	-4.3	0.0317	-44.2	0.1063	-7.6	0.0819	2.8	0.1100	17.5	0.0025	25.0	0.6309	-4.2	0.0501
襄州区	3.4059	6.8	0.3400	-0.6	0.6998	-12.8	0.2364	-7.7	0.4737	11.5	0.0140	28.4	5.1698	2.8	0.6576
城区 襄城城区	1.0208	7.0	0.0626	-9.3	7.1629	-0.1	0.2446	0.1	0.2880	7.2	0.0167	111.4	8.7956	1.0	0.3015
城区 樊城城区	1.0620	-1.5	0.0811	163.3	1.7587	-3.4	0.4052	8.1	0.5598	3.3	0.0572	234.5	3.9240	1.6	0.2296
小计	2.0828	2.5	0.1437	44.0	8.9216	-0.8	0.6498	5.0	0.8478	4.6	0.0739	195.6	12.7196	1.1	0.5311
全市	15.9767	2.6	1.2439	-26.1	12.1599	-1.2	1.9104	4.0	2.8081	10.7	0.1567	116.7	34.2557	0.7	2.0783

2016 年，全市人均用水量 607 m³，农田灌溉亩均用水量 499 m³，城镇人均生活用水量 169 L/d，农村人均生活用水量 90 L/d。

襄阳市万元地区生产总值用水量 93 m³（当年价，含直流式冷却火电用水），万元工业增加值用水量 65 m³（当年价，含直流式冷却火电用水），接近全省平均水平，仍是武汉市（湖北中心城市）、宜昌市（湖北副中心城市）的两倍左右（表 5-38）。各县市区中，万元地区生产总值用水量低于全市平均水平的有樊城区、保康县、谷城县、枣阳市、老河口市、襄州区。

表 5-38　2016 年襄阳市各用水指标与全省对比表

II 级行政	人均水资源总量/m³	人均总用水量/m³	万元地区生产总值用水量（当年价）/m³	农田灌溉亩均用水量/m³	万元工业增加值用水量（当年价）/m³	城镇生活人均日用水量/L	农村生活人均日用水量/L
襄阳市	969	607	93	499	65	169	90
武汉市	918	320	29	237	37	150	100
黄石市	2 412	704	133	347	180	172	100
荆州市	2 210	603	199	275	77	157	90
宜昌市	4 041	398	44	275	33	154	100
十堰市	1 963	269	64	419	43	170	90
孝感市	1 625	470	146	216	119	173	90
黄冈市	3 468	429	157	339	74	170	90
鄂州市	2 085	1 150	154	363	209	187	100
荆门市	2 875	701	132	335	65	156	100
仙桃市	2 163	712	126	339	56	176	90
天门市	1 884	630	172	385	61	174	90
潜江市	1 704	715	114	349	61	176	90
随州市	1 855	498	129	406	49	175	100
咸宁市	5 070	539	123	343	87	180	100
恩施自治州	8 009	155	70	225	52	156	90
神农架林区	23 619	193	64	400	108	170	90
全省	2 546	479	84	320	64	163	94

5.9.2　水资源消耗量预测

《湖北省实行最严格水资源管理制度考核办法（试行）》显示：襄阳市到2015年全市用水总量控制在34.17亿 m³ 以内，到2020年全市用水总量控制在40.05亿 m³ 以内，2030年全市用水总量控制在40.69亿 m³ 以内。以上水量均为河道外用水量。

根据上述用水总量计算，2015—2020 年，年用水总量增加值为 1.176 亿 m³，2020—2030 年，年用水总量增加值为 0.064 亿 m³，按照此外推可得 2022 年全市用水总量为 40.178 亿 m³，2035 年为 41.01 亿 m³。

2015 年襄阳沿江区域人口约为 290 万人，约占襄阳市人口总数的 52%；农用地面积约为 202 万亩，约占襄阳市耕地总数的 30%；GDP 约为 1 403 亿元，约占襄阳市 GDP 总量的 42%；面积为 4 299 km²，约占市域总面积的 22%。按照生活、农业、工业及生态用水分别折算，用水总量约占全市用水总量的 37%。同比例折算，到 2022 年，沿江区域用水总量控制在 14.87 亿 m³ 以内，2035 年控制在 15.17 亿 m³ 以内。

5.9.3　水资源利用上线计算

5.9.3.1　水资源承载力计算及评价

（1）计算方法及标准划分

基于人口承载力来评价襄阳市的水资源承载能力，采用承载力和承载力指数两个指标来进行描述，并且根据水资源的类型，即水资源总量和实际供水量计算出理论水资源人口承载力。水资源人口承载力的计算公式：

$$V_{wp} = V_w / C_w \tag{5-16}$$

$$K_w = V_{wp} / P_r \tag{5-17}$$

式中，V_w ——水资源量，m³；

C_w ——人均水资源临界值，m³/人；

V_{wp} ——水资源临界承载能力，人；

K_w —— 水资源人口承载指数；

P_r —— 实际人口，人。

（2）水资源承载力计算结果

在计算水资源极限人口时，基于《襄阳市 2016 年水资源公报》所统计的 2016 年水资源量为 137.13 亿 m^3，根据沿江区域内各区县面积和沿江区域内产水模数，计算区域水资源量。遵循"以水定人，以水定产和以水定城"的总体要求，提出襄阳沿江区域城市发展人口聚集、产业发展规模上线的要求。按照 500 m^3/人的国际严重缺水线，以襄阳沿江区域水资源量（不含客水）进行水资源极限人口测算（表 5-39）。

表 5-39　基于水资源量的人口极限测算

城市	水资源量/亿 m^3	极限人口数/万人
宜城市	3.95	79.04
老河口市	1.01	20.15
谷城县	2.52	50.46
襄州区	0.93	18.64
襄城区	1.98	39.67
樊城区	1.33	26.57
合计	11.72	234.53

注：襄州区、老河口市、宜城市及谷城县仅包含沿江区域。

测算结果表明襄阳市沿江区域极限总人口约 235 万人，目前常住人口数量约 238.76 万人，水资源量不足。同时，城市内部区县间水资源承载分布与未来城市人口发展规模不匹配的问题，比如，按照襄阳市城（镇）总体规划，预计襄城区及樊城区人口 2020 年发展规模为 55 万人及 93 万人，2030 年发展到 63 万人及 102 万人，但襄城区及樊城区水资源的极限承载人口为 40 万人及 30 万人，超过了其自身水资源承载极限，水资源是未来人口聚集发展的一大制约。

5.9.3.2　生态需水量计算及评价

（1）生态需水量计算方法

常用的生态基流计算方法可以分为水文学法、水力学法、生境模拟法和综合法等几种类别（表 5-40）。一般来说，不同的方法具有不同的适用条件，应根据规划河段生态目标的具体情况和需水特点，同时考虑基础数据获取的难易程度加以选择。

表 5-40　生态基流计算方法

序号	方法	方法类别	指标表达	适用条件及特点
1	Tennant 法	水文学法	将多年平均流量的 10%～30% 作为生态基流	适用于流量较大的河流；拥有长序列水文资料。方法简单快速
2	90%保证率法	水文学法	该流量值在河流中出现的概率等于及大于 90%	适合水资源量小，且开发利用程度已经较高的河流；要求拥有长序列水文资料
3	近十年最枯月流量法	水文学法	近十年最枯月平均流量	与 90%保证率法相同，均用于纳污能力计算
4	流量历时曲线法	水文学法	利用历史流量资料构建各月流量历时曲线，将某个累积频率相应的流量（一般为 90%或 95%）作为生态基流	简单快速，同时考虑了各个月份流量的差异。需分析至少 20 年的日均流量资料
5	湿周法	水力学法	湿周流量关系图中的拐点确定生态流量；当拐点不明显时，以某个湿周率相应的流量，作为生态流量。湿周率为 50%时对应的流量可作为生态基流	适合于宽浅矩形渠道和抛物线型断面，且河床形状稳定的河道，直接体现河流湿地及河谷林草需水
6	7Q10 法	水文学法	采用 90%保证率下最枯连续 7d 的平均流量作为河流生态基流	水资源最小，且开发利用程度已经较高的河流；拥有长序列水文资料

　　Tennant 法将全年分为汛期和非汛期,根据各月流量占全年平均流量百分比和河道内生态环境状况的对应关系,直接计算维持河道一定功能的生态环境需水量。

　　本次规划参照《襄阳市水资源保护规划报告》取多年平均流量的 10% 作为河道的最小生态环境需水量,最小生态环境需水量是维持河流生态系统存在所需的最小水量,是最低的底线,低于这一水量,河道便会逐渐萎缩、退化直至消失。根据襄阳市水资源保护规划的目标,拟定各水平年河道内生态环境状况等级,2022 年为好,生态环境流量所占比例为 30%(汛期 5—10 月为 40%,非汛期为 20%);2035 年为好,生态环境流量所占比例为 30%(汛期 5—10 月为 40%,非汛期为 20%)。

　　(2)生态需水量计算结果

　　根据计算,汉江的最低生态需水量为 404 亿 m^3,2022 年及 2035 年生态需水量为 606 m^3;南河的最低生态需水量为 9.7 m^3,2022 年及 2035 年生态需水量为 14.5 m^3;北河的最低生态需水量为 3.6 m^3,2022 年及 2035 年生态需水量为 5.4 亿 m^3;蛮河的最低生态需水量为 5.4 亿 m^3,2022 年及 2035 年生态需水量为 8.2 亿 m^3;清河的最低生态需水量为 2.0 亿 m^3,2022 年及 2035 年生态需水量为 2.9 亿 m^3;唐白河的最低生态需水量为 18.2 亿 m^3,2022 年及 2035 年生态需水量为 27.3 亿 m^3。

5.9.4　水资源利用上线调控

5.9.4.1　实施最严格水资源管理

　　认真贯彻落实《湖北省城镇供水条例》和《湖北省人民政府关于实施最严格水资源管理制度的意见》。实行用水总量控制和定额管理,严格执行水资源开发利用控制红线。严格实施取水许可制度,对纳入取水许可管理的单位和其他用水大户实行计划用水管理,建立重点监控用水单位名录。新建、改建、扩建项目用水要达到行业先进水平,节水设施应与主体工程同时设计、同时施工、同时投运。严格控制开采深层承压水,地热水、矿泉水、卤水的开发应严格实行取水许可和采矿许可。依法规范机井建设管理,凡未经批准的以及公共供水管网覆盖范围内的自备水井，一律予以关闭。确定水资源开发利用上限，到 2022 年，沿江区域用水总量控制在 14.87 亿 m³ 以内，2035 年控制在 15.17 亿 m³ 以内。

5.9.4.2 　实施以水定城、以水定产

（1）合理确定城镇发展规模

城镇建设和承接产业转移区域不得突破水资源承载能力。遵循"以水定人、以水定产和以水定城"的总体要求，确定襄阳沿江区域城市发展人口聚集、产业发展的规模上限。以襄阳市鄂北岗地等缺水地区，以及蛮河、唐白河、滚河流域等水污染严重地区为重点，合理控制新城建设规模，有效控制城镇居民用水量。按照水资源短缺 500 m³/人为临界值的国际标准，以襄阳市沿江区域近 5 年平均水资源量（不含客水）进行水资源极限人口测算，测算结果表明襄阳沿江区域极限总人口 235 万人，难以满足沿江区域 2035 年总人口发展规模 330 万人的预期，特别是中心城区，水资源是未来人口聚集发展的一大制约。

因此必须实施严格的水资源管理制度。提升再生水利用水平，加大非常规水源利用，建设海绵城市，将再生水、雨水和微咸水纳入水资源统一配置。推进再生水利用工程及配套设施建设，工业生产、城市绿化、道路清扫、车辆冲洗、建筑施工以及生态景观等用水，要优先使用再生水。推进高速公路服务区污水处理和利用。具备使用再生水条件但未充分利用的火电、化工、造纸、印染等项目，不得批准其新增取水许可。积极推动新建建筑安装中水设施，单体建筑面积超过 2 万 m² 的新建公共建筑，应安装建筑中水设施。到 2022 年，整个区域内再生水利用率达到 10% 以上，鄂北水资源配置区域内县（市、区）再生水利用率达到20%以上。

（2）优化产业结构和布局

以水资源承载力为刚性约束，优化调整经济结构，构建与水资源承载力相适应的经济结构体系。加快工业结构调整和产业升级，落实国家关于工业节水鼓励类、限制类和淘汰类产业政策。通过实施产业规划，采取政策措施，压缩印染、纺织、炼钢、造纸、机械加工等高耗水行业，全面推动工业企业节水工作。到 2022年，电力、钢铁、纺织、造纸、化工、食品发酵等高耗水行业达到先进定额标准。

加快第三产业发展，发展节水型服务业。城区严控高耗水、高污染项目建设。积极推进工业项目向开发区（园区）集中、生产要素向优势产业集中。

5.9.4.3 推进全面建设节水型社会

大力推进农业、工业、城镇节水，建设节水型社会。建立万元国内生产总值水耗指标等用水效率评估体系，把节水目标任务完成情况纳入地方政府政绩考核。到 2022 年，沿江区域内非常规水资源利用率提高到 15%以上，万元国内生产总值用水量比 2013 年下降 40%以上。

（1）全面开展农业节水

以农产品主产区为重点，全面开展农业节水，积极建设现代化灌排渠系。加快灌区节水改造，扩大管道输水和喷微灌面积。加强灌溉试验工作，建立灌区墒情测报网络，提高农业用水效率。重点实施提高农田灌溉基础设施水平、改进耕作和排灌方式、保水保墒等技术措施，实现农业种植制度和栽培技术从传统粗放型向现代集约节水型转变，农田用水从高耗低效型向节水高效型转变。到 2022 年，全市农田灌溉水有效利用系数提高到 0.62 以上，2035 年达到 0.70 以上。

（2）全面实施工业节水

严格执行国家鼓励和淘汰用水技术、工艺、产品和设备目录，加强工业节水先进技术的推广，鼓励企业实施节水技术改造。完善高耗水行业取用水定额标准，开展节水诊断、水平衡测试、用水效率评估，严格用水定额管理。到 2022 年，沿江区域万元工业用水量增加值比 2013 年下降 40%以上。

（3）全面推进城镇节水

推广节水设施和器具，提高城镇生活用水效率。公共建筑必须采用节水器具，逐步淘汰公共建筑中不符合节水标准的水嘴、便器水箱等生活用水器具。对使用超过 50 年和材质落后的供水管网进行更新改造，到 2022 年，管道漏水率控制在 12%以内，节水器具普及率达到 85%以上。到 2035 年管道漏水率控制在 10%，节水器具普及率达到 100%，全面普及节水产品认证制度。积极推行低影响开发建设模式，建设滞、渗、蓄、用、排相结合的雨水收集利用设施。新建城区硬化地面，可渗透面积要达到 40%以上。

5.9.4.4　优先保障生态需水量

优先保障汉江及其重要支流最小生态流量，远期从保护和维护河流生态的角度出发，应保障适宜生态需水量。协调好上下游、干支流关系，深化河湖水系连通运行管理，完善水量调度方案。采取闸坝联合调度、水库联合调度、生态补水等措施，合理安排闸坝下泄水量和泄流时段，维持河流适宜生态用水需求，重点保障枯水期生态基流。2022 年前积极优化王甫州、崔家营航电枢纽调度，缓解对防洪除涝、水环境容量的影响，发挥好控制性涉水工程在改善水质中的作用。2022年后通过实施农业结构调整和节水、优化调度方式、退还生态水量、增加域外调水等综合措施，大幅度提高河道生态用水保障率，为水生态保护与修复提供基础水量保障（表 5-41）。

表 5-41　汉江河流生态需水量核算表

河流	断面名称	最小生态需水量/亿 m^3	适宜生态需水量/亿 m^3
汉江	襄阳水文站	92.7	123.6～164.8
北河	谷城城关安家岗	0.9	1.3～1.8
南河	谷城格皇嘴	4.8	7.2～9.7
蛮河	宜城孔湾岛口	2.7	4.1～5.4
清河	樊城区清河口	1	1.5～2.0
滚河	东津镇孙王营	1.2	1.9～2.5
唐白河	襄州区张湾村	9.1	13.7～18.2
淳河	东津镇三合村	0.3	0.4～0.6

第 6 章

大气环境质量维护与治理研究

6.1　大气环境分析

6.1.1　空气质量状况

2016 年，襄阳市区平均优良天数比例为 65.8%，重度及以上污染天数比例为 6.3%。细颗粒物（$PM_{2.5}$）、可吸入颗粒物（PM_{10}）、二氧化硫（SO_2）、氮氧化物（NO_x）、臭氧（O_3）浓度分别为 64 μg/m³、93 μg/m³、15 μg/m³、32 μg/m³、92 μg/m³。全市降水 pH 加权平均值为 6.5，未出现酸雨（图 6-1）。

6.1.2　大气环境问题

空气质量大幅改善，但污染程度依然较重。2016 年，襄阳市区细颗粒物（$PM_{2.5}$）、可吸入颗粒物（PM_{10}）、二氧化硫（SO_2）、氮氧化物（NO_x）同比分别下降 15.8%、13.9%、5.9%、21.1%。SO_2 和 NO_x 达标，$PM_{2.5}$ 和 PM_{10} 超标严重，分别超标 0.8 倍和 0.3 倍。2016 年，襄阳市 $PM_{2.5}$ 浓度为 64 μg/m³（图 6-2），在湖北省 13 地市排名倒数第一（图 6-3），在 338 个地级及以上城市中排名第 283 位。

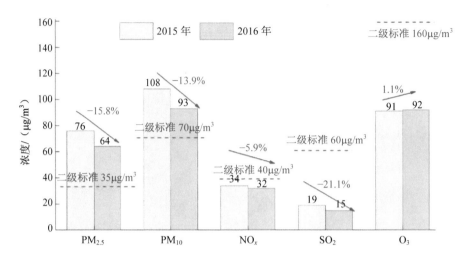

图 6-1 襄阳市 2015—2016 年主要污染物浓度变化状况

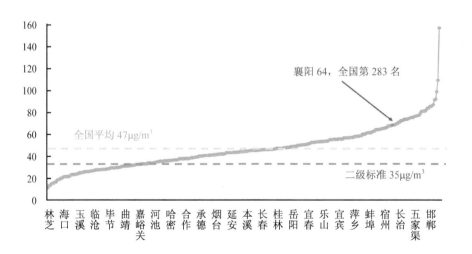

图 6-2 2016 年全国 338 个城市 PM$_{2.5}$ 年均浓度对比图

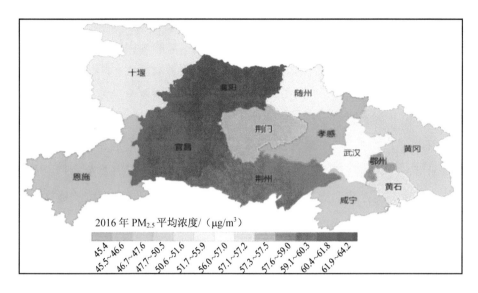

图 6-3　2016 年湖北省 13 地市 PM$_{2.5}$ 年均浓度空间分布

6.2　大气环境污染成因分析

6.2.1　产业结构与能源结构

（1）工业结构偏重，现代产业比重偏小

襄阳三次产业比例为 11.9∶56.9∶31.2，第二产业比重较高。同时，工业结构相对单一，重工业比重占到 2/3，资源能源消耗型工业比重大。汽车产业"一业独大"且缺乏核心技术，其他产业链条短，关联度低，基本处于产业链上游和价值链低端，产业带动力较弱，生态工业的发展及其对经济的促进作用需更多调整。农业发展处于传统农业向现代农业转变阶段，农业生产机械化、自动化水平还不高，农业科技素质整体偏低，农业产业化组织形式比较薄弱，需要较长时间的培育。传统的交通运输、仓储、批发和零售业等行业增加值占服务业比重近 50%，现代服务业特别是生产性服务业发展相对滞后，生态型服务业建设任务艰巨。

（2）生态区位敏感，资源能源约束偏紧

襄阳市居于汉江中游、中国南北气候分界线，是西部山区和江汉平原的过渡地带，对汉江下游乃至长江中游的生态安全有重要影响，生态区位较为敏感。极端气候天气多发，水、旱灾害较为频繁，冰、雹、风、雪灾害局部地区屡有发生；鄂北岗地是湖北省有名的"风口子""旱包子"。

襄阳市属于"缺煤、少油、乏气"的能源紧缺区域。南水北调实施，汉江年径流量显著减少，对襄阳市域造成潜在生态风险。矿山开采、公路建设、水电工程的扩张不可避免，将对土壤、植被、山林、水域和其他生态环境构成挑战，对生态环境保护形成压力。襄阳市森林覆盖率虽然较高，但分布不均，局部地区生态功能比较脆弱，且短期内不易提高，影响其生态功能的发挥。根据襄阳市的生态足迹与生态承载力计算结果，除建筑用地有盈余外，其余均处于生态赤字，仍处于"高消耗，低效益"的不可持续发展模式。

6.2.2　污染排放问题

2015 年全市 SO_2 排放总量 3.75 万 t、NO_x 排放总量 5.18 万 t。根据《襄阳市创建国家生态文明建设示范市规划纲要（2017—2025 年）》预测，按照现有单位 GDP 大气污染物排放强度计算，2020 年襄阳市 SO_2 排放量将达到 6.7 万 t 以上，NO_x 排放量将达到 9.2 万 t 以上。要实现大气污染物减排和空气环境质量要求，襄阳市必须转变经济增长模式，优化能源结构，减少单位 GDP 能源消耗量，特别是化石能源消耗量，从而降低单位 GDP 的大气污染物排放强度。

6.2.3　PM$_{2.5}$来源解析

基于襄阳市 2017 年 1—5 月 PM$_{2.5}$ 在线源解析监测数据（图 6-4），襄阳市 PM$_{2.5}$ 首要污染源为机动车尾气源，比例为 25.6%～34.8%；其次为燃煤源，占 19.9%～26.4%；然后为二次无机源，占 6.3%～16.3%；扬尘源占比为 2.7%～10.9%，工业工艺源占比为 9.9%～17.3%，生物质燃烧源占比 2.4%～7.9%，其他源占比为 6.2%～11.6%。

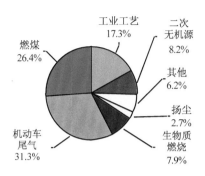

2017 年 1 月 1—31 日

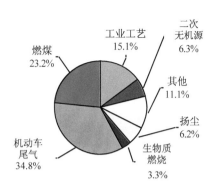

2017 年 2 月 1—28 日

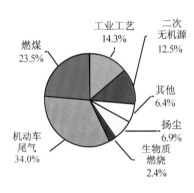

2017 年 3 月 1—31 日

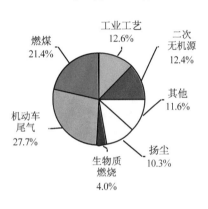

2017 年 4 月 1—30 日

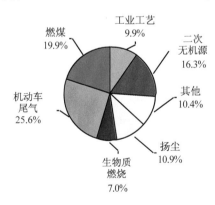

2017 年 5 月 2—31 日

图 6-4　2017 年 1—5 月 $PM_{2.5}$ 污染物来源解析结果

6.3   大气环境模拟解析

6.3.1   大气环流特征解析

采用 WRF 中尺度气象模型和 CALMET 气象模型，结合气象观测、土地利用和地形高程数据，模拟分析襄阳及周边区域的大气流场特征，揭示大气污染空间输送规律，建立空气资源禀赋量化评估模型，识别上风向、扩散通道及静风等典型气象特征敏感区域，为城市涉及废气排放产业布局与结构调整提供支撑。

6.3.1.1   高精度气象场模拟

中尺度气象模型 WRFv3.4 和局地尺度气象模型 CALMET 分别用于对研究区域开展高时空分辨率气象场模拟分析。模拟时段分别选取 2015 年 1 月、4 月、7 月、10 月 4 个月份进行模拟，模拟时间间隔设为 1 h。WRF 模拟体系采用三重嵌套网格，投影方式使用 LAMBERT 投影，中心点经度为 111.98°E，中心点纬度为 32.01°N，两条平行纬线分别为 25°N 和 27°N。第一层网格的分辨率为 27 km× 27 km，包括整个华中地区；第二层网格的分辨率为 9 km×9 km，范围囊括整个湖北省及周边区域；第三层网格的分辨率为 3 km×3 km，范围包括襄阳全域及周边地区。研究首先以美国国家环境预报中心（NECP）间隔 6 h 一次、1°分辨率的 FNL 全球数据为基础，使用 WRF 产生大尺度的风场作为初始猜测风场，模拟生成逐时的 3 km×3 km 中尺度气象数据，为后续 CAMx 空气质量模拟分析提供气象数据支持；利用 CALMET 模型对 WRF 模拟结果做进一步的诊断分析，使其能够反映高分辨率的地形和土地利用数据，最终生成覆盖湖北省及周边区域范围内 3 km×3 km 的气象场，为 CALPUFF 模型运行提供数据支持。地形高程数据采用 GTOPO 30 数据，土地利用数据采用美国地质勘探局（USGS）提供的数据（LULC data）。CALMET 模型与 WRF 模型采用相同的空间投影坐标系，垂直方向从地面到高空设置 10 层，分别为 20 m、40 m、80 m、160 m、300 m、600 m、1 200 m、1 800 m、2 200 m、3 000 m。

6.3.1.2　气象流场分析

襄阳市每年秋末至次年初春，频发静稳、逆温天气，空气流通性极差，本地源污染累积扩散不了，容易形成轻度—中度污染。与此同时，北方城市也因天气静稳、逆温而使大面积污染气团积累，经常出现重度以上污染天气。这种情况持续一段时间后，往往强北风起，在东北风作用下，华北、黄淮污染气团经河南省方城县缺口进入南襄盆地，直接输入襄阳。而襄阳位于盆地南缘，南部有山体阻挡，造成本地积累的霾团叠加，外来输入的霾团难以下泄扩散，导致襄阳空气质量在极短时间内由轻度污染飙升至重度、严重污染，且消退较其他城市缓慢（图6-5～图6-8）。

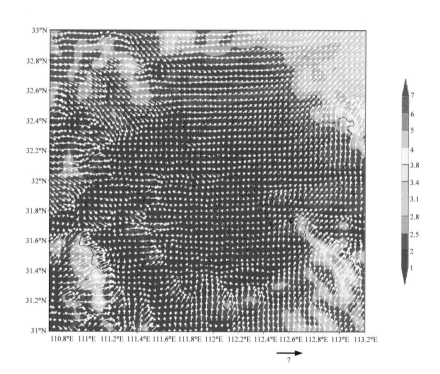

图 6-5　冬季主导流场空间分布

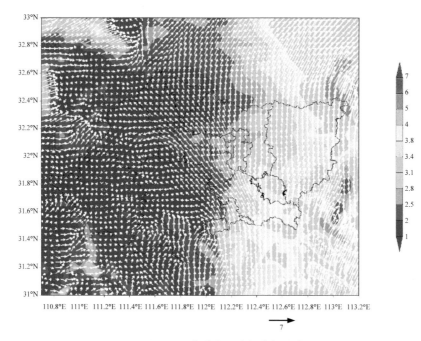

图 6-6　春季主导流场空间分布

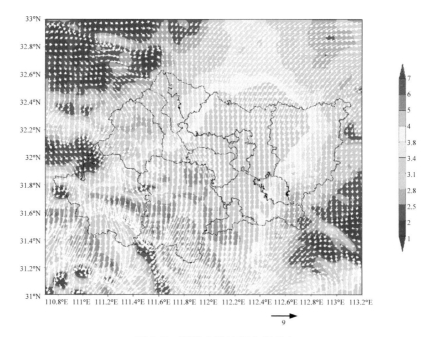

图 6-7　夏季主导流场空间分布

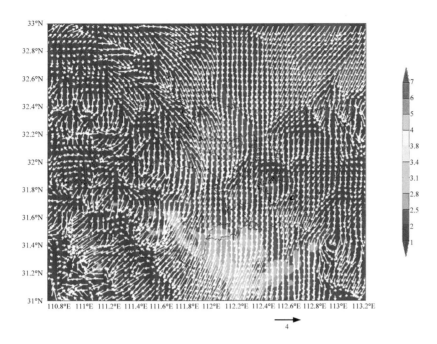

图 6-8　秋季主导流场空间分布

6.3.2　空气资源禀赋评估

采用中尺度气象模型 WRF 耦合 CALMET 模式，对湖北省襄阳市周边城市及襄阳市重点区块三个尺度常规气象参数（风速、风向、湿度、混合层高度、温度、气压、云量、降水等）进行综合对比分析，将 2015 年 1 月、4 月、7 月、10 月等典型月份作为研究对象，综合评估区域空气资源禀赋。

6.3.2.1　空气资源概念及内涵

早在 20 世纪 70 年代，一些发达国家的研究人员就从空气污染气候学的角度提出了空气资源的概念。在我国环境研究领域，人们已经熟知水资源研究的重要性，而对于空气资源的概念却甚为陌生，只有少数学者从大气环境容量的角度对空气资源质量评价进行过探讨。实际上，空气资源和水、矿产等其他资源一样具有稀缺性、空间分布不均匀性及资源禀赋的差异性等特点。空气资源禀赋是在不考虑大气污染物排放的情况下，对一个地区大气稀释、扩散、输送、清除等综合能力的度量，其资源禀赋的多寡仅仅取决于一个地区大气运动的规律和气象要素的时空分布。影响空气资源禀赋测算的因素较为复杂，但大多数情况下可以用一些气象要素和污染气象特征量的组合来加以度量。

空气作为污染源接纳方和环境质量的提供主体，其资源量（禀赋）是决定大气环境质量的基本要素。近年来，随着空气污染的加剧，以污染源为研究对象的区域污染特征的模拟与分析逐渐成为研究的焦点，部分学者已开始关注空气资源的重要性，并尝试对空气资源禀赋的差异性开展评估研究，以达到更加科学、合理、高效地利用空气资源的目的。在长周期规划不能明确给出未来城市建成区面积、发展水平、源排放的布局、规模方案的情况下，通过对大气环境系统进行解析，分析区域历史气象数据，给出区域空气资源禀赋的空间分布，仍可以为进一步的环境规划提供有价值的决策依据。

6.3.2.2　研究原理

气象条件是大气环境中最重要的自然要素，其中，混合层高度、风速是气象条件的关键指标。混合层高度反映了污染物在垂直方向被热力湍流稀释的范围，混合层高度越高，表明污染物在铅直方向的稀释范围越大，越有利于大气污染物的扩散；风速反映了自然环境对污染物的自净能力，并对污染物起着整体输送和稀释冲淡的作用，风速越大，单位时间内污染物被输送的距离越远，混入的空气量越多，大气扩散稀释能力越强。

空气资源禀赋和传统的大气环境容量均是在不考虑大气污染源排放的情况下，对一个地区大气稀释、扩散、输送、清除等综合能力的度量；不同点在于空气资源禀赋是从资源的角度出发，以大气环境容量的测算方法为科学依据（即其中通风系数 A 值），仅仅考虑某一个地区大气运动的规律和气象要素的时空分布，避免容量测算中因城镇化的推进而导致建成区面积［式（6-1）中 S］改变，或者因空气质量标准［式（6-1）中 C_s］的修订或改变而影响容量结果的测算。

$$Q_a = 3.1536 \times 10^{-3}(C_s - C_b)\frac{\sqrt{\pi U H}\sqrt{S}}{2} \tag{6-1}$$

式中，Q_a —— 区域环境容量，10^4 t/a;

C_s、C_b —— 浓度控制标准及背景浓度，mg/m³;

U —— 平均风速，m/s;

H —— 混合层高度，m;

S —— 区域面积，km²。

目前，我国常用的 A 值环境容量计算方法以箱模型为基础，主要通过混合层内平均风速和混合层高度两个参数确定污染物扩散箱体的大小。相对来说，A 值法具有简单明了的特点，既能够反映影响大气污染扩散的主要参数，同时又能与当前的环境管理相一致。因此，比较适用于表示不同区域扩散能力和空气资源禀赋。但国家推荐的 A 值分区方法仅将全国划分为六大区域，较为粗糙，难以满足当前及今后精细化环境管理的需求。

高性能计算机的发展及数值模拟技术的提高，使得高精度气象场的模拟与制作成为可能，如中尺度气象模式 MM5、WRF 等模拟精度达到 3～4 km，CALMET 利用质量守恒原理可对中尺度模式输出的气象场做进一步的地形动力学、斜坡流、热力学阻塞等诊断分析，得到更高精度的气象场。这些技术的发展与进步都为城市尺度及更高精度 A 值的计算提供了技术支持，也为空气资源禀赋评估奠定良好的基础。

6.3.2.3　评估方法

参照国家环境保护总局颁布的《制定地方大气污染物排放标准的技术方法》（GB/T 13201—91）中规定大气环境容量核算 A 值法中通风扩散系数的计算，本研究中空气资源禀赋测算主要根据风速和混合层高度进行综合评估。计算方法如下：

$$A = 3.1536 \times 10^{-3} \frac{\sqrt{\pi UH}}{2} \tag{6-2}$$

式中，H —— 混合层高度，m;

U —— 混合层的平均风速，m/s。

$\overline{UH}$ 可根据倒数平均法计算得出：

$$\overline{UH} = \frac{n}{\sum\limits_{i=1}^{n} \frac{1}{U_i H_i}}$$

(6-3)

式中，U_i—— 第 i 小时的混合层高度，m。

H_i—— 混合层内的平均风速，m/s。

本章通过耦合使用中尺度气象模式 WRF 和气象诊断模式 CALMET，模拟得到逐时的混合层高度和混合层内的风速，计算不同区域 A 值大小。按照表 6-1 中 A 值的取值范围，将空气资源禀赋划分为充裕、较好、一般和稀少 4 个等级。

表 6-1　空气源等级划分

空气资源等级	参考标准	空气资源禀赋
一级	$1 \leq A < 3$	稀少
二级	$3 \leq A < 5$	一般
三级	$5 \leq A < 8$	较好
四级	$8 \leq A$	充裕

本章通过对 2015 年全年以来的小时气象要素（风速、风向、湿度、混合层高度、温度、气压、云量、降水等）进行综合对比分析，考虑到冬季风速较低、扩散条件相对较差、易发生污染事故等因素，筛选出 1 个月中最不利气象条件作为研究对象，分别计算覆盖全国、湖北省、襄阳市三个尺度通风扩散系数 A 值，并作为空气资源禀赋评估的依据。

6.3.2.4　关键指标模拟

（1）混合层高度模拟分析

大气混合层高度是近地层大气湍流交换的主要场所，也是地表大气最主要的组成部分，具有分散污染物的作用。因此，混合层高度限制了污染物垂直扩散的范围，在一定程度上能够指示这个扩散范围，是大气数值模式和大气环境评价的重要物理参数之一。

根据 2015 年襄阳市 WRF 数值模拟结果,混合层高度的季节性差异较为显著,夏季平均混合层高度最高,约为 800 m,春季次之,约为 600 m,秋季混合层高度略低于春季,为 500 m,冬季混合层高度最低,仅为 300 m。

(2)通风系数模拟

经模拟,襄阳市通风系数季节性分布差异性较大,夏季最大为 9.5 左右,冬季最小,为 3.0,局部差异较为明显。

6.3.2.5　区域空气资源综合评估

综合评估表明,在全国尺度上,襄阳市及周边城市属于空气资源禀赋一般区域,与我国中部平原等区域相当。城市圈尺度上,襄阳周边区域空气资源禀赋呈现显著的时空差异性,空气资源禀赋从西向东依次呈现递减的趋势。西部保康县空气资源禀赋最好,南漳县次之,枣阳市最差;汉江上游较好,下游较差(图 6-9)。

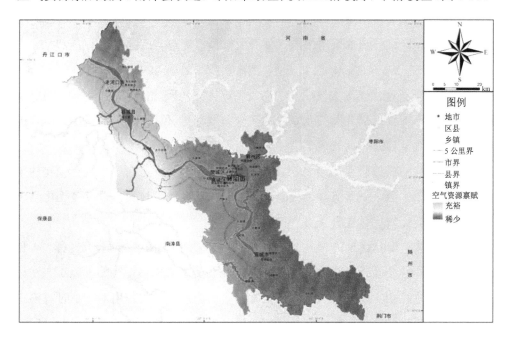

图 6-9　空气资源等级分区图

参照《全国主体功能区规划》划分的优化开发区、重点开发区、限制开发区和禁止开发区四大区域，对空气资源禀赋进行分区，以达到更加科学、合理、高效利用空气资源的目的。空气资源禀赋充裕的区域，扩散条件好，大气环境承载能力相应较强，属于重点开发区域。

总体而言，襄阳整体属于空气资源禀赋一般的区域，但市区属于相对较差区域，本身开发强度已经较高，叠加扩散条件较差，存在潜在的环境风险事故，原则上属于限制开发区，应提高涉及废气排放项目准入标准，严格限制大规模废气排放产业布局。

6.3.3　PM$_{2.5}$浓度空间分布模拟分析

6.3.3.1　模型选择与设置

大气污染源清单制作。收集襄阳市统计年鉴、环境统计数据、污染源普查等数据，按照国家大气污染源排放清单编制技术指南，核算研究区域内全口径污染源排放清单。区域外清单采用中国气象局天气预报清单。

本章选取 WRF-Chem 模式开展襄阳市及周边区域空气质量模拟分析。WRF-Chem 模式是由美国大气研究中心、美国太平洋西北国家实验室和美国国家海洋与大气环境管理局共同开发完成的区域大气动力—化学耦合模式，该模式最大的优点是气象模式与大气化学模式的完全耦合。WRF-Chem 模式已经被广泛应用于大气污染的模拟研究。在线大气化学模式 WRF-Chem 考虑了大气污染物的平流输送、湍流扩散、干湿沉降、辐射传输等主要大气物理过程，以及多相化学、气溶胶演变等大气化学过程。

在本章中，WRF-Chem 模式的气相化学过程采用 CBM-Z 方案，它包含 55 种物质和 134 个化学反应。光化学反应过程所需要的光解率由在线的 Fast-J 方法计算，在计算过程中考虑了大气粒子对太阳辐射的散射、吸收作用，每小时（模式时间）为气相化学模块更新一次光解率。气溶胶过程采用包含了液相化学反应的 MOSAIC 气溶胶模型，该模型包含了硫酸盐、硝酸盐、铵盐、氯化物、钠盐、其他无机物质、有机碳和元素碳 8 类气溶胶成分。MOSAIC 4 个气溶胶粒径分别为 0.039～0.156 μm、0.156～0.625 μm、0.625～2.5 μm、2.5～10 μm。

模式采用 Noah 路面参数化方案，并开启 WRF 模式自带的城市模块，以更好地反映城市下垫面对大气边界层和局地环流的影响。云微物理过程选用 Lin 方案，此方案包含的 6 种状态（水汽、雨、云水、云冰、雪、霰），修正了饱和度调整及冰沉降。短波辐射传输过程选择 Goddard 方案。

模式采用 Lambert 地图投影方式，中心点经纬度、模拟时段、网格分辨率等与前面气象模拟相匹配。

6.3.3.2　PM$_{2.5}$空间分布

PM$_{2.5}$浓度空间分布模拟结果表明（图 6-10），襄阳市 PM$_{2.5}$年均浓度呈现显著的空间差异特征，汉江河道是市区与上下游间大气污染物主要输送通道。以汉江为分界线，东北部空气污染程度明显重于西南部；市区以及北部空气污染最重，汉江上游至主城区段空气污染相对较好，为城区清洁空气主要输送通道；主城区至汉江下游段空气污染相对较重，市区及周边污染源排放的污染物沿汉江下游河道持续输送到下游区域。

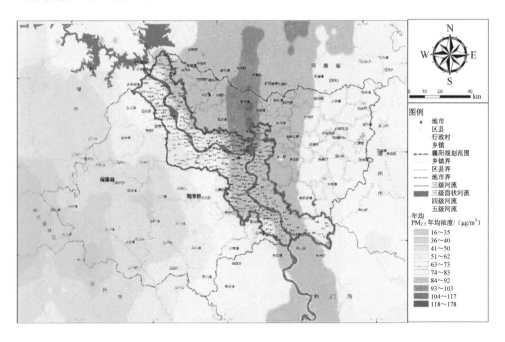

图 6-10　2015 年襄阳市 PM$_{2.5}$年均浓度空间分布模拟图

6.4　大气环境质量维护与治理重点任务

6.4.1　通风廊道构建

打造区域通风廊道，形成有利于大气污染物扩散的空间格局。结合襄阳污染物浓度空间分布（图6-11），依托汉江河道等江河水系、绿地、开敞空间，打通中心城区周边通风廊道，将区域大尺度规划与具体建筑形态的小尺度设计紧密结合，有效引导清洁空气进入市区，以通风格局优化城市建设格局与产业布局，形成有利于大气污染物扩散的空间格局。

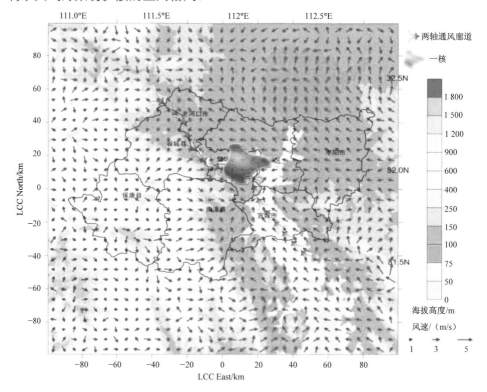

图 6-11　襄阳 PM$_{2.5}$浓度空间分布图

6.4.2　空气质量限期达标计划

制定全市分区域分阶段空气质量改善目标，持续推动减排。为实现 2035 年 $PM_{2.5}$ 年均浓度稳定达标，制定分阶段空气质量改善目标，并编制实现分阶段环境目标的全市中长期减排规划，建立规划编制阶段的预评估制度和实施阶段的跟踪评估制度。完善区域联防联控机制，全面加强战略措施的执行力度。构建全市大气环境质量联防联控的监测网络，完善区域环境监测信息共享机制。推动市、县两级区域大气污染联防联控工作机制，加强城市间大气污染联防联控及重污染应急预警联动。

6.4.3　能源与产业结构调整

推进能源结构战略性调整。提高全市能源使用效率，加强对高耗能行业管控，力争 2025 年实现碳排放峰值目标。提高清洁能源和可再生能源消费比重，继续保持燃煤消耗量负增长，2025 年煤炭消费比重下降至 60% 以内。加快高污染燃料禁燃区建设。划定市区高污染燃料禁燃区范围，全面完成禁燃区范围内燃煤锅炉、窑炉等高污染燃料设施的拆除或清洁能源改造。

推进产业结构战略性调整。优质高效发展现代服务业，增强先进制造业核心优势，培育壮大战略性新兴产业。结合"退二进三"和"三旧"改造，按照产业结构调整指导目录，严格限制石化、钢铁、平板玻璃、皮革、印染、水泥等行业规模。严格污染物排放总量指标作为环评审批前置条件的要求，新建排放二氧化硫、氮氧化物、工业烟（粉）尘和 VOCs 等大气污染物的项目实行总量或减量替代。对未按期完成淘汰落后产能任务的县（市、区），暂停办理建设项目核准、审批和备案手续。

6.4.4　重点废气排放行业深度治理

实施工业污染源全面达标计划。建立健全污染源管理体系，全面实施工业污染源自行监测和信息公开。加快推进"两高一资"产业技术升级改造，严格禁止过剩产能新增项目用地；2020 年，基本实现工业排放源稳定达标。到 2035 年，基本完成覆盖所有污染源的排污许可证核发工作，基本实现基于环境质量的污染源精细化管理。

深化燃煤锅炉"超低排放"技术改造。对已完成技术改造的燃煤锅炉加强环保监管，污染物排放稳定达到燃气机组标准，暂不具备改造条件的燃煤机组限期治理。

大幅削减挥发性有机物排放。实施挥发性有机物全过程控制，严格控制新增挥发性有机物排放，实行区域内现役源倍量削减替代。开展石化、有机化工、医药化工、合成材料、合成树脂、合成橡胶制造等行业"泄漏检测与修复"（LDAR）技术应用效果评估，建立 LDAR 长效运行和监管机制。规范挥发性有机物监测行为，加强对企业 VOCs 排放的监督性监测。2035 年，规模以上加油站安装在线监测比例不低于 80%，基本完成工业 VOCs 综合治理。建立健全挥发性有机物监管体系，实施 VOCs 排污收费。

6.4.5　移动源和面源精细化管理

大力发展公共交通。推动油品配套升级，加强对油品质量的监督检查，加大对劣质油、非标油等不合格油品的查处力度。加强机动车排污监控，充分利用"物联网+"建立移动源大数据系统，建成移动源监管监控平台。开展非道路移动机械普查，建立非道路移动源大气污染控制管理台账。推动工程机械、农业机械等非道路移动源的排放标准和燃油质量与道路机动车控制水平接轨。大力发展能源和环境双赢的新能源车辆技术。

控制城乡污染，开展污染物协同治理。开展区县交界处工业集聚区、村级工业园"散乱污"企业的连片综合整治，实行动态更新和台账管理。加强施工及道路扬尘污染治理。推动生活源挥发性有机物污染治理。推行绿色文明施工管理模式，严格治理施工扬尘。提高城市道路保洁考核标准，推广城市道路车行道机械清扫保洁组合新工艺。落实公路养护单位责任，加大郊区公路的除尘清扫保洁力度，建立考核标准，有效减少路面积尘。

第7章

土壤环境质量维护研究

7.1 基本考虑与总体思路

以分区分类管理为主线，按照《土壤污染防治行动计划》的相关要求，以保障农产品质量安全和人居环境健康为目标，坚持预防为主、保护优先、风险管控，突出重点区域、行业和污染物，实施分类别、分用途、分阶段治理。

结合襄阳市沿江发展带实际情况，与《襄阳市土壤污染防治行动计划工作方案》相衔接，根据土地利用类型与功能、土壤污染状况、主要污染成因及污染源分布、环境风险特征等因素，按照"预防为主、保护优先、风险管控"的思路，将襄阳市沿江发展带按照农用地、建设用地两种类型，划分为不同的土壤环境管控等级，实施分区分类管理，具体技术路线见图7-1。

7.1.1 土壤环境分析

利用国土、农业、环保等部门的土壤环境监测调查数据，并结合全国土壤污染状况详查，参照国家有关标准规范，对农用地、建设用地和未利用地土壤污染状况进行分析评价，确定土壤污染的潜在风险和严重风险区域。

7.1.2 土壤环境风险管控底线确定

衔接土壤环境质量标准及土壤污染防治相关规划、行动计划要求，以受污染耕地及污染地块安全利用为重点，确定土壤环境风险管控目标。

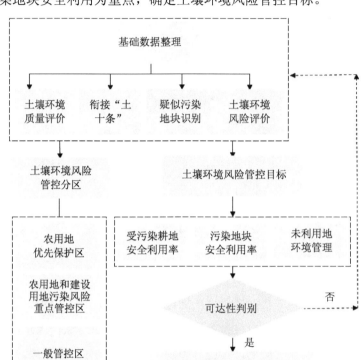

图 7-1　土壤环境风险管控底线确定技术路线

7.1.3　土壤污染风险管控分区

依据土壤环境分析结果，参照农用地土壤环境状况类别划分技术指南，农用地划分为优先保护类、安全利用类和严格管控类，将优先保护类农用地集中区作为农用地优先保护区，将农用地严格管控类和安全利用类区域作为农用地污染风险重点管控区。

筛选涉及有色金属冶炼、石油加工、化工、焦化、电镀、制革等行业生产经营活动和危险废物贮存、利用、处置活动的地块，识别疑似污染地块。基于疑似污染地块环境初步调查结果，建立污染地块名录，确定污染地块风险等级，明确优先管理对象，将污染地块纳入建设用地污染风险重点管控区。

7.1.4　管控要求确定

按照保护对象及污染源具体情况，结合各省（区、市）土地管理相关政策，针对农用地优先保护区、农用地与建设用地污染风险重点防控区，分别提出农用地分类管理、建设用地准入管理等土壤环境分区管控要求。

7.2　土壤环境分析

7.2.1　土壤环境质量评价

"十二五"期间，襄阳市对部分区域内农田、居住用地及畜禽养殖场地土壤污染状况进行初步监测，结果表明襄阳市土壤环境质量总体状况良好，部分区域土壤点位超标较高，土壤环境风险凸显。

（1）农田土壤环境质量总体处于清洁状态，满足本地区农业土地利用要求

通过在襄城区庞公乡、襄州区双沟镇、宜城市王集镇等选取 1 km×1 km 的基本农田 16 块。根据农田土壤污染评价，襄阳市农田土壤重金属含量均达到《土壤环境质量标准》中二级标准。污染分担率依次为镍＞铜＞镉＞锌＞铬＞砷＞汞＞铅。市区及各县（市）农田土壤污染等级均属于清洁（安全）级，全市农田土壤环境质量良好。根据学者赵翔的研究，与"十一五"期间数据相比，汞、锌、铜含量有所增加，镉、砷、铬、镍、铅含量有所减少。

（2）畜禽养殖场周边土壤环境质量良好

根据 2016 年湖北省环境保护厅发布的《2015 年湖北省环境质量状况》公告可知，截至 2015 年襄阳市畜禽养殖场周边土壤环境质量良好。全省畜禽养殖场周边 210 个采样点土壤以清洁（安全）为主，占总点位数的 69.52%，尚清洁（警戒线）、轻度污染、中度污染和重度污染所占比例分别为 17.62%、10.00%、2.38% 和 0.48%。其中，襄阳地区的所有采样点土壤的综合污染水平均处于尚清洁警戒线内。

（3）部分区域土壤环境点位超标率较高，土壤环境风险凸显

刘秀帆等人于 2015 年 11 月对襄城古城街道表层土壤进行布点采样，共采集 71

个表层土壤样品。根据研究结果，经土壤环境质量评价，古城街道污水处理厂、垃圾转运场区域表土中重金属汞、镉含量较高（最高值超背景值 70 倍），具有较高的生态风险。其中，汞富集最为显著，为中度至重度污染，具有极高的生态风险，主要来源于污水和垃圾处理、燃煤及矿物涂料；镉为轻度至中度污染，具有较高生态风险，主要来源于交通和燃煤。

7.2.2   疑似污染地块识别

根据《污染地块土壤环境管理办法（试行）》（环境保护部令 2017 年第 42 号）（以下简称《办法》），疑似污染地块，是指从事过有色金属冶炼、石油加工、化工、焦化、电镀、制革等行业生产经营活动，以及从事过危险废物贮存、利用、处置活动的用地。

根据《办法》结合襄阳污染企业排污特征，初步筛选疑似污染地块 115 块，其中，化工企业用地 75 块、石化企业用地 2 块、涉重企业用地 23 块、医药企业用地 7 块、危废处理企业用地 2 块、污水处理企业用地 3 块、生活垃圾处理企业用地 3 块、矿山开采区用地 1 块（图 7-2），作为土壤环境监管的重点监管对象，具体名录见表 7-1。

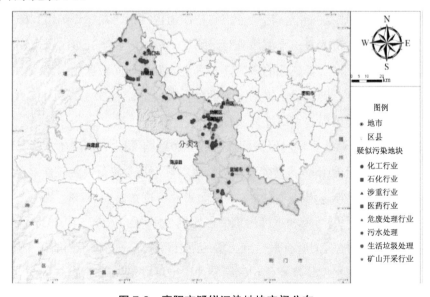

图 7-2   襄阳市疑似污染地块空间分布

表 7-1　襄阳市疑似污染地块名录

区、县	街道（镇、乡）	名称	分类	是否在产
宜城市	南营街道	宜城市共同药业有限公司	医药行业	是
	小河镇	湖北乾兴化工有限公司	化工行业	是
	鄢城街道	襄阳市永途涂料有限公司	化工行业	否
	鄢城街道	宜城市环境卫生管理局	生活垃圾处理	是
	鄢城街道	襄樊东风天神蓄电池有限公司	涉重行业	否
襄州区	米庄镇	襄樊金力环保工程有限公司	危废处理	是
	米庄镇	襄阳普士利工程器材有限公司	涉重行业	是
	米庄镇	襄樊新锌电力器材有限公司	涉重行业	否
	襄州城区	襄樊天九化工有限公司（旧厂址）	化工行业	否
	襄州城区	襄樊天舜化工集团公司（旧厂址）	化工行业	否
	襄州城区	襄阳华星化工有限公司（旧厂址）	化工行业	否
	襄州城区	骆驼集团襄阳蓄电池有限公司	涉重行业	是
襄城区	欧庙镇	襄阳市新兴发钢丸有限公司	涉重行业	是
	欧庙镇	襄阳市金达成精细化工有限责任公司	医药行业	是
	欧庙镇	湖北凌晟药业有限公司	医药行业	是
	欧庙镇	湖北制药有限公司	医药行业	是
	欧庙镇	湖北科兴医药化工股份有限公司	医药行业	否
	欧庙镇	襄阳余家湖污水处理厂	污水处理	是
	欧庙镇	襄阳汉水清漪水务有限公司	污水处理	是
	欧庙镇	襄阳市庞岗燃料有限公司	石油加工	是
	欧庙镇	湖北襄阳塑化有限公司	石油加工	是
	欧庙镇	襄阳市源正机电有限公司	涉重行业	是
	欧庙镇	襄阳中铁纵横机电工程有限公司	涉重行业	是
	庞公街道	襄阳永翔鑫业金属表面装饰厂	涉重行业	否
	庞公街道	襄阳市襄城永翔静电喷塑厂	涉重行业	是
	庞公街道	襄阳市三汇电气有限责任公司	涉重行业	否
	庞公街道	襄阳力威化工有限公司	化工行业	是

区、县	街道（镇、乡）	名称	分类	是否在产
	庞公街道	襄阳布拉德化工科技有限公司	化工行业	否
	庞公街道	湖北天鹅科技实业有限公司	化工行业	是
	檀溪街道	湖北汉伟新材料有限公司	化工行业	是
	檀溪街道	湖北施尔佳肥业有限公司	化工行业	是
	檀溪街道	湖北金氟环保科技有限公司	化工行业	是
	檀溪街道	襄阳玖润氟硅材料有限公司	化工行业	是
	卧龙镇	襄阳劲牛化学有限公司	化工行业	是
	卧龙镇	湖北欧克达化工有限公司	化工行业	是
	卧龙镇	襄阳经合源化工有限公司	化工行业	否
	卧龙镇	襄阳亚克化学有限公司	化工行业	是
	尹集乡	襄阳基盛化学技术有限公司	化工行业	是
	余家湖街道	襄阳市裕昌精细化工有限公司	化工行业	是
	余家湖街道	湖北天一化工有限公司	化工行业	否
	余家湖街道	湖北丰利化工有限责任公司	化工行业	是
襄城区	余家湖街道	襄阳市宇爵化工有限公司	化工行业	是
	余家湖街道	久合恒业油墨湖北有限公司	化工行业	是
	余家湖街道	襄阳中众化学有限公司	化工行业	是
	余家湖街道	襄阳市科民化工科技有限公司	化工行业	是
	余家湖街道	襄阳泽东化工集团有限公司	化工行业	是
	余家湖街道	湖北汇明再生资源有限公司	化工行业	是
	余家湖街道	湖北荆洪生物科技股份有限公司	化工行业	是
	余家湖街道	襄阳华壁新型建材有限公司	化工行业	是
	余家湖街道	襄阳市新申华化工有限责任公司	化工行业	是
	余家湖街道	襄阳市精信催化剂有限责任公司	化工行业	是
	余家湖街道	襄阳和昌化工科技有限公司	化工行业	是
	余家湖街道	湖北统领科技集团有限公司	化工行业	否
	余家湖街道	湖北卫东化工股份有限公司	化工行业	是
	余家湖街道	襄阳市裕昌精细化工有限公司	化工行业	否

区、县	街道（镇、乡）	名称	分类	是否在产
襄城区	余家湖街道	襄阳市富能化工厂	化工行业	否
	余家湖街道	襄阳鑫鼎塑料包装厂	化工行业	是
	余家湖街道	襄阳市隆嘉光学元件有限公司	化工行业	否
	余家湖街道	福士科铸造材料（中国）有限公司湖北分公司	化工行业	否
	余家湖街道	湖北惠之佳科技有限公司	化工行业	否
	余家湖街道	襄阳市白石坡化工制品厂	化工行业	是
	余家湖街道	襄阳恩菲环保能源有限公司	生活垃圾处理	是
	真武山街道	湖北华电襄阳发电有限公司	涉重行业	是
	光化街道	湖北楚凯冶金有限公司	涉重行业	是
	洪山嘴镇	西部矿业股份有限公司铅业分公司汉江冶炼厂	涉重行业	否
老河口市	李楼街道	老河口市鄂粤电池原件有限公司	涉重行业	否
	李楼街道	老河口市楚源化工有限公司	化工行业	是
	李楼街道	老河口华辰化学有限公司	化工行业	是
	李楼街道	湖北雪飞化工有限公司	化工行业	是
	李楼街道	老河口瑞祥化工有限公司	化工行业	是
	李楼街道	老河口新景科技有限责任公司	化工行业	是
	李楼街道	老河口市天和科技有限公司	化工行业	否
	李楼街道	湖北圣灵科技有限公司	化工行业	是
	李楼街道	老河口风尚工贸有限公司	化工行业	是
	李楼街道	老河口奥星油脂化工科技有限公司	化工行业	是
	李楼街道	老河口市兴磷化工有限责任公司	化工行业	否
	仙人渡镇	老河口市富康日用化工厂	化工行业	否
	鄂阳街道	老河口华美科技有限公司	化工行业	否
	鄂阳街道	老河口新景科技有限责任公司	化工行业	否
	鄂阳街道	湖北雪飞化工有限公司	化工行业	否
	鄂阳街道	老河口市华润化工有限公司	化工行业	否
	鄂阳街道	老河口富灵农药有限责任公司	化工行业	否

区、县	街道（镇、乡）	名称	分类	是否在产
老河口市	酂阳街道	老河口市楚源化工有限公司	化工行业	否
	酂阳街道	老河口市楚光化工有限公司	化工行业	否
	酂阳街道	老河口联谊化工有限公司	化工行业	否
	酂阳街道	老河口华辰化学有限公司	化工行业	否
	酂阳街道	老河口楚湘化工有限公司	化工行业	否
	酂阳街道	老河口市高博化工材料有限公司	化工行业	否
	酂阳街道	老河口市绿华环保科技有限公司	化工行业	是
谷城县	城关镇	谷城县祥源工贸有限责任公司	涉重行业	否
	城关镇	湖北金洋资源股份公司	涉重行业	是
	城关镇	湖北金洋冶金股份有限公司	涉重行业	是
	城关镇	谷城县宏德金属有限责任公司	涉重行业	否
	城关镇	谷城县大唐医药化工有限公司	医药行业	否
	城关镇	谷城县双虎化工有限公司	化工行业	是
	城关镇	襄樊可彩珠光颜料有限公司	化工行业	是
	城关镇	湖北三雷德化工有限公司	化工行业	是
	城关镇	谷城县福兴化工有限公司	化工行业	是
	城关镇	谷城宏泰气体有限公司	化工行业	是
	城关镇	谷城富丰化工有限公司	化工行业	是
	冷集镇	湖北谷城华有生物科技有限公司	化工行业	否
	冷集镇	谷城县吉星化工有限责任公司	化工行业	是
	冷集镇	湖北利拓投资有限公司	矿山开采区	是
	冷集镇	谷城县银环洁霸专业清洁有限责任公司	生活垃圾处理	是
	冷集镇	骆驼集团华中蓄电池有限公司	涉重行业	是
	庙滩镇	湖北骆驼海峡新型蓄电池有限公司	涉重行业	是
樊城区	米公街道	华中药业股份有限公司	医药行业	是
	米公街道	襄阳市明升石化有限公司	石油加工	停产
	米公街道	襄阳市印染污水净化站	污水处理	是
	米公街道	湖北中油优艺环保科技有限公司	危废处理	是

区、县	街道（镇、乡）	名称	分类	是否在产
樊城区	七里河街道	襄阳市丰昊化工机械有限责任公司	化工行业	是
	太平店镇	襄阳东大化工有限公司	化工行业	是
	太平店镇	湖北金环新材料科技有限公司	化工行业	是
	团山镇	博拉经纬纤维有限公司	化工行业	是
	王寨街道	襄阳市双佳印染有限公司	涉重行业	停产
	王寨街道	襄樊新四五印染有限责任公司	涉重行业	是
	王寨街道	襄阳安能热电有限公司	涉重行业	是

7.2.3　土壤环境污染风险评估

以疑似污染地块作为土壤风险源，选取风险企业类型、风险企业规模、生产年限作为评估指标。根据相关技术要求，结合襄阳市风险企业现状，对各等级指标进行赋分，计算出各企业土壤污染风险分值。以乡镇行政区划为单元，得出各乡镇土壤污染风险总分值，并对土壤污染风险进行等级划分，划分为高风险区、中风险区、低风险区（注：此处表征的土壤污染风险不代表是实际存在土壤污染，仅说明该区域土壤污染潜在风险较大，在未来开发建设过程中需要优先予以调查、风险评估以确认土壤是否存在污染，最大限度规避土壤污染对人居环境健康造成的影响）。

经评价可得（图 7-3），襄阳市土壤污染高风险区域为：谷城县城关镇、郑阳街道、李楼街道、欧庙镇、余家湖街道、庞公街道、雷河镇；中风险区为：太平店镇、冷集镇、卧龙镇、鄂城街道、王寨街道、米公街道、檀溪街道、襄州城区；低风险区为：团山镇、庙滩镇、洪山嘴镇、仙人渡镇、光化街道、尹集乡、小河镇、南营街道、七里河街道、真武山街道；其他区域为风险可接受区。

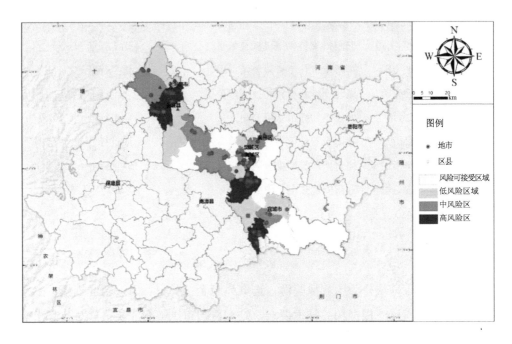

图 7-3   襄阳市土壤环境污染风险区划

7.2.4   土壤环境管控能力对标分析

通过与国内外土壤管控能力初步比对（表 7-2），整体来看，襄阳市土壤环境治理和质量改善与国内其他区域同步开展，而在修复技术、监测能力、资金保障、防控思路及保护意识等方面仍与发达国家有较大的差距。

表 7-2   襄阳市与国内外土壤环境管控能力对比

内容	襄阳市及国内其他区域	发达国家
修复技术	手段单一，修复成本高，修复设备与药剂大部分仍依赖进口	长时期的技术实践，技术相对成熟
监测能力	初步普查、重点区域调查，正在开展详查，缺少相应监测网络及数据库平台	普遍深入开展土壤调查，对污染土壤数据库进行动态管理，平台化管理
资金保障	政府相关部门及土地开发商来源单一	污染者付费、市场手段、防治基金、税费手段、商业保险，社会共治等多元化手段

内容	襄阳市及国内其他区域	发达国家
防控思路	初步风险防控、分用途管理,多以单要素防控	强调基于生态安全与人群健康风险防控、分用途、分类管理、水气土综合防治
保护意识	公众参与度较低,保护意识淡薄	强化公共参与,土壤保护宣传与培训

7.2.5　目前存在的问题

部分区域重金属污染凸显,土壤环境治理体系与能力建设滞后。经土壤环境质量评价,古城街道污水处理厂、垃圾转运场区域表土中重金属汞、镉含量较高(最高值超背景值 70 倍),具有较高的生态风险。此外,襄阳市沿江发展带土壤环境质量现状仍"家底不明""后果不清",土壤环境质量总体状况还待进一步详查。土壤污染的基础调查、风险评估、修复治理技术、产业扶持和制度政策等内容远远滞后于土壤污染防控的需求。土壤环境污染的预防、监测、控制、治理和修复等长效环境保护管理机制尚未建立,土壤污染监管、治理和修复的能力还较薄弱。

7.3　土壤环境风险管控底线确定

按照土壤环境质量"只能更好、不能变坏"的基本要求,结合《襄阳市土壤污染防治行动计划工作方案》要求,在综合评估襄阳市土壤环境污染防治状况的基础上,设置襄阳市沿江区域土壤环境质量底线为:到 2022 年、2035 年,区域受污染耕地安全利用率、污染地块安全利用率分别完成襄阳市下达的目标任务。

到 2022 年,基本建成区域土壤环境保护体系,土壤环境恶化趋势得到初步遏制,土壤环境质量总体保持稳定,农用地和建设用地土壤环境安全得到基本保障,土壤环境风险得到基本管控。全市耕地土壤环境质量不降低;被污染土地开发利用的环境风险初步控制;土壤环境综合监管能力全面提升,土壤环境质量定期调查和例行监测制度基本建立;土壤环境保护政策、法规和标准体系逐步完善,土地利用与土壤环境保护协调发展。

　　到 2035 年, 全面建成和完善全市土壤环境保护体系, 土壤环境质量稳中向好, 农用地和建设用地土壤环境安全得到有效保障, 土壤环境风险得到全面管控。全市耕地土壤环境质量有所改善; 被污染土地开发利用的环境风险全面控制; 土壤环境综合监管能力达到较高水平; 土地利用与土壤环境保护协调发展。

7.4　土壤污染风险防控分区

7.4.1　防控分区划定

　　根据土壤污染状况、主要污染成因及污染源分布、环境风险特征等因素, 以农用地及建设用地为重点, 将市域划分为优先保护区、重点管控区和一般管控区, 实施分区分类管理 (图 7-4)。

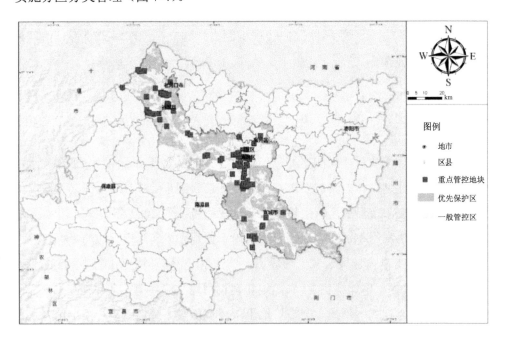

图 7-4　襄阳市沿江区域土壤环境分区管控图

（1）优先保护区

根据土壤环境评估结果及农用地环境功能，将沿江区域范围内基本农田区域识别为优先保护区，总面积 1 457.75 km²，占全域面积的 33.88%。

（2）重点防控区（地块）

根据土壤疑似污染地块识别结果，将市域范围内疑似污染地块区域识别为土壤污染风险重点防控区，共 115 块，其中，化工企业用地 75 块、石化企业用地 2 块、涉重企业用地 23 块、医药企业用地 7 块、危废处理企业用地 2 块、污水处理企业用地 3 块、生活垃圾处理企业用地 3 块、矿山开采区用地 1 块。

（3）一般管控区

将农用地优先保护区及土壤污染风险重点防控区外的其他区域纳入土壤污染风险一般管控区。

7.4.2　管控要求

（1）优先保护区

实行严格保护，确保面积不减少、土壤环境质量不下降，除法律规定的能源、交通、水利、军事设施等重点建设项目选址确实无法避让外，其他任何建设不得占用。

严格控制在优先保护类耕地集中的区域新建有色金属冶炼、石油化工、化工、医药、铅蓄电池、焦化、电镀、制革等项目。

（2）重点防控区

开展土壤污染状况加密详查，建立重点监控机制，增设土壤环境质量监测点位，实施定期监测；支持企业转型升级，实施清洁生产，鼓励发展绿色循环经济，减少"三废"排放。开展受污染耕地安全利用及修复。受重金属污染物或者其他有毒有害物质污染的农用地，达不到国家有关标准的，禁止种植食用农产品。

对受污染场地，开展修复治理，以老工业区搬迁污染地块、矿产开发遗留场地等为治理重点，完成遗留场地的治理修复工程；严格污染场地开发利用和流转审批，在影响健康地块修复达标之前，禁止建设居民区、学校、医疗和养老机构。

（3）一般管控区

完善环境保护基础设施建设。严格执行行业企业布局选址要求，禁止在基本农田集中区、居民区、学校、疗养和养老机构等敏感区域周边新建有色金属冶炼、焦化等土壤污染风险行业企业。适度引导优先发展绿色工业及生态工业。

7.5   发达国家土壤环境治理经验借鉴

发达国家对于土壤环境治理与修复普遍起步较早，从以政府为主导，投入大量财政资金进行土壤修复，到完善法律法规政策体系，以污染土地的可持续发展和开发利用促进市场资金加入土壤治理修复过程，减缓政府财政支出压力，有效地保证了污染土地的修复治理进程（表 7-3）。

表 7-3   发达国家土壤环境治理进程

国家	时间	阶段	主要举措	特点
欧盟	1950—1990	工业化起步早、历程长，工业建设带来的土地污染问题较为严重	欧盟颁布《欧洲土壤宪章》，第一次将土壤视为需要保护的重要物品。出台污水处理厂污泥规定和硝酸盐规定	开始重视土壤保护
欧盟	2000—2014	土壤退化成为严峻挑战	欧盟通过土壤专题战略，制定第七个环境行动计划，并规定 2020 年目标	在土壤保护中加入可持续发展理念
美国	1978—1980	政府设立"超级基金"推进土壤修复	美国政府颁布《综合环境反应、赔偿和责任法》，规定了重要的"棕色地块"概念	以政府为主导修复污染土地
美国	1990 年至今	制定税收优惠政策，激励资本市场污染土地修复开发	发起了"棕色地块全国合作行动议程"，以税收等优惠措施，刺激私人资本对棕色地块治理和再开发的投资，例如规定用于棕色地块污染治理方面的开支在治理期间免征所得税	以污染土地开发利用带动从土壤修复
日本	2002 年至今	明确土壤污染治理责任，设立助成基金，促进污染治理工作开展	《土壤污染对策法》规定，土地所有者是土壤污染治理基本责任人，污染治理责任首先由土地所有者承担，但有"合理理由"可以归咎于污染行为人的助成基金的对象是负担实施排除污染措施能力比较低的土地所有者。助成的做法是，经都道府县知事确认，拿出国家的助成金部分，直接提供给土地所有者	参考了发达国家的经验做法，以可持续发展利用方式带动土壤治理与修复

7.5.1　欧盟治理进程

欧盟国家工业化起步早、历程长，工业建设带来的土地污染问题已经多次显现。1972 年欧盟颁布《欧洲土壤宪章》，第一次将土壤视为需要保护的重要物品。1986—1991 年，欧盟出台污水处理厂污泥规定和硝酸盐规定。2006 年通过土壤保护专题战略（Thematic Strategy for Soil Protection，TSSP），包括在欧盟范围内采用土壤信息和监测系统的法律规定以及应采取措施。欧盟第七个环境行动计划（EU，2014）提出土壤退化是一项严峻挑战，并规定目标：到 2020 年土地得到可持续管理，土壤得到充分保护，污染场地的修复工作顺利进行，并要求成员国减少土壤侵蚀，增加土壤有机质，并对土壤污染加以补救。欧盟委员会（EC，2012）指出土壤退化对水和空气质量、生物多样性和气候变化有直接影响。由于土壤储存释放碳的作用与气候变化直接相关，欧盟提出每年将土壤中碳含量提高 0.4% 作为气候变化减缓战略的一部分。

欧盟最早进行污染土地研究的国家是英国（2020 年 1 月 31 日正式脱欧），始于 20 世纪 70 年代。1990 年英国颁布的《环境保护法》是确定和规范受污染土地整治的第一个立法。英国于 1998 年共同建立了"全国土地用途数据库"，将土地用途划分为 51 类，开始分类整理"棕地"。2000 年要求地方政府出示被污染土地的相关资料，以便掌握不同类别土地可供发展的情况。荷兰是欧盟成员国中最先制定土壤保护专门立法的国家之一，《土壤保护法》于 1987 年生效，2008 年颁布的《荷兰土壤质量法令》建立了新的土壤质量标准框架，也确立了污染土地修复标准，首先通过详细调查确定土地污染度，然后利用通用模型进行标准化风险评估。德国制定的《联邦土壤保护法》和《联邦土壤保护和污染场地条例》提出了全德通用的风险评估和清理标准。

7.5.2　美国治理进程

（1）规定"棕色地块"、设立《综合环境反应、赔偿和责任法》

受 1978 年美国纽约州的洛夫运河污染事故等环境事故的影响，1980 年美国政府颁布《综合环境反应、赔偿和责任法》，规定了重要的"棕色地块"概念。"棕色地块"是指因为现实或潜在的污染,从而影响到它们的扩展和重新利用的地产。作为美国土壤污染防治体系的一部基本法律,立法的主要意图在于要对全国范围内的"棕色地块"进行修复,并且该法对土地的污染者、所有者和利用者以溯及既往的方式规定了法律上的连带严格无限责任。依据该法,美国政府还建立了名为"超级基金"(Superfund)的信托基金,故该法常被称为《超级基金法》。

(2)明确污染治理责任和超级基金的用途

根据《超级基金法》,责任主体包括泄漏和处理危险废物或危险设施的所有人或营运人、危险物品的生产者以及对危险废物的处置、处理和运输做出安排的人,包括危险废物的运输者。只有当污染责任主体不能确定、无力或不愿承担治理费用时,超级基金才可被用来支付治理费用。然后,超级基金将提起诉讼,向能找到的责任主体追索其所支付的治理费用。责任主体对治理费用承担回溯的严格责任和连带责任,并且责任溯及既往,符合一定条件的责任主体即使对危险废物的泄漏或污染行为没有过错,也必须承担治理费用。超级基金或联邦政府可向任何一个能够找到的上述责任人追索全部治理费用。超级基金的最大特点就是对于排污企业的可回溯的严格责任和连带责任。即使当初的排放或者丢弃是完全合法的,现在也可以认为排放或者丢弃的企业应负治理责任。只有在发生不可抗力、战争、第三方的作为以及以上几种原因综合的情况下,上述责任主体才可以不承担治理费用,而由超级基金来支付治理费用。根据《超级基金法》,美国国家环保局有权督促责任予以治理。《超级基金法》也允许环保局先行支付清理费用,再通过诉讼等方式向责任方追索。对于"棕色地块",美国国家环保局选出需要长期治理的地区,列入国家优先名单,然后由环保局或委托专业机构分析该地区的污染程度,设计清理方案,以进一步采取相应的清理补救措施。

(3)以"取之有道"的原则不断拓宽超级基金的来源渠道

美国绝大部分超级基金来自国内生产石油和进口石油税、化学品原料税、环境税、罚款等,还有一部分则来自联邦财政拨款。超级基金在1980年设立时的初始基金是16亿美元,主要来自向石油和化工原料征收的专门税13.8亿美元,另外的2.2亿美元来自联邦财政。联邦财政部分的拨款为每一个财政年度4 400万美元,授权的期限为5年。1986年《超级基金增补和再授权法案》中除了调高上述石油化工行业的专门税税率，还创立了一项新的对年收入在 200 万美元以上公司所征收的环境税。此外，规定联邦一般财政每一个财政年度向基金拨付 2.5 亿美元，并进行了 5 年的再授权。从 1987—1991 年的 5 个财政年度，超级基金授权资金总额达到了 85 亿美元。1990 年综合财政协调法案将超级基金税收和财政拨款的期限延展到 1995 年，其税收幅度和从一般财政中拨款的数额均保持不变。自1995 年以后，由于没有新的法律授权，超级基金中新的资金基本上来源于向潜在责任方追回的费用——原有基金的利息所得和对责任人的罚款所得。超级基金的资金来源主要有六个方面：对石油和化工原料征收的原料税；对年收入 200 万美元以上的公司征收的环境税；一般财政中的拨款；对潜在责任人追回的治理费用；对不愿承担相关环境责任的公司及个人的罚款；基金利息。

（4）严格把控超级基金的支出对象和使用方式

超级基金主要用于支付以下费用：联邦政府采取的应对危险物质行动所需要的费用；任何个人实施的，为配合国家应急计划的完成所支付的必要费用；对申请人无法从责任方得到救济的、危险物质排放所造成的自然资源损害进行补偿的费用；对危险物质造成的损害进行评估开展相应项目调查研究，公众申请专门机构调查泄漏情况等需要的费用；对地方州政府的治理进行补偿以及进行奖励等所需要的费用；对公众参与技术性支持的资助费用；对不同城市不同地区中污染最为严重的土壤进行试验性恢复或清除行动所需要的费用。

（5）制定税收优惠政策，激励资本市场污染土地修复开发

进入 20 世纪 90 年代，根据《超级基金法》，污染的地块必须被修复后才能使用。但大多数"棕色地块"的污染由以前使用者造成，不应由后来的开发者承担治理污染的责任和费用，没有人愿意开发"棕色地块"。但"棕色地块"多数位于市区，严重危害了人们的健康和生活环境，大量居民从这些区域及周边地区搬走，使"棕色地块"所在社区的人口数量和经济萎缩，进而影响了城市经济的发展，工厂搬迁后遗留的"棕色地块"治理和再开发问题逐渐引起了美国社会的关注。因此，美国国家环保局制定了《棕色地块法》，该法案对《超级基金法》进行改进，阐明了污染的责任人和非责任人的界限，并制定了适用于该法的区域的评估标准，保护了无辜的土地所有者或使用者的权利，为促进"棕色地块"开发提供了法律

保障。同时，美国还发起了"棕色地块全国合作行动议程"，以税收等优惠措施，刺激私人资本对"棕色地块"治理和再开发的投资，例如规定用于"棕色地块"污染治理方面的开支在治理期间免征所得税。这项法律规定有助于吸引私人资本，对于"棕色地块"生产能力的恢复起到了重要作用。

7.5.3　日本治理进程

（1）制定《土壤污染对策法》、明确污染治理的责任

为了解决日趋严重的市区土壤环境污染问题，日本环境省于 2002 年制定了《土壤污染对策法》。该法包括 8 章 42 条，对调查的地域范围、超标地域的确定，以及治理措施、调查机构、支援体系、报告及检查制度、惩罚条款进行了规定，并规定了成为土壤污染调查对象的土地条件及消除污染的土地标准等，对日本土地污染问题的改善发挥了很大的作用。《土壤污染对策法》规定，土地所有者是土地污染治理基本责任人，污染治理责任首先由土地所有者承担，但有"合理理由"可以归咎于污染行为人的除外。土地所有者在履行责任后可以向污染行为人追偿。污染治理责任形式为严格责任和溯及责任，但限制了连带责任的适用范围，当污染者之间无特殊联系的情况下，禁止采用连带责任。

（2）设立助成基金、促进污染治理工作开展

《土壤污染对策法》规定，有污染原因者的，要求污染原因者承担费用。当向土地所有者下达治污命令，治理责任由土地所有者承担时，土地所有者采取对策、恢复土地价值，没有污染原因者或原因者无法判明时，费用由土地所有者负担。例如，工业用地或城市用地转为农业用地，若以前的施工地工场遗迹被判定有土壤污染，如果原因者在 10 年前就已经不存在的情况下，由现在所拥有或耕种的所有权者负担义务、承担费用，所有者自己出钱和采取措施治理污染。这种情况于法有据，却不合情理，对此，《土壤污染对策法》设立了指定支援法人，在污染原因者不存在时，助缺乏资历的土地所有者一臂之力，帮助土壤污染对策实施成功，是为"助成"，并依法设立助成基金。《土壤污染对策法》还规定了设立指定支援法人的程序、法人资金的筹集、援助资金的使用等。助成基金的对象是负担实施排除污染措施能力比较低的土地所有者。助成的做法是，经都、道、府、县

知事确认，拿出国家的助成金部分，直接提供给土地所有者。助成基金主要来源于政府补助金，以及在一定条件下由政府以外的个人、组织捐赠的资金。国家助成金部分，当年计划好第二年的开支。

7.5.4　发达国家经验借鉴

（1）做好整体的土地利用规划，明确部门职责

我国的土地公有制度较国外土地私有制在土地利用限制方面具有更明显的优势。我国通过土地利用规划和城市规划两个体系调配城市用地，但由于我国管理体制的原因，土地利用规划与城市规划是分开的，两个部门职责划分不明确，导致土地修复和再开发混乱。应充分运用我国强大的政府控制手段，明确各部门的职责，做好土地整体利用规划，这是我国实施制度控制策略中最具可行性的一种方式。

（2）建立有效的制度控制评价体系，保障实施效果

美国有一套完整的制度控制 5 年回顾评价政策，是评价修复技术方案实施的重要参考。我国场地修复工作开展不久，还处于探索和发展阶段，而且土地资源较为紧张，场地修复工作要求在较短时间内完成，但系统的污染场地修复效果评价体系尚未形成。应尽快确立评价主体，建立一定时间内的制度控制评价体系，确保制度控制措施的实施效果。

（3）制定与工程修复技术配套的监管措施，降低环境风险

美国污染场地管理经验证明工程修复技术虽然能有效清除污染物，但在修复工程实施中存在二次污染、人员安全和突发事故等风险，因此制定了相关的监管措施以管控风险。结合我国环境管理和工程管理相关要求，要明确不同场地类型和不同场地修复工程需要环境监管介入的时间节点、流程和工作要点等；制定针对不同污染场地、修复方式和修复技术的配套监管措施，充分发挥制度控制与工程修复技术的协同作用，有效降低环境风险。

（4）构建完善的污染信息登记和公示制度，实现有效监管

对污染场地的污染信息进行登记和公示不仅可以有效促进政府、修复责任方等了解污染场地现状及动态变化，还可以促进民众参与制度控制相关工作和监督制度控制实施效果。我国污染场地信息登记在某些地方已经开始实施，在国家层面上还

没有统一的规定和要求，应加快相关立法工作，尽早实现污染场地信息登记和公示。

（5）形成可靠的公众参与和监督机制，促进信息公开

借鉴美国制度控制应用经验，发现制度控制效果的重要保证来自民众的参与，民众的参与使制度控制在实施过程中时时处于监督之中。当前我国污染场地修复工作受经济、技术和时间的制约，这些场地的开发关系到公众的健康和切身利益，要通过各种媒体手段向公众普及场地污染和制度控制方面的知识，公开场地信息，使民众充分了解制度控制，提高公众参与制度控制的意识，在制度控制的选择、使用和监督中发挥积极的作用。

（6）立法先行

发达国家和地区一般都是先通过立法规定土壤污染治理的基本框架，再据此制定污染治理对策。欧盟各国已相继开展"棕地"再利用的探索，虽然目前还没有共同制定符合欧洲标准的立法，但很多国家建立了各自的"棕地"再利用法案。美国先后颁布《综合环境反应、赔偿和责任法》和《小型企业责任免除和棕色地块振兴法案》。日本颁布了《土壤污染对策法》。

（7）明确污染治理主体，政府基金弥补不足

遵循"谁污染、谁付费"原则。"污染者付费"原则是现代环境管理工作的主要政策之一，即造成环境损害的人都要承担责任去治理污染，使污染者将环境恶化的成本内部化。目前发达国家在土壤污染治理与开发过程中普遍遵循该原则。"污染者付费"原则也是制定被污染土地修复政策和法律的首要原则，当存在"不当得利"时，"棕地"重建又体现"受益者付费"原则。此外，在治理主体不明确的条件下，政府发挥了"补位"作用，及时对污染进行治理，并保留对污染者追究治理费的权力。

（8）政府设立土壤污染治理专项基金，同时引导社会资本参与

专项基金是政府发挥"补位"的重要手段，美国、日本等国是由政府委托有关部门成立专门机构，制定管理和运作规章制度，负责污染土地的治理和恢复，组织建立土壤污染治理专项基金。土壤污染治理投入较大，一些国家积极采取措施吸引社会资本参与，但大多是政府优先投入。以税收等优惠措施，刺激私人资本对污染地块治理和再开发的投资。

7.6   土壤环境重点防控战略任务

7.6.1   开展土壤环境详查

重点针对土壤环境污染高风险区（谷城县城关镇、鄢阳街道、李楼街道、欧庙镇、余家湖街道、庞公街道、雷河镇）、点位超标区、重点污染源影响区和土壤污染问题突出区域布设详查点位，2020 年年底前建成土壤环境质量监测网络，实现土壤环境质量监测点位所有县（市、区）全覆盖。2018 年 9 月底前，查明农用地土壤污染的面积、分布及其对农产品质量的影响；2020 年 9 月底前掌握沿江发展区土壤高风险行业企业、垃圾填埋场、渣场、尾矿库等场地和周边地块土壤污染地块分布和其环境风险情况。充分利用各部门数据，整合土壤环境质量调查结果，建立土壤环境基础数据库、信息化管理平台和共享机制，充分发挥土壤环境大数据在各领域中的作用。

重点监测土壤中镉、汞、砷、铅、铬等重金属和多环芳烃、石油烃等有机污染物，重点监管有色金属矿采选、有色金属冶炼、化工、焦化、电镀、制革行业。

7.6.2   保障农用地土壤安全

对农用地实施分类管理。依据土壤环境质量状况，按污染程度将农用地划为三个类别，未污染和轻微污染的划为优先保护类，轻度和中度污染的划为安全利用类，重度污染的划为严格管控类，实施分类管理，保障农产品质量安全。

以农产品主产区县为重点，制定土壤环境保护方案；将符合条件的优先保护类耕地划为永久基本农田；禁止在优先保护类耕地集中区域新建有色金属冶炼、石油加工、化工、焦化、电镀、制革等行业企业；现有相关行业企业逐步搬迁或退出。

在安全利用类耕地集中的县（市、区），结合本区域主要作物品种和种植习惯，制定实施受污染耕地安全利用方案，采取农艺调控、替代种植等措施，降低农产品超标风险。强化农产品质量检测。加强对农民、农民合作社的技术指导和培训。

加强重点县（区、开发区）重度污染耕地的用途管理，及时将重度污染耕地划出永久基本农田，依法划定特定农产品禁止生产区域；对威胁地下水和饮用水水源安全的，要制定环境风险管控方案，并落实有关措施。涉及重度污染耕地的，要制定实施相应的种植结构调整或退耕还林还草计划。

7.6.3 严控建设用地环境风险

将从事过有色金属矿采选、有色金属冶炼、石油加工、化工、焦化、电镀、制革、医药制造、铅酸蓄电池制造、废旧电子拆解、危险废物处理处置和危险化学品生产、储存行业生产经营活动的用地列入疑似污染地块清单。根据土壤环境详查，建立污染地块名录及开发利用负面清单并进行动态更新。符合相应规划用地土壤环境质量要求的地块，可进入用地程序。

对拟收回土地使用权以及用途拟变更为居住、商业、学校、医疗、养老机构等公共设施的疑似污染地块，要进行初步调查，并评估土壤环境质量风险。不符合相应规划用地土壤环境质量要求的地块，必须进行治理修复。

暂不开发利用或现阶段不具备治理修复条件的污染地块，由所在地县级人民政府组织划定管控区域，设立标识，发布公告，开展土壤、地表水、地下水、空气环境监测；发现污染扩散的，有关责任主体要及时采取污染物隔离、阻断等环境风险管控措施。

7.6.4 加强土壤污染源头防控

将建设用地土壤环境管理要求纳入城市规划和供地管理体系，土地开发利用必须符合土壤环境质量要求。加强新建项目环境准入条件的约束，严格执行相关行业企业布局选址要求，禁止在居民区、学校、医疗和养老机构等周边新建有色金属冶炼、焦化等行业企业。排放重点污染物的建设项目，在开展环境影响评价时，要增加对土壤环境影响的评价内容，并提出防范土壤污染的具体措施。严格监管工矿企业的环境状况，切断土壤污染来源，有效控制重金属、有毒化学品和持久性有机污染物进入土壤环境。加强农用化学品环境监管，合理使用化肥和农药，严格规范兽药、饲料添加剂的生产和使用，强化畜禽养殖污染防治，全面推进废弃农膜回收利用。

7.6.5 开展污染治理与修复试点示范

以影响农产品质量和人居环境安全的突出土壤污染问题为重点，制定土壤污染治理与修复规划，建立治理与修复项目库。结合城市环境质量提升和发展布局调整，对现阶段开发利用价值高、环境风险大的工业企业污染地块，优先开展土壤污染治理与修复，重点实施对象为城区退役污染工业场地，以及武鸣区、横县、隆安县和上林县等矿产资源集中开采区。在耕地土壤污染程度高、环境风险影响较大的区域，按照防污染、控风险、治突出的"防—控—治"指导思想，确定治理与修复的重点区域。

第 8 章

固体废物处置研究

8.1 现状分析

襄阳市生态环境局对全市行政区域内固体废物污染环境的防治工作实施统一监督管理。襄城区、樊城区生态环境分局负责各自辖区内固体废物污染环境防治的日常监督管理。其他县（市、区）生态环境局负责本行政区域内固体废物污染环境防治的监督管理工作。

襄阳市固体废物污染环境防治以减量化、资源化和无害化为原则，全面落实固体废物申报登记、危险废物转移联单等管理制度，努力提高工业固体废物综合利用率，积极推进危险废物集中处置设施规范化建设。党的十八大以来，襄阳市多渠道筹资，支持固体废物收集处理项目建设，通过争取上级投资、市级财政直接投资、PPP 模式融资、特许经营等方式，筹措建设资金 7.15 亿元，建成生活垃圾场、餐厨垃圾场、污泥处置站、危险废物处置站、垃圾填埋场、医疗废弃物处置站、垃圾转运站等。襄阳市支持固体废物处理服务履约付费，2017 年安排生活垃圾、餐厨垃圾、污泥、垃圾填埋场渗滤液处理服务费近 1 亿元，有效保障了固体废物的资源化利用与污染防治。

8.1.1 生活垃圾处理处置现状

2015 年，襄阳市城乡一体的垃圾收集转运处理体系基本建立，实现村级垃圾清运设施全覆盖。每个县、市 50%的乡镇组建垃圾清运公司，完成 50 个乡镇垃圾中转站建设。全市生活垃圾无害化处理率为 70.7%，城市生活垃圾无害化处理率实现 100%。襄城区、樊城区城乡垃圾集中无害化处理率达到 80%，襄州区城乡垃圾集中无害化处理率达到 60%，除保康县外的其他县、市城乡垃圾集中无害化处理率达到 50%，偏远山区生活垃圾卫生填埋率达到 70%，保康县卫生填埋率达到 80%。

目前，襄阳市范围内共有一座生活垃圾无害化处理厂，即襄阳生活垃圾焚烧发电厂。襄阳生活垃圾焚烧发电厂由市政府于 2010 年采用 BOT 方式建设，项目分两期建设，一期 800 t/d，二期 400 t/d。一期工程自 2011 年 11 月建成运行以来，已累计处理市区生活垃圾 129 万余 t，发电 3.1 亿 kW·h。为满足市区生活垃圾迅速增长的处理需要，襄阳生活垃圾焚烧发电厂二期扩建项目现已全面启动，2017年 12 月襄阳恩菲生活垃圾焚烧发电厂二期扩建项目基本完成。届时，该发电厂将达到 1 200 t/d 的处理规模，为实现中心城区生活垃圾处理的无害化、减量化、资源化提供保证。

襄阳市市区生活垃圾主要分为餐厨废弃物和其他固体生活垃圾。餐厨废弃物从生活垃圾中分出后，运往餐厨废弃物处理厂通过协同污泥进行处理后变成沼气和生物炭土，实现无害化处理和资源化利用；其他固体生活垃圾收运至生活垃圾焚烧发电厂进行无害化处理。近几年，襄阳市组织各城区在条件成熟的居民小区相继开展了生活垃圾分类收集试点工作，将生活垃圾分成可回收、不可回收、餐厨废弃物和有毒有害四大类，陆续建设了学府花园、施营小区、白云人家等 10多个生活垃圾分类收集试点小区。为深入推进襄阳市区生活垃圾分类工作，根据《国务院办公厅关于转发国家发展改革委住房城乡建设部生活垃圾分类制度实施方案的通知》（国办发〔2017〕26 号）精神，襄阳市正在积极推进《襄阳市城乡生活垃圾分类工作实施方案》的立法工作和拟通过市场化的方式、"互联网+"智能管理手段和四分法的方式，组织各区分别建设垃圾分类试点小区，取得经验后逐步推广。襄阳市餐厨废弃物资源化利用和无害化处理项目先后获住房城乡建设部"中国人居环境范例奖""湖北省环境保护政府奖"。

（1）襄阳生活垃圾焚烧发电厂情况

襄阳生活垃圾焚烧发电厂于 2009 年通过公开招商由中国恩菲工程技术有限

公司采用 BOT 方式进行建设（图 8-1～图 8-4），项目实行特许经营，特许经营期 30 年（含两年建设期）。项目占地约 123 亩，建设规模为日处理 1 200 t，工程总投资 5.8 亿元。其中一期建设规模 800 t/d，投资 4.03 亿元，包括垃圾焚烧、余热发电、烟气净化、渗滤液处理、光伏发电、厂区大坝等建设内容。设计两条焚烧线，二期建设规模增至 1 200 t/d。

图 8-1 襄阳生活垃圾焚烧发电厂产区全貌

图 8-2 襄阳生活垃圾焚烧发电厂垃圾运输坡道

图 8-3 襄阳生活垃圾焚烧发电厂垃圾抓斗

图 8-4 襄阳生活垃圾焚烧发电厂锅炉

项目日常运营管理由中国恩菲工程技术有限公司投资成立的襄阳恩菲环保能源有限公司负责。该项目采用国际先进的日立造船炉排炉焚烧技术，可实现生活垃圾的稳定燃烧，并产生清洁能源；环保系统采用国际成熟工艺，其核心设备从欧洲进口，烟气排放标准高于国家规定标准，可达到欧盟 2000 标准。

襄阳生活垃圾焚烧发电厂于 2010 年 3 月 29 日举行开工典礼，2010 年 5 月 26 日正式开工建设，2011 年 10 月 19 日开始接收垃圾进厂，汽轮发电机组于 10 月 21 日实现并网发电，整套机组于 2011 年 12 月 25 日通过 72 h 满负荷试运行。2012 年 2 月 26 日取得环保试生产批复，2012 年 3 月 1 日进入商业试运营。在商业试运行期间，各项设施运行正常，相关指标均达到规定的要求且能稳定保持，已按国家法律法规与电力公司签署《购售电合同》。根据《襄阳生活垃圾焚烧发电厂 BOT 项目特许经营协议》规定，2013 年 9 月 26 日，该项目正式进入商业运行。

2016 年 9 月，襄阳恩菲环保能源有限公司启动了生活垃圾焚烧发电厂二期扩建工程，建设地点位于襄城区余家湖水洼林场。二期扩建后，日焚烧处理生活垃圾总规模达到 1 200 t，年焚烧处理生活垃圾 43.8 万 t。二期扩建工程计划于 2017 年 10 月建成并投产。

襄阳生活垃圾焚烧发电厂一期项目自投产以来保持了稳定的运行。截至 2017 年 6 月底，襄阳生活垃圾焚烧发电厂已累计处理生活垃圾 187 万 t（其中处理市区生活垃圾 173 万 t）。按照标准填埋场计算，已节约土地 279 亩，累计发电量达 4.9 亿 kW·h，相当于节约 24.25 万 t 标准煤，与以往卫生填埋并且不对沼气收集利用的情况相比，减少二氧化碳排放 60 万 t，有效杜绝了"垃圾围城"现象的发生，实现了市区生活垃圾处理无害化、资源化和减量化，襄阳市区生活垃圾无害化处理率达到 100%。

（2）襄阳市城区垃圾转运站现状

襄阳市城区垃圾转运站共计 72 座，其中，襄城区有 21 座，樊城区有 30 座，高新区有 8 座，襄州区有 9 座，隆中风景区有 1 座，鱼梁洲开发区有 2 座，东津新区有 1 座，具体统计情况见表 8-1。

表 8-1 襄阳市城区垃圾转运站统计情况

序号	所在区	转运站名称	所在地点	类型
1		二桥南转运站	虹桥东路二桥下	8 t 垂直压缩式
2		滨江路转运站	滨江大道与虎头山路交汇处	8 t 垂直压缩式
3		滨江西路转运站	滨江西路檀溪 11 组（三桥下滨江路段）	8 t 垂直压缩式
4		贾洲转运站	襄隆路高架桥下	8 t 垂直压缩式
5		襄阳大市场转运站	襄城区鼓楼巷内	8 t 垂直压缩式
6		庞公路转运站	东门口铁路涵洞边	8 t 垂直压缩式
7		王家洼转运站	庞公路庞公祠村委会对面	16 t 水平压缩式
8		运动路转运站	南街联通公司旁	两箱一吊式
9		内环路转运站	小北门夫人城对面	8 t 垂直压缩式
10		文昌门转运站	环城东路荟园旁	8 t 垂直压缩式
11	襄城区	落轿街转运站	胜利街落轿街社区	8 t 垂直压缩式
12		闸口路转运站	闸口一路闸口社区居委会旁	8 t 垂直压缩式
13		岘山转运站	环城东路王府派出所旁	8 t 垂直压缩式
14		卧龙镇转运站	卧龙镇 303 加油站旁	16 t 水平压缩式
15		水洼转运站	水洼村余家湖港务局旁	8 t 垂直压缩式
16		尹集转运站	尹集村王尹路旁	16 t 水平压缩式
17		麒麟转运站	麒麟村襄南监狱对面	16 t 水平压缩式
18		欧庙转运站	欧庙镇郭河村	8 t 垂直压缩式
19		白云转运站	尹集乡白云人家社区	8 t 垂直压缩式
20		新集转运站	卧龙镇新集乡	16 t 水平压缩式
21		十家庙转运站	十家庙村向阳路（唐城旁）	16 t 水平压缩式
22		洪沟	洪铁路	8 t 垂直压缩式
23		三元路口	二医院旁	8 t 垂直压缩式
24	樊城区	铁二院	中原市场对面	8 t 垂直压缩式
25		二桥北	长虹路、建设路交叉口	8 t 垂直压缩式
26		建设路	建设路十二中旁	8 t 垂直压缩式

序号	所在区	转运站名称	所在地点	类型
27		人民西路	人民西路、振华路交叉口	8 t 垂直压缩式
28		松鹤西路	松鹤西路振华小区旁	8 t 垂直压缩式
29		松鹤路	客家酒轩对面	8 t 垂直压缩式
30		立业路	立业路米公派出所旁	8 t 垂直压缩式
31		前贾洼	贾洼社区	8 t 垂直压缩式
32		人民广场	长征路、解放路交叉口	钩式
33		新陈路	空军医院前行 200 m	平举式
34		陈营	妇幼路妇幼保健院旁	8 t 垂直压缩式
35		三中	丹江路、大庆路交叉口	集装箱式
36		乔营	松鹤路、内环路交叉口	8 t 垂直压缩式
37		三元路	三元路（清河口）武商对面	8 t 垂直压缩式
38		长征路	长征路工贸旁	8 t 垂直压缩式
39	樊城区	柿铺	柿铺社区	钩式
40		牛首	牛首社区	钩式
41		八一	红光路八一煤场旁	8 t 垂直压缩式
42		清河口	清河一桥旁	8 t 垂直压缩式
43		星火路	建华路、前进路交叉口	8 t 垂直压缩式
44		后贾洼	后贾洼社区	钩式
45		王寨	王寨社区	钩式
46		张营	张营社区	钩式
47		太平	太平店镇	钩式
48		孟湖	孟湖社区	垂直压缩式
49		沿江中路	沿江大道	多功能
50		焦家台	焦家台社区	多功能
51		幸福小区	幸福小区	平举式（设备老化正在维修）
52		追日路	追日路与航天路交叉口	16 t 水平压缩式
53	高新区	长虹北路	长虹北路华光医院对面	16 t 水平压缩式
54		襄轴东路	团山镇襄轴东路	16 t 水平压缩式（维修中）

序号	所在区	转运站名称	所在地点	类型
55		上海路	二汽工业园公园1号旁上海路	16 t 水平压缩式
56		武汉路	深圳工业园武汉路	16 t 水平压缩式
57	高新区	汉江北路	汉江北路与江山南路交汇处	8 t 垂直压缩式
58		希望路	原米庄镇政府斜对面希望路	8 t 垂直压缩式
59		紫贞公园	紫贞公园园内	8 t 垂直压缩式
60		襄州区中型生活垃圾转运站	深圳工业园富源路	水平压缩式（中型站）
61		铁四院	襄州区铁四院内	8 t 垂直压缩式
62		杨庄	襄州区航空东路杨庄段	8 t 垂直压缩式
63		云湾	襄州区云湾社区	8 t 垂直压缩式
64	襄州区	金华市场	襄州区金华市场内	非压缩
65		汉津路	襄州区汉津路铁路边	非压缩
66		襄阳新城	襄州区卧龙西路延伸段	非压缩
67		财源路	襄州区财源路口	移动压缩式
68		天润	春园东路	非压缩
69	隆中	隆中	隆中路入口	16 t 水平压缩式
70	鱼梁洲	鱼梁洲转运站1	滨江路	16 t 水平压缩式
71		鱼梁洲转运站2	污水处理厂附近	16 t 水平压缩式
72	东津新区	龚坡垃圾转运站	北还建小区	16 t 水平压缩式

（3）襄阳市餐厨废弃物处理厂现状

襄阳市于 2013 年 7 月经国家发展改革委、财政部、住房和城乡建设部批准为国家第三批餐厨废弃物无害化处理和资源化利用试点城市，2013 年 10 月通过公开招商由湖北国新天汇能源有限公司采用 BOT 方式进行建设，项目实行特许经营，特许经营时间为 19 年（含建设期和运营期）。餐厨废弃物处理项目总投资 7 368.89万元，占地 41 亩，日处理污泥 300 t，处理餐厨垃圾 150 t。为利用已有的污泥处理系统进行餐厨垃圾与污泥协同处理，通过对污泥处理系统前端进行扩建，实现餐厨废弃物与污泥处理厂共用一块场地（图 8-5），一套设备，既处理污泥，又处理餐厨垃圾，节约投资近 4 000 万元，节约土地 80 亩。

图 8-5 餐厨废弃物处理厂厂区

项目采用国新天汇公司自主研发的"有机固体废物与污泥综合处置工艺"，将市政污泥和餐厨垃圾集中收运后，先采用高温热水解工艺进行安全环保预处理，再进行高浓度厌氧消化制沼气，产生的沼气经过提纯后，达到车用压缩天然气（CNG）要求，作为城市交通系统的绿色环保燃料。经过本项目处理之后的污泥+餐厨垃圾，既达到了稳定化、无害化、减量化的要求，又可以用作土地改良、园林绿化的有机肥料。在全国一、二、三批 66 个试点城市中，率先完成无害化处理与资源化利用。项目荣获"中国人居环境范例奖"及"湖北省环境保护政府奖"。

该项目于 2014 年 9 月 4 日正式开工，2015 年 10 月 28 日通过了初步性能测试验收，2015 年 12 月 18 日通过《建设项目竣工环境保护验收》并取得批复，2015 年 12 月 30 日通过项目竣工验收，2016 年 1 月 5 日正式进入商业运行。

截至 2017 年 6 月底，项目单位已投入收运车辆 35 台，餐厨废弃物收运量平均为 120 t/d，最高峰值达到 134 t/d，累计总收运量已达到 56 441.021 t。

（4）老河口市垃圾处理规划情况

老河口垃圾处理厂可对生活垃圾进行分拣，将可燃物和不可燃物分别作为水泥生产的替代燃料和原料，大大提高了生活垃圾资源的回收再利用率，同时不会产生"二次污染"。通过采用国际先进的生活垃圾预处理技术，结合新型干法水泥生产技术，日处理生活垃圾能力达到 500 t，年处理量达 15.5 万 t。据了解，该水泥厂水泥窑炉内，温度高达 1 400～1 800℃，垃圾停留 20～30 min，实现完全充分燃烧。

老河口市目前已规划建设竹林桥镇（大堰村）垃圾填埋场容纳市域范围内中心城区和各个村镇的生活垃圾，远期需新建垃圾焚烧厂。城区生活垃圾采用小型机动车结合非机动车方式收运，转运站按 2～3 km²/座设置，需设置 15～22 座小型垃圾转运站，用地面积不小于 200 m²/座。由于规划垃圾填埋场距中心城区较远，规划垃圾转运方式为小型垃圾转运站+中型垃圾转运站方式。远期在中心城区拦马河处建设一座中型垃圾转运站，占地面积为 2 500～4 000 m²。

（5）谷城县垃圾处理转运情况

谷城县城区日产垃圾 200 t，环卫处于银城大道西部。现有环卫机械 8 部，车库 12 间，面积 480 m²，设有维修班一个。有公厕 34 个，垃圾转运站 14 个，垃圾处理场 2 个（老军山垃圾处理场占地 60 亩，朱家洲垃圾处理场占地 30 亩），垃圾收集点 16 个。

（6）宜城市垃圾处理厂

宜城市建有南洲生活垃圾无害化处理厂、刘猴镇生活垃圾填埋场、流水镇讴乐生活垃圾填埋场。目前新建水泥窑协同处理厂，近期处理垃圾 200 t/d，远期处理垃圾 300 t/d。建设投资约 6 500 万元，处理厂采用水泥窑协同处理、焚烧发电为主、卫生填埋为辅的无害化处理技术。截至 2016 年 8 月，全市农村生活垃圾收集率达 81.8%，集中处理率达 45.4%。

8.1.2　一般工业固体废物处理处置现状

（1）工业固体废物产生量及处置利用贮存等情况

2016 年，规划区范围内一般工业固体废物产生量为 443.83 万 t，占全市固体废物产生量的 96.3%。其中，综合利用量为 211.57 万 t（包含综合利用往年贮存量 6 273.5 t），处置量为 231.85 万 t（包含处置往年贮存量 26 t），贮存 1.05 万 t，倾倒丢弃 80 t，工业固体废物处置利用率为 99.77%。

（2）主要工业固体废物产生量有关信息

2016 年，规划区范围内共有 95 家企业产生工业固体废物。工业固体废物产生主要分布在化学原料及化学制品制造业，电力、热力的生产和供应业，固体废物以磷石膏和粉煤灰为主。规划区范围内工业固体废物产生量排在前 5 位的企业为：襄阳泽东化工集团有限公司、湖北华电襄阳发电有限公司、嘉施利（宜城）化肥有限公司、湖北施尔佳肥业有限公司、湖北丰利化工有限责任公司（表 8-2）。这 5 家企业的工业固体废物产生量占规划区范围内工业固体废物产生总量的66.92%。

表 8-2　主要工业固体废物产生企业（前 5 位）

企业名称	行业类别	固体废物种类	产生量/t	综合利用量/t	处置量/t	贮存量/t
襄阳泽东化工集团有限公司	其他基础化学原料制造	磷石膏	1 581 118	0	1 581 118	/
湖北华电襄阳发电有限公司	火力发电	粉煤灰	1 144 854	1 136 839	0	8 015
嘉施利（宜城）化肥有限公司	磷肥制造	磷石膏	523 592	3 592	520 000	/
湖北施尔佳肥业有限公司	磷肥制造	磷石膏	390 000	240 000	150 000	0
湖北丰利化工有限责任公司	磷肥制造	磷石膏	300 200	300 200	0	/

8.1.3　危险废物处理处置现状

（1）工业危险废物产生量及处置利用贮存等情况

2016 年，规划区范围内危险废物产生量为 4.15 万 t，占全市危险废物产生量的 75.38%。其中，综合利用量为 1.01 万 t，处置量为 3 万 t，贮存量为 1 477.962 t，工业危险废物处置利用率为 96.87%。

（2）主要工业危险废物产生量有关信息

工业危险废物产生较为集中在少数企业。2016 年，规划区范围内共有 58 家企业产生危险废物。产生量排在前 5 位的企业为（表 8-3）：襄阳恩菲环保能源有限公司、骆驼集团襄阳蓄电池有限公司、湖北金洋冶金股份有限公司、襄阳泽东化工集团有限公司、神龙汽车公司襄阳工厂，这 5 家企业的工业危险废物产生量占规划区工业危险废物产生总量的 70.54%。

表 8-3　主要危险废物产生企业情况表（前 5 位）

企业名称	所属行业	危险废物种类	危险废物产生量/t
襄阳恩菲环保能源有限公司	火力发电	废脱硝催化剂（HW50）	11 497
骆驼集团襄阳蓄电池有限公司	电池制造	含铅废物（HW31）	6 892.712
湖北金洋冶金股份有限公司	铅锌冶炼	含铅废物（HW31）	5 190
襄阳泽东化工集团有限公司	其他基础化学原料制造		4 478.955
神龙汽车公司襄阳工厂	汽车制造	含油废物及浓缩液、乳化液（HW08、HW09）	2 361.52

（3）危险废物经营许可证颁布情况

截至 2014 年年底，全市具有合法资质的危险废物收集及处置单位共 7 家（表8-4），其中，危险废物收集单位 2 家，主要从事废矿物油（HW08）的收集和贮存；危险废物处置单位 5 家，主要从事工业危险废物和医疗废物的收集和安全处置。

表 8-4　襄阳市危险废物经营单位基本情况表

单位名称	地址	许可经营危险废物类别	经营方式	处置方式	经营规模/（t/a）	许可证有效期
湖北金洋冶金股份有限公司	谷城经济开发区再生资源园金洋大道 2 号	HW31，HW48，HW49	收集、贮存、破碎、熔利用、处置	熔炼	200 000	2019 年 7 月
湖北中油优艺环保科技有限公司	襄阳市高新技术开发区米庄镇清河店二组	HW06、HW08、HW09、HW11、HW12、HW13、HW17、HW35、HW37、HW39、HW40、HW42	收集、贮存、处置	焚烧	4 000	2018 年 9 月
		HW01	收集、焚烧	焚烧	4 000	2016 年 3 月

单位名称	地址	许可经营危险废物类别	经营方式	处置方式	经营规模/（t/a）	许可证有效期
襄阳万清源环保有限公司	襄阳市高新技术开发区米庄镇清河店二组	HW01	收集、高温蒸煮	蒸煮	4 000	2015 年 7 月
襄阳金力环保工程有限公司	襄阳市汽车产业开发区杨柳路	HW04、HW06、HW08、HW09、HW11、HW12、HW13、HW17、HW35、HW37、HW39、HW40	收集、贮存、处置	焚烧	4 500	2020 年 4 月
枣阳市科立环保科技有限公司	襄阳市枣阳市兴隆镇优良河工业园	HW06、HW42	收集、贮存、处置	蒸馏	2 000	2015 年 4 月
襄阳奥多特石油化工有限公司	襄阳市襄城区胜利街	HW08	收集、贮存		1 000	2015 年 6 月
襄樊华诚天源环保科技有限公司	襄阳市高新区团山镇	HW08	收集、贮存		1 000	2015 年 12 月

（4）危险废物集中处置设施

截至 2014 年年底，全市共有 4 家已运行危险废物集中处置企业（表 8-5），其中，工业危险废物集中焚烧处置企业 2 家，回收利用企业 2 家。

表 8-5　危险废物集中处置设施

危险废物处置单位	设施地址	处置设施名称	设计处置能力/（t/a）	使用年限
湖北金洋冶金股份有限公司	谷城县经开区金洋大道 2 号	CS 自动破碎分解机、低温连续熔炼炉	200 000	5
湖北中油优艺环保科技有限公司	襄阳高新区清河店二组	卧式回转焚烧炉	6 000	5
襄阳万清源环保有限公司	襄阳高新区清河店二组	高温蒸汽蒸煮装置	2 400	3
襄阳金力环保工程有限公司	襄樊高新区杨柳路 3 号	卧式回转焚烧炉	4 500	5

8.2　存在的问题

8.2.1　目前的生活垃圾处理能力无法满足沿江定位和发展需求

（1）襄阳市全市生活垃圾无害化处理率偏低

目前襄阳市在湖北省 12 个地级市（除恩施土家族苗族自治州）中，生活垃圾无害化处理率（70.7%）仅排第十位，低于平均水平（86.04%）。尤其是襄阳市乡镇与农村地区，垃圾处理设施污染防治措施并不充分，加之缺乏垃圾无害化处理的关键技术、设备和材料，以及资金投入不足等因素，难以完全实现无害化要求。此外，停止使用的襄阳市洪山头垃圾填埋场其渗滤液处理不当会对周围地下水体、地表水体、土壤等造成污染风险。

（2）日益增长的生活垃圾产生量给目前生活垃圾收集处理能力带来极大压力

襄阳市缺乏应急生活垃圾填埋场。中央第三环境保护督察组对襄阳市提出了"加大环保投入，不断完善生活污水收集处理、污泥无害化处置、生活垃圾处理等环保基础设施建设和运行管理"的意见，对此襄阳市生活垃圾收集清运处理基础设施及能力建设需进一步改进和完善，不断提高生活垃圾的资源化、无害化处理。同时，襄阳市沿江区域范围内的人口占全市人口的 66.4%，而面积仅占全市面积的 47.5%，生活垃圾产生量巨大，对生活垃圾的收集、转运与处理设备的承载力及运行能力带来很大考验。

（3）生活垃圾焚烧发电厂产生环境污染

在垃圾处理项目运营期间，会产生一些环境负面影响，包括项目运营期产生垃圾渗沥水等废水，产生炉渣、飞灰等固体废物，以及垃圾焚烧发电厂房内的鼓风机、引风机、大功率水泵、汽轮发电机组等产生噪声。

8.2.2　农村随意倾倒生活垃圾现象仍较普遍

（1）农户知晓率低，主动参与意识不强

由于受长期的卫生习俗影响，襄阳市村民没有养成良好的卫生习惯，加之缺少行之有效的教育引导，村民随意倾倒生活垃圾的现象还较普遍，这成为农村生活垃圾治理工作滞后的一个重要原因。农村居民对生活垃圾治理分类知识、清扫保洁措施、清运收集管理办法以及垃圾收集设施建设管理等情况知之甚少，农户对门前"三包"责任认识不足。

（2）硬件设施建设滞后，离省市垃圾治理标准差距较大

部分乡镇垃圾转运站建设滞后，目前 90% 以上乡镇还未实施垃圾收集转运。治理专项资金不足。目前，每年用于村、镇的垃圾治理资金较少，主要靠各县（市、区）财政、乡镇财政投入，而乡镇财政占大头，且部分乡镇的财政收入有限，导致部分村、镇垃圾治理环卫设施建设不完善，垃圾治理工作运行困难，效率低下。襄阳市在"三万"活动中为各县（市、区）配备的环卫设施，已远远不能适应形势的需要，如垃圾中转站修建缓慢，垃圾箱、垃圾桶投入不足等。对原有垃圾池的修缮、清洗不及时，还存在焚烧垃圾等痕迹。

（3）垃圾集中整治不彻底，公共环境卫生仍然较差

大部分乡镇、涉农街道办事处环境卫生、环境面貌有了较大改观，但是田间地头、道路沿线、村内空地、河塘沟渠等区域积存陈年垃圾、白色垃圾。农户房前屋后乱牵乱挂、乱堆乱放、乱倾乱倒、直接焚烧垃圾现象依然存在，环境卫生状况依然较差。

8.2.3　建筑垃圾非法倾倒行为依然存在

建筑垃圾清运体系需要进一步完善。村民乱倒建筑垃圾行为依然存在，倾倒地点、清运主体、清运时限以及消纳地点等需要进一步明确强化，监督管理制度需要进一步健全完善，并得到有效落实。中央第三环境保护督察组对襄阳市提出了"加强建筑垃圾的处置管理，提高综合利用率，切实打击非法倾倒行为"的意见，对此襄阳市需加强对在建施工工地的监管，加大市区渣土规范运输整治力度，探索实施建筑垃圾回收处理。

8.2.4　一般工业固体废物综合利用能力较低

一般工业固体废物综合利用率偏低。目前一般工业固体废物的处置处理及综

合利用由企业本身负责，处在自发自觉的阶级，缺乏统一的管理，一般工业固体废物的综合利用、再生循环减量化受到限制，综合利用率仅为47.67%。此外，2016年仍有18%的固体废物倾倒丢弃处理，工业固体废物集中处理厂建设不足，不能有效满足今后的固体废物处理需求。

8.2.5　危险废物贮存存在环境风险隐患

2016年，3.56%的危险废物没有得到综合利用或安全处置，逐年累积贮存给环境安全带来了极大风险。同时，随着危险废物量不断增加，原有危险废物集中处置设施处理压力增加。此外，规划区内产生的危险废物中含铅废物（HW31）占比较高，但目前全市仅1家具有合法资质的危险废物收集及处置公司具有处理含铅废物（HW31）的资格，相关危险废物处理处置能力需配套加强。

8.3　产生量预测

固体废物主要针对生活垃圾、一般工业固体废物和危险废物进行预测，生活垃圾采用人口增长预测法、一般工业固体废物和危险废物采用工业固体废物增长系数法预测模型进行预测。

根据中国环境科学研究院对全国500多个城市生活垃圾产生量的统计分析，中小城市产生量处于0.8～1.4 kg/（人·d），大中城市产生量处于0.8～1.1 kg/（人·d）。中国人民大学国家发展与战略研究院2015年发布的《中国城市生活垃圾管理状况评估报告》显示，近年来中国人均生活垃圾日清运量为1.12 kg。结合襄阳市城市规模及人口构成情况，综合确定生活垃圾产生量为1.2 kg/（人·d）。2017年规划区内常住人口数为238.76万人，依据襄阳市2011—2016年常住人口平均增长率计算，预计2022年与2035年规划范围内常住人口分别为243.49万人和256.43万人，得出2022年和2035年日均生活垃圾产生量分别为106.65万t和112.32万t。

2016年规划区内一般工业固体废物产生量为443.83万t，危险废物产生量为4.15万t，依据襄阳市2011—2015年工业固体废物平均增长率计算，预计2022年和2030年一般工业固体废物产生量分别为649.03万t和1 077.27万t，危险废物产生量分别为 7.82 万 t 和 18.98 万 t。预测结果显示，生活垃圾与工业一般固体废物、危险废物的产生量都将有较明显的增长，需要进一步实施减量化、无害化处理和综合利用。

8.4 模式和案例借鉴

8.4.1 农村生活垃圾收集处理模式

（1）三级式收集处理模式

为有效处理农村生活垃圾，目前许多省市采用"户分类、村收集、镇转运、县（市）处置"或"户收集、村集中、镇转运、县处理"或"组保洁、村收集、镇转运、县（市）集中处置"的处理模式，统称"村集—镇运—县（市）处理"三级模式（专栏 8-1），在较短时间内解决部分农村生活垃圾的问题上取得了较好的效果。"村集—镇运—县（市）处理"的生活垃圾收运模式必须保证以下三个环节均良好运转，才能实现此模式的良好运行。

村集：居民集中村设置一个生活垃圾收集点，人口较多，分布较散的村根据实际情况设置数量、规模不等的生活垃圾收集点。同时每个生活垃圾收集点应建设密闭的垃圾屋或配备密闭的垃圾桶、手推车等垃圾收集工具。同时加大环保宣传，让居民自觉将家中生活垃圾收集并投放到固定的生活垃圾收集点。

镇运：镇环卫部门应配备适量的生活垃圾收运车辆、工具，并建设处理规模适当、符合相关建设要求的生活垃圾压缩转运站。镇环卫部门将收集来的生活垃圾压缩减容后运至县（市）生活垃圾处理厂。

县（市）处理：县（市）环卫部门将镇运来的农村生活垃圾纳入垃圾卫生填埋场或垃圾焚烧厂处理。

然而上述现行的农村生活垃圾处理模式只适合距离乡镇较近的农村生活垃圾收运处理，尤其适合中国城镇化程度较高的农村地区。存在的主要问题是：①垃圾运至城市，大大增加了城市垃圾处理的压力；②农村经济条件相对较差，居住远不如城市集中，垃圾的收集、运输成本较高，在许多城镇化水平较低的村镇不具可行性；③农村有机农业或高效农业本身需要大量有机肥的投入，而垃圾中占主要成分的有机组分是可有效开发成农业用肥或转化成农村能源甚至转化为生物蛋白发展高效养殖业的，这部分资源未能得到很好利用。

专栏 8-1　中山农村生活垃圾收集处理模式

1999 年以来，中山市级层面（含社会资本投入）累计投入约 25 亿元建设中心、北部和南部三个垃圾综合处理基地,处理全市范围的生活垃圾。2006 年和2009年,中山市中心、北部组团垃圾综合处理基地先后投入使用，截至 2016 年上半年，除大涌镇外全市各镇均建设完成至少一个带压缩功能的垃圾转运站，各村（居）也建设了垃圾集结点。目前，全市农村生活垃圾有效处理率达 80%，分类减量率达30%。

在"市处理"环节，中山采用特许经营模式，引入社会资本参与基础设施建设和运营。中心组团的焚烧发电厂、炉渣制砖厂以及飞灰稳定化处理中心，北部和南部组团的焚烧发电厂和渗滤液处理厂，均由企业投资建设和运营，其余配套设施由政府财政投资。据了解，2012—2016 年，平均每年的"市处理"运营费超过 1.2亿元。

（2）混合投放、分类收集处理的组合模式

农村垃圾中可进行堆肥的易腐有机垃圾和可回收的废品占垃圾总量的 75%～90%，平均可达到 80%以上，真正需要填埋或焚烧处理的垃圾不足 20%。因此，对农村生活垃圾做好收集分拣分流工作，继而对垃圾有机组分进行无害化处理和就地资源化利用，并最大限度地产生经济效益，能较好地解决农村生活垃圾处理问题，并实现长效运行。

中国经济较为发达地区的农村可采用"混合投放、分类收集处理的模式"。该模式分为三种模式类型（图 8-6），不同点主要集中于后续的分拣和处理处置方面。其中模式一采用多个村集中分拣、回收、堆肥、填埋方式，优点是各个村只需简单收集，不需要单独分拣及处理，所需劳动力较少，但同时也增加了垃圾集中收集后分拣完全的难度。模式二、模式三单村分拣，实现了垃圾分类收集，极大地克服了混合收集的缺点；在处置方式上，模式二、模式三均自行回收，模式三因多村集中堆肥和填埋处理减轻了垃圾处理设施的建设和运行费用，优于模式二，但模式三比模式二增加了汽车运输成本。故在适合模式二、模式三的农村地区，应结合实际经济水平进行合理选择。对于山区或居住分散的农村地区，宜采用模式二中不需要转运的处理模式。

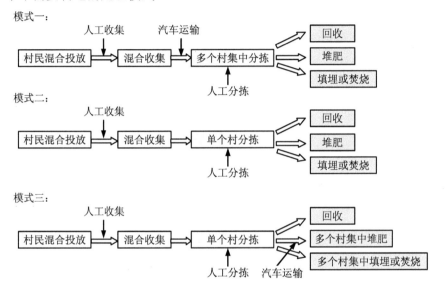

图 8-6　混合投放、分类收集处理的组合模式

专栏 8-2　农村生活垃圾收集处理的"罗江模式"

　　罗江县隶属四川省德阳市，地处成都平原北部的浅丘地带，全县辖 10 个乡镇，10 个社区，107 个行政村，1 220 个村民小组，总人口 25 万。罗江县在农村垃圾生态处理流程中，主要有以下五个环节：

　　（1）"户定点"：实行垃圾"出户入池"，每 3～5 户定点修建一个垃圾收集池，公路沿线院落主要路口修建垃圾房，保证每一户农户都有地方倾倒垃圾。农户将垃圾进行第一次粗分类，果皮、厨余等有机垃圾作为家畜喂料或倒入沼气池产生沼气作为能源利用，纸板、玻璃瓶、金属、塑料等可回收垃圾作为废品自行出售，最后只有不能自行处理的垃圾才倒入户垃圾收集池。

（2）"组分类"：每个居民小组修建 1～2 个垃圾分类收集池，并配备 1～2 名保洁人员。组保洁人员每 3～5 d 定期清理户垃圾池，将垃圾清运至组分类收集池，按照统一制定的垃圾分类操作集中进行二次分类，将垃圾分成四类，石块、砖块等建筑垃圾就近找适当位置填埋，塑料、金属、玻璃、纸板等可回收垃圾集中收集储存，到一定量后卖给废品回收人员，尘土、草木灰、秸秆等可降解堆沤垃圾进入堆沤间进行堆沤，作为农家肥回到果园林地，废旧衣物、织物等垃圾作为需进一步处理垃圾集中待处理。

（3）"村收集"：每个村配备 3～5 名保洁人员，配备清运工具，负责全村道路及公共区域的日常清扫保洁工作，定期将需进一步处理的垃圾运至镇垃圾中转站。

（4）"镇转运"：每个镇修建 1 个"地埋式"垃圾中转站，收集、暂存本镇农村分类后的垃圾。根据罗江地域面积小、交通便利的县域特点，统筹全县环卫资源，成立大清运队伍，集中统一收运乡镇分类后的垃圾。每日对镇垃圾中转站的垃圾进行清运，通过密闭的垃圾转运车，运至县垃圾处理场处理。

（5）"县处理"：全县建设一座垃圾处理场，配套气体和垃圾渗滤液收集设施，建设污水处理站。通过"TOT 模式"市场运行，引进生活垃圾专业处理机构，按照垃圾处理工艺和流程，集中进行无害化处理。

"罗江模式"最大限度地实现了垃圾全面收集、分类减量和资源利用，取得了明显的生态、经济和社会效益，不仅实现了垃圾处理减量化、再利用，垃圾堆肥后每年还能产生大量的有机肥料，有利于生态农业发展。经初步测算，实现生态回收处理后，全县每年因减少的垃圾转运费及相应的人员支出近千万元，并增加了近两千人农村群众就近就业。

专栏 8-3　农村生活垃圾就地资源化新技术

目前，农村地区经分拣分流后获得的易腐有机垃圾就地资源化途径主要为好氧堆肥后做有机肥料、厌氧发酵转变为农村沼气能源等。进一步开发适合农村的、有较高经济效益的生活垃圾资源化新技术对推动生活垃圾处理的长效运行具有极大的价值。

（1）蚯蚓处理技术

蚯蚓以有机垃圾为食，鲜蚯蚓含蛋白质 8.5%～10.19%。从营养标准看，蚯蚓鲜体与牛肉、鸡蛋是等价的，蚯蚓蛋白质可以替代鱼粉饲养禽畜。蚯蚓可将 50%的有机垃圾以能量的方式消耗或转化储存成自身营养体，余下的 50% 左右以粪便形式排出。蚯蚓粪富含腐殖酸，能缓慢分解土壤中难溶的矿物质，维持植物的均衡营养。其中还含有一些植物生长素等物质，能促进植物增产。而且蚯蚓粪无臭，具有抗病功效，是一种价值很高的有机肥料，其肥效高于堆肥产品。进口的高尔夫球场专用肥价格约为 3 000 元/t，经检测主要成分是蚯蚓粪。蚯蚓处理既适合较大规模的垃圾集中处理，也适合一家一户的处理。蚯蚓可用来饲喂家禽和养殖水产品（如甲鱼、黄鳝等），蚯蚓粪可用来养花和农户做高端有机肥料。

（2）昆虫幼虫处理技术

近年来发展的一个新方法，在我国和东南亚国家有一定的实践。主要采用双翅目纲的蝇类幼虫（maggot，也称为蝇蛆），如大头金蝇、家蝇、果蝇等，也有采用黄粉虫处理。一般按待处理的易腐有机垃圾（如厨余）重量的万分之六接种蝇卵，如 1 t 待处理垃圾接种 0.6 kg 卵即可。卵迅速孵化成幼虫，幼虫啃食垃圾并频繁蠕动，在垃圾中快速生长，一般 4 d 左右，幼虫成熟即可收获。据报道，幼虫收获率可达到接卵处理前垃圾重量的 10%～20%，如 1 t 餐厨垃圾可收获 100～200 kg鲜幼虫，产生无臭的残渣约 250 kg。该方法的优点是：处理时间短（只需要 4～6 d）；垃圾减量在 70% 以上；每吨生活有机垃圾可收获大量新鲜昆虫蛋白，烘干后的昆虫蛋白市场价高达 2 万元/t；余下残渣为无臭并有抗病功能的生物有机肥，可作为有机农业的优质肥料。该方法不但有利于促进有机种植业的发展，也可带动生态鸡养殖业。既可实现垃圾集中规模化处理也可实现农户分散处理。

（3）分类投放、分类收集处理的组合模式

对我国农村生活垃圾实行源头分类投放，并资源化利用的成功案例较为少见。但在我国县城城区采用该模式最为成功的案例当属被誉为"横县样本"的广西南宁横县。虽然在农村地区推行生活垃圾分类投放、分类收集处理困难较大，但在我国经济相对发达的农村地区，具备一定的基础条件。例如，①村民保持有较好的废旧物资回收习惯；②对村民实现源头垃圾分类进行少量的物质和精神的鼓励可起到良好作用，如对分类较好的村民赠以化肥、洗涤用品、衣物等进行鼓励引导；③村民居住相对分散，人口密度较低，倾倒出的垃圾归属相对明晰，易于划分责任。一旦垃圾实现了分类分流并配套后续的处理与资源化措施（图 8-7），村镇垃圾处理的难题也必然得到有效化解。

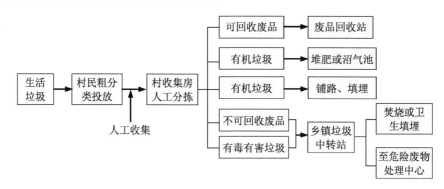

图 8-7 分类投放、分类收集处理的组合模式

专栏 8-4 横县生活垃圾分类投放、分类收集处理模式

　　1993 年，经国家教委和广西壮族自治区教育厅推荐，菲律宾国际乡村改造学院（IIRR）与横县签订协议，在横县推行"旨在提高农民的生存技能和基本素质"的"平民教育"。当时正受垃圾处理困扰的环保部门找到 IIRR 项目组，求教菲律宾的垃圾处理经验。最终，他们将垃圾处理工作纳入合作范围，并于 2000 年正式启动了这一项目，随后进一步获得美国洛克菲勒兄弟基金会支持。横县推行的生活垃圾资源化综合管理项目包含宣传教育、垃圾分类实施、实施堆肥处理，以及堆肥在农业上的应用（有机农业生产）四部分，其中的关键环节在于分类。从 2000 年 9 月到 2004 年 6 月，分类工作覆盖全县 8 400 多户居民，分类正确率达 95%以上，生活垃圾分类收集取得突破性进展。分类出来的易腐垃圾进入垃圾堆肥场，堆肥产品变成优质有机肥被应用于茉莉花种植和果园。不可堆肥也不可回收利用的玻璃灰渣等不到两成，收集后集中填埋。13 年来，横县居民垃圾分类收集率保持在 70%以上，垃圾分类指导小组仍坚持每天上门抽检，帮助居民正确进行垃圾分类。广西横县经过十年探索，逐步建立完善覆盖城区的垃圾分类、收集及处理系统，八成垃圾实现循环利用，实现了环境效益、经济效益、社会效益全面获利。

8.4.2　农村生活垃圾管理模式创新

（1）物联网模式

物联网（Internet of Things，IOT）是通过射频识别（RFID）、红外感应器、传感器、GPS/北斗系统、二维码系统、激光扫描器等信息传感设备，按约定的协议，把任何物品与互联网相连接，进行信息交换和通信，以实现对物品的智能化识别、定位、跟踪、监控和管理的一种网络。

本系统旨在利用物联网技术来实现生活垃圾的智能化收运，为深埋收集站配置红外传感器，并通过传感器来监测深埋收集站内生活垃圾的量，当收集站内的生活垃圾量达到收集站容量的 80% 时，收集站向系统发出满桶预警，系统通过满桶的收集站的位置分布利用 GIS 系统为运输车辆智能规划行驶路径，从而提高生活垃圾的收运效率，实现收运过程的智能化。该系统的功能覆盖农村生活垃圾从产生到处理或回收利用的全过程，包括对各环节配备的必要设施进行管理、对收运流程进行实时监管以及对工作人员的信息管理等。

运用物联网技术建立智能化的生活垃圾收运体系，不仅能够对生活垃圾处理的基础数据资料进行智能化采集、统计、分析保存，还能为生活垃圾处置的综合调度、运行管理、远程监控、辅助决策、处理经费提供可靠可信的依据，为各级领导提供决策支持，为生活垃圾运输车辆规范化管理提供科技手段，提高垃圾运输处理监管水平和垃圾调度的科学性、合理性。

专栏 8-5　盐城农村生活垃圾"互联网+信息化"管理平台

2015 年,江苏省盐城市盐都区立足原有基础,运用物联网模式调配清管资源,植入信息化技术提高运行效率,在江苏省率先建成农村生活垃圾处理信息管理系统,以精细管理、敏捷高效处理、全方位全时段覆盖的方式实现了环境整治创新。

盐都区农村生活垃圾处理信息管理系统由调度中心监控平台、中转站视频信息传输、车辆运行 GPS 定位、驾驶员和督察员手机短信平台等组成,具有垃圾中转站视频监控、污水告警、车辆运行定位调度、垃圾量分析、绩效考核和报表分析六大应用功能,对全区重点路段、重点部位、重点区域、重要河道设置了专项视频监控，并与国土、环保部门的"千里眼"蓝天卫士监控系统互连互通，构建了覆盖镇村、实时监控、快速指挥的信息化管理平台。盐都区为 73 位乡镇督察员配备了智能考核手机，发现问题，及时通过手机上传到信息系统平台，系统操作人员接收后立即通知保洁员迅速整改，提高督察考核的时效性和实效性。

"互联网+信息化管理平台"的运用，使盐都区农村生活垃圾集中处理的管理、服务和运作逐步走上信息化、数字化、网络化的轨道。2015 年，盐都区共收集处理城乡生活垃圾 10.7 万 t，清运垃圾渗滤液 2 200 多车次，垃圾无害化处置率达95.7%，惠及 60 万镇村居民，有效提高了群众生活质量和幸福指数，农村环境面貌得到明显改善。

（2）固体废物综合处理园区模式

近年来，一种新的城市固体废物综合处理园区模式应运而生，它将多种急需建设的固体废物处理处置设施进行整合，实行多功能园区建设，以构建城市固体废物综合处理园区和解决方案，如苏州光大环保静脉产业园、上海老港静脉产业园区、北京市鲁家山循环经济产业园、呼和浩特循环经济环保科技示范园等。园区内包括生活垃圾、餐厨垃圾、建筑垃圾等处理设施。

专栏 8-6　静脉产业园区

苏州市从 2005 年开始探索城市固体废物集中处理模式，授权中国光大国际有限公司在木渎镇建设静脉产业园区。以产业价值链理念为指导，构建以"核心区—缓冲区—保障区"组成的项目集群式的综合性生态工业园区。园区最大的成功之处在于，由政府主导，将静脉产业园区的选址和土地纳入城市总体规划和区域控制性详规，解决产业园的土地、规划和环评等难题。同时建立了企业独立投资、与主资商合作、政府财政专项补贴的多种投融资渠道。

苏州光大静脉产业园区采用了综合类静脉产业园区的布局形式，对生活垃圾、餐厨垃圾、危险废物、再生资源等进行综合处理处置。由政府授权实力雄厚的环保公司进行园区的建设，园区和大多数项目的投资建设主体均为中国光大国际有限公司，政府给予特许经营权和一定的优惠政策。采取企业管理模式，提升了管理效率，提高了园区的经济效益和环境效益。

（3）建筑垃圾再生利用

建筑垃圾大多为固体废物，一般是在建设过程中或旧建筑物维修、拆除过程中产生的。不同结构类型的建筑所产生的垃圾各种成分的含量虽有所不同，但其基本组成是一致的，主要由土、渣土、散落的砂浆和混凝土、剔凿产生的砖石和混凝土碎块、打桩截下的钢筋混凝土桩头、金属、竹木材、装饰装修产生的废料、各种包装材料和其他废弃物等组成。

我国建筑垃圾的数量已占到城市垃圾总量的 30%～40%。绝大部分建筑垃圾未经任何处理，便被施工单位运往郊外或乡村，采用露天堆放或填埋的方式进行处理，耗用大量的征用土地费、垃圾清运等建设经费，同时，清运和堆放过程中的遗撒和粉尘、灰沙飞扬等问题又造成了严重的环境污染。建筑垃圾的再生利用途径主要有以下几种：

1）利用废弃建筑混凝土和废弃砖石生产粗细骨料，可用于生产相应强度等级的混凝土、砂浆或制备诸如砌块、墙板、地砖等建材制品。粗细骨料添加固化类材料后，也可用于公路路面基层。

2）利用废砖瓦生产骨料，可用于生产再生砖、砌块、墙板、地砖等建材制品。

3）渣土可用于筑路施工、桩基填料、地基基础等。

4）对于废弃木材类建筑垃圾，尚未明显破坏的木材可以直接再用于重建建筑，破损严重的木质构件可作为木质再生板材的原材料或造纸等。

5）废弃路面沥青混合料可按适当比例直接用于再生沥青混凝土。

6）废弃道路混凝土可加工成再生骨料用于配制再生混凝土。

7）废钢材、废钢筋及其他废金属材料可直接再利用或回炉加工。

8）废玻璃、废塑料、废陶瓷等建筑垃圾视情况区别利用。

9）利用建筑垃圾堆山造景。各地有很多新建住宅小区，通过堆山造景，基本能够实现弃土的就地消纳回用，不会出现大量建筑垃圾外运的情况。此外，一些主题公园建设和局部区域土地整理工程，都可以减少建筑垃圾增量。比如，北京的南海子郊野公园和园博园、天津的南翠屏公园等，都是利用建筑垃圾营造园林景观。利用建筑垃圾堆山造景不但解决了垃圾存放难题，还给市民提供了休闲娱乐场所。

专栏 8-7　建筑垃圾再生利用案例

（1）上海

上海国际航空服务中心建筑废弃混凝土循环利用中心成立于 2014 年 9 月,运营至今完成了项目本身 8 万 t 混凝土废弃物 100%处理再利用的目标,同时帮助周边项目消纳混凝土废弃物 3 万 t。而在循环利用过程中,为降低废弃混凝土利用区域生产对周边环境造成的影响,项目采取了自动喷雾降尘系统,场地内搭设破碎厂房、砌块生产厂房来实现降尘降噪。目前,上海正采取信息化的手段,对建筑废弃混凝土实施精准化监管,确保建筑废弃混凝土 100%资源化利用。建筑废弃混凝土资源化利用系统已开发完成,建材监管信息系平台正在完善。市住房城乡建设管理委也先后在 2015 年和 2016 年出台了《上海市建筑废弃混凝土资源化利用管理暂行规定》和《关于加快推进建筑废弃混凝土资源化利用的通知》,为建筑废弃混凝土资源化利用提供政策支持。

（2）石家庄

石家庄年产生建筑垃圾约 700 万 m^3,且有逐年上升趋势,近年来,大量建筑垃圾堆积在滹沱河京昆高速至中华大街长约 7 km 的范围内,垃圾总量 1 000 多万 m^3,不仅造成大气、土壤、水质污染,而且占用了大量土地,对资源形成了严重浪费。为此,石家庄市政府决定,由市城管委牵头,市政建设总公司具体实施,采取再生利用方式处置建筑垃圾。石家庄建筑垃圾再生利用项目设计产能每小时处理垃圾 1 000 m^3,年处理能力 300 多万 m^3,每年可节约垃圾堆放占用土地 600 余亩,少开采天然砂石 500 万 t,可有效缓解城市垃圾占用土地、污染环境等问题,对打造循环经济、促进绿色发展具有良好的示范和推动作用。石家庄计划再建设 2~3 条固定生产线,以解决全市建筑垃圾处置问题。

专栏 8-8　部分地区建筑垃圾综合利用相关政策

（1）山东省

2010 年，山东省发布《关于进一步做好建筑垃圾综合利用工作的意见的通知》，综合利用财政、税收、投资等经济杠杆支持建筑垃圾的综合利用，鼓励采取企业直接投资、BOT 等投资方式推进建筑垃圾综合利用项目建设。凡按照规划建设建筑垃圾综合利用处理厂的，投资主管部门、国土资源部门要在项目立项、土地审批等环节给予优先考虑。各地可采取向建筑垃圾产生单位收取处置费、政府补贴等方式，支持建筑垃圾综合利用企业发展。

（2）河南省

2015 年，河南省人民政府《关于加强城市建筑垃圾管理促进资源化利用的意见》要求，到 2016 年，省辖市建成建筑垃圾资源化利用设施，城区建筑垃圾资源化利用率达到 40%。到 2020 年，省辖市建筑垃圾资源化利用率达到 70% 以上，县（市、区）建成建筑垃圾资源化利用设施，建筑垃圾资源化利用率达到 50% 以上。通过以奖代补、贷款贴息等方式，鼓励社会资本参与建筑垃圾资源化利用设施建设，享受当地招商引资优惠政策，促进建筑垃圾资源化利用设施建设和再生产品应用。《河南省建筑垃圾管理和资源化利用试点省工作实施方案》要求各市（县）政府 2015年 12 月底前建立由城管、住房建设、公安、交通、环保等职能部门联动的建筑垃圾网络管理平台，通过平台对建筑垃圾产生、收集、运输、处置等四个环节进行监控。

（3）贵州省

2015 年，贵州省住房城乡建设厅发布《关于做好建筑垃圾资源化利用工作的指导意见》，明确要求大力提升各地的建筑垃圾资源化利用率，逐步降低填埋方式处置建筑垃圾的比例，以新型的资源化处理基地替代传统的消纳场。到 2020 年，建筑垃圾资源化利用比例要达到 30%。

（4）广东省

2015 年，广东省广州市印发《广州市建筑废弃物综合利用财政补贴资金管理试行办法》，安排专项资金支持建筑废弃物的综合利用生产活动。建筑废弃物处置补贴资金按再生建材产品中建筑废弃物的实际利用量予以补贴，补贴标准为 2 元/t；生产用地补贴资金对符合补贴条件企业的厂区用地，结合企业的生产规模予以补贴，补贴标准按 3 元/m² 执行。

专栏 8-9　部分地区建筑垃圾资源化利用举措及成果

（1）北京市

北京市年产生建筑垃圾 3 500 万 t，该市市政、建设、环保、城管等多部门在 2012 年就联合确定工作方案，从建筑垃圾产生的源头管起，通过建设循环回收工厂、整治运输车辆、调整处置价格等手段严管建筑垃圾违规消纳、运输问题，并发布《建筑垃圾土方砂石运输管理工作意见》，为建筑垃圾"戴上"工地管理、行政许可、运输环节、消纳管理等 24 道"紧箍"。

根据规划，北京近期将在各区县建成 6 个建筑垃圾处置场所，处置能力将提升到 800 万 t，市政府将给予 30%的投资补助，建筑垃圾循环生产的仿古砖、步道砖、透水砖等建材将在建设保障房、桥梁、老旧小区改造、园林绿化和河道整治等项目中优先采用。例如，2014 年，海淀区政府颁布了《海淀北部地区生态建设实施纲要》，提出了 33 项生态指标，其中包括建筑垃圾资源化率 2015 年、2020 年分别达到 80%、85%的目标要求。

（2）山东省青岛市

青岛市城乡建设委员会数据显示，"十二五"期间，青岛市建筑废弃物资源化行业实现飞速发展，已规划建设建筑废弃物资源化利用企业 15 家，累计实现资源化利用超过 3 500 万 t，可替代天然砂石近 2 000 万 t，创造产值 42.88 亿元，实现了经济效益、社会效益和环境效益的全面丰收。

"十二五"期间，通过对建筑废弃物的资源化利用，山东青岛市实现节约填埋土地 3 500 余亩，减少了对周边超过万亩土地和地下水源的污染。2015 年年底，青岛市城乡建设委员会拿出了 630 余万元，对已投产的 14 家建筑废弃物资源化利用企业进行补助。截至目前，该市对此类企业的补助已达 1 100 余万元。

（3）浙江省绍兴市

建筑泥浆是建筑工程产生的废弃物，处置难、随意倾倒现象普遍，造成城市河道污染。为彻底整治建筑泥浆长期偷倒污染河道的顽疾，2012 年年底，绍兴市建筑业管理局根据市政府要求，以"政府主导、市场运作、资源利用、科学管理"为原则，起草了多个规范性文件。2012 年出台了《绍兴市区建筑泥浆处置管理暂行办法》，并制定了相应的《实施细则》，加强源头环节监控、规范运输环节行为、推进循环资源化利用、运用"智慧建管"信息化监控，确立了数量统计、源头申报、企业化运输、联单制管理、定点化排放、无害化处置和资源化利用等规范化管理体系，创立了统一台账、统一收集、统一运输、统一价格、统一处置的"五统一"制度。

实施规范化管理以来，已集中消纳建筑泥浆 400 余万 m^3，实现了将建筑泥浆"变废为宝"、制成新型建材的目标，走向了绿色循环发展之路，助推了绍兴市"五水共治"及"双重战略"的全面实施。3 年来，绍兴从未发生一起建筑泥浆偷排乱放事件，原先 90% 以上建筑泥浆偷排入河的乱象得以根治，有效减少了河道淤积、改善了水体环境。绍兴市建筑泥浆处置管理的实践成果申报了 2015 年中国人居环境（范例）奖。

8.5 重点任务

（1）推进再生资源的源头减量、过程防污、最终无害

建立再生资源回收体系，做好回收网点、再利用园区的布局规划，进一步推进回收网点进社区、进学校、进企业等。以化工、电力、化肥等大宗固体废物行业为重点，做好大宗工业固体废物产生企业的清洁生产审核工作，促进固体废物的减量化、资源化。加快化工废渣提取回收烧碱、硫酸、硫黄等精细化工产品的技术研发和产业化步伐，提高综合利用产品附加值，大力发展循环经济，全面推进资源综合利用。规范完善再生铅、再生铝，以及废钢铁、废塑料、废旧轮胎等综合利用行业管理。继续推动再生资源利用行业的圈区管理工作，将小、散、乱的再生利用企业纳入谷城经济开发区再生资源园等园区统一管理，提升行业整体环境保护水平，降低二次污染。税收部门对全市有回收、储存和处置再生资源资质的企业实施税收优惠。规范铅蓄电池废液等再生资源回收利用全过程的污染防治工作，加强对规划区内再生资源回收过程中环境污染的防治工作监督管理，开展再生资源违法排污专项活动，对严重违法行为联合工商等部门予以取缔，或移

交公安机关。

（2）提高工业固体废物和危险废物处置能力

加强工业固体废物和危险废物的收集管理。完善废物分类收集运输和贮存过程中的污染监测及应急措施。组建全市固体废物管理中心和各县区固体废物管理站，由襄阳市环保局监管，负责全市各县区固体废物管理站的运转、固体废物基础数据管理、危险废物处理处置交换等管理控制工作。开展历史遗留危险废物排查和评估项目，制定危险废物监管重点源清单。整顿危险废物产生单位自建贮存利用处置设施，鼓励大型危险废物产生单位和工业园区配套建设规范化的危险废物利用处置设施。全面实施危险废物网上管理，企业危险废物必须根据成分，采用专用容器进行分类收集。

（3）实现城镇垃圾处理全覆盖和处置设施稳定达标运行

加强收运系统建设，实现垃圾全处理。按照人口规模、交通条件、垃圾产生量等因素，合理配置垃圾收集、转运和运输设施建设，提高运输能力。加快县城垃圾处理设施建设，加快完善乡镇垃圾无害化处理设施建设，确保农村固体废物"户分类、村收集、镇清运、区处理"，实现垃圾分类运输、分类处理。2022 年，实现城市生活垃圾无害化全处理。加强垃圾渗滤液处理处置、焚烧飞灰处理处置、填埋场甲烷利用和恶臭处理，向社会公开垃圾处置设施污染物排放情况。加快建设城市餐厨废弃物、建筑垃圾和废旧纺织品等资源化利用和无害化处理系统。完善生活垃圾分类回收设施，以中心城区为重点，建设生活垃圾分类示范区。强化农村地区生活垃圾分类工作，将灰土类垃圾从生活垃圾中分离并单独运输、处理，对混凝土、预制件、渣土等进行综合回收利用。加大历史遗留非正规生活垃圾填埋场治理和建筑垃圾简易填埋场规范管理力度。

8.6　重大工程

（1）生活垃圾处理能力提升工程

硬件强化方面，开展以农村为重点的生活垃圾收运系统建设，环卫车辆停保场项目建设，农村地区垃圾转运站更新改造建设，非正规垃圾填埋场治理建设；

技术创新方面，开展襄阳市生活垃圾填埋场焚烧能力提升工程，生活垃圾无害化处理技术改造工程，农村生活垃圾就地资源化技术改造工程；

垃圾分类方面，开展生活垃圾分类收集项目，餐厨垃圾处理厂工程，建筑垃圾消纳项目建设，危险废物安全处置项目。

（2）一般工业固体废物综合利用与处置能力提升工程

一般工业固体废物处置方面，开展集中处置工程，建设相应一般工业固体废物的处理处置设施。

一般工业固体废物综合利用方面，开展粉煤灰综合利用工程、磷石膏综合利用工程，化工废渣提取回收烧碱、硫酸、硫黄等精细化工产品的技术研发和产业化项目。

（3）危险废物综合利用与处置能力提升工程

危险废物安全处置方面，开展危险废物集中处置设施升级改造项目，开展历史遗留危险废物排查和评估项目，危险废物产生单位自建贮存利用处置设施整顿项目，工业园区危险废物利用处置设施建设项目。

危险废物综合利用方面，开展废铅酸蓄电池、废旧电子产品、废弃机动车等回收网络建立工程，废弃荧光灯管和含汞电池分类回收处理工程项目。

第9章

农村生态环境保护研究

随着襄阳社会经济迅速发展，气候变化、降水量减少、水体污染、工业、农业及城市居民生活用水需水量不断增加，南水北调中线工程实施等导致襄阳供水量呈逐渐减少的趋势。在水资源紧缺的同时，规划区还存在由于肥料的不合理使用导致的面源污染，严重影响了地表水和地下水的水质。落后的农业用水、施肥方式，使得水资源匮乏、水质恶化等面源污染问题日益突出。农业面源污染主要是农村居民生活污水，农用化肥、农药的施用、流失产生的污染，禽畜养殖产生的污染，农作物秸秆及农膜施用产生的污染，水产养殖产生的污染等。

9.1 现状与问题

9.1.1 农田种植、畜禽养殖业产量高，规模大

区域内农田种植、畜禽养殖业产量高，规模大。襄阳市粮食产量占全国的近1%，主要农作物有小麦、水稻、玉米、药材、烟叶、蔬菜、瓜果等 30 余种。2015年耕地面积 678.3 万亩，粮食种植面积 1 135.2 万亩，粮食总产量 502.8 万 t，棉花总产量 4.2 万 t，油料总产量 25 万 t。其中区县层面粮食总产量 305.15 万 t，水田总计 130.73 万亩，旱地总计 145.79 万亩（表 9-1）。位于规划区的部分鄂北岗地是指襄阳市域内汉江东北岸地区，包括老河口市、樊城区、襄州区、枣阳市、襄阳

（国家级）高新技术开发区和襄阳（国家级）经济技术开发区的全部，以及宜城市的南营、王集、板桥店、流水等 4 个乡镇，也是湖北省重要的粮食主产区之一，常年粮食产量占全省粮食总产的 60% 左右。此外，规划区内的畜禽养殖业发展迅速，畜禽养殖业规模大。截至 2015 年，规划区内区县层面的畜禽养殖业包括猪 695.1 万头、羊 140 万头、禽类 20 257.45 万头，畜禽肉、蛋、水产的总产量为 167 027.531 t，与 2011 年相比，分别增加了约 10 890 万头牲畜，76 664 t 畜禽肉、蛋和水产产量（表 9-2）。

表 9-1 2015 年规划区内区县层面的农业种植情况

县市区名称	水田	旱地	粮食总产量/万 t
宜城市	32.21	30.67	69.75
谷城县	17.19	11.34	28.05
老河口市	14.63	25.98	37.42
襄州区	47.6	63.09	136.46
襄城区	10.81	6.4	17.28
樊城区	8.29	8.31	16.19
总计	130.73	145.79	305.15

表 9-2 2011—2015 年规划区内区县层面的畜禽养殖产量情况

年份	生猪/万头	羊/万头	禽类/万头	畜禽肉产量/t	禽蛋产量/t	水产产量/t
2011	646.04	126.85	9 429.21	13 143.86	51 288.27	25 931.31
2013	713.42	136.48	11 443.2	15 324.59	59 887.44	30 256.75
2014	730.36	131.37	11 618.52	15 548.72	60 730.69	30 687.72
2015	695.1	140.041	20 257.45	24 115.971	95 067.56	47 844

注：缺 2012 年数据。

9.1.2 种植业农用化肥农药使用量大

农用化肥、塑料薄膜使用量逐年上升，化学需氧量的农业源占比逐年上升，增加了土壤、水环境面源污染的风险。2015 年规划区内农用化肥施用量为 489 092 t，农用塑料薄膜使用量为 5 725 t，农药使用量为 10 008 t，化学需氧量农业源排放量为 5.13 万 t，氨氮农业源排放量为 0.54 万 t（表 9-3）。其中化肥用量和塑料薄膜使用量相较于 2011 年增加了 125 303 t、116 t，农药的使用量下降了 1 591 t，化学需氧量与氨氮的排放量分别下降了 4 450 t、1 330 t。其中，化学需氧量的农业源占比由 2011 年的 55.4%增加至 56.8%。化肥的超量施用和不合理施用，会导致土壤板结、耕地质量退化、肥料利用率低，将造成地表水、地下水的污染，江河湖泊富营养化。残留于土壤、水体和农产品中的农药，危及农产品质量安全和人民身体健康。同时农药在降解过程中，产生的有毒气体和重金属等物质，也造成对大气和周边环境的污染。据统计，襄阳农膜回收利用占总量的 57%，约 13%没有被农业再利用，另外 30%的废弃农膜则基本堆弃在田间，部分被雨水冲入河流，少量被农户堆积在田间焚烧。残留农膜在缓慢的分解过程中会释放出有毒污染物，致使耕地质量下降，不利于作物生长，造成严重减产。

表 9-3　2011—2015 年规划范围内区县层面的污染物排放与生产情况

年份	农用化肥施用量/t	农用塑料薄膜使用量/t	农药使用量/t	化学需氧量农业源/万 t	氨氮农业源/万 t
2011	363 789	5 609	11 599	5.575	0.673
2012	—	—	—	5.548	0.668
2013	371 001	5 416	11 060	5.497	0.662
2014	379 192	5 550	11 180	5.42	0.65
2015	489 092	5 725	10 008	5.13	0.54

9.1.3　不同类型的农业污染物排放量大

根据《湖北省水源地环境保护规划基础调查》，确定农村居民的生活污水排污系数和畜禽粪便污染物排放系数。根据《全国饮用水水源地环境保护规划》相关计算参数和环境保护部公布的农田径流污染物流失源强系数，并参考《第一次全国污染源普查：农业污染源肥料流失系数手册》中源强参数，确定农业面源污染物排放系数如表 9-4 所示。

表 9-4　农业生产生活污染物排放系数

污染物来源	COD 排污系数	NH$_3$-N 排污系数
农村生活污水	16.4 g/（人·d）	4 g/（人·d）
农田径流	10 kg/（亩·a）	0.386 kg/（亩·a）
畜禽养殖	50 g/（头·d）	10 g/（头·d）

规划区内区县层面的农村面源污染源分别来自农村生活污水排放、农业面源排放和畜禽养殖排放。根据 2016 年襄阳市统计年鉴中规划区内各县区层面的农村人口、耕地面积、畜禽养殖情况、结合表 9-4 的农村生活污水排污系数、农田径流排污系数、畜禽养殖排污系数计算 2015 年规划区范围内各区县层面的农业污染物 COD 和 NH$_3$-N 的排放源量（表 9-5）。

表 9-5　2015 年规划区内区县层面的农村 COD 和 NH$_3$-N 的排放源量汇总

县市区名称	农村人口/万人	耕地面积/万亩	畜禽养殖情况（折算到猪）/万头
宜城市	41.69	62.535	111.06
谷城县	38.28	57.42	128.73
老河口市	29.57	44.355	99.02
襄州区	79.01	118.515	267.38
襄城区	21.43	32.145	28.19
樊城区	20.32	30.48	19.98

从表 9-6 可知，COD 的排放来源主要是畜禽养殖，其排放量是生活排放的 8.6 倍和面源排放的 2.8 倍，NH$_3$-N 的畜禽养殖排放是生活排放的 7 倍和面源排放的 15 倍左右。

表 9-6　2015 年规划区内区县层面的污染物排放量

县市区名称	COD 排放量/（t/a）			NH₃-N 排放量/（t/a）		
	生活排放	面源排放	畜禽排放	生活排放	面源排放	畜禽排放
宜城市	2 495.563 4	9 432	20 268.45	608.674	364.075 2	4 053.69
谷城县	2 291.440 8	4 279.5	23 493.225	558.888	165.188 7	4 698.645
老河口市	1 770.060 2	6 091.5	18 071.15	431.722	235.131 9	3 614.23
襄州区	4 729.538 6	16 603.5	48 796.85	1 153.546	640.895 1	9 759.37
襄城区	1 282.799 8	2 581.5	5 144.675	312.878	99.645 9	1 028.935
樊城区	1 216.355 2	2 490	3 646.35	296.672	96.114	729.27
总计	13 785.758	41 478	119 420.7	3 362.38	1 601.051	23 884.14

9.1.4　环境基础设施匮乏

随着城市化进程的加快，小城镇和乡村聚集点人口迅速增加，但是环境基础设施建设缺乏。规划区内的农村生活污水处理设施均等化差异较大，部分农村环境基础设施薄弱，整体污水处理率低。绝大部分村镇的生活污水未经处理而直接排入河道，成为农村水污染的主要来源。县城区普遍存在雨污合流、管网老化、收集系统不完善等问题，部分污水处理厂进水浓度偏低的问题尚未根本解决。规划区农村垃圾主要是生活垃圾，生产垃圾中主要是种植业垃圾和工业垃圾。生活垃圾处理设施并没有实现全覆盖，未配套建设垃圾收运体系，减量、运输和处理压力仍然较大。大量的秸秆、杂草，85%以上的农用地膜和农用化肥、农药包装被随意丢弃或焚烧。同时，规划区内的养殖场污水处理设备不足，污染物没有经过处理或处理不合格的排放方式，严重危害汉江下游水生态环境质量。

9.1.5　原因分析

农村环境问题已成为新农村建设的重要制约因素。分析农村环境问题的成因，对保护与改善农村环境，建设社会主义新农村具有重要的意义。导致当前农村环境问题的主要原因，可以归结为以下几个方面，具体见表 9-7。

表 9-7　农村环境污染原因汇总

原因类型	原因性质	形成农村环境问题的原因	问题形成机理
直接原因	种植业污染	■ 化肥污染	使用量增加+化肥品质、品位比重小+化肥流失、氮磷排放
		■ 农药污染	农药量增加+农药残留+危害生物多样性
		■ 农膜污染	使用量增加+难以降解+农膜残留量大
		■ 农业固体废物污染	产生量巨大+未充分利用
	畜禽养殖业污染	■ 畜禽粪便产生量巨大，土地负荷过大	畜禽粪便产生量巨大+污染物流失严重+土地负荷警戒值增高
	小城镇和农村聚居点生活污染	■ 垃圾的随意堆放	生活垃圾增多+环卫设施落后+环保意识淡薄+缺乏相应管理
		■ 固体废物的再利用方式逐步弱化	固体废物利用率低，垃圾随意堆放
	农村周边工业企业的污染	■ 乡镇企业布局分散，工艺落后，多数没有污染治理设施	乡镇企业多而散，技术落后，粗放式经营
		■ 城市工业污染"上山下乡"现象加剧	城市工业污染向农村转移，农业工业化以牺牲环境为代价
间接原因	历史性因素	■ 传统生活习惯影响，农民环保意识淡薄	农民不注重生活习惯对农村环境的影响
		■ 政府对农村环境保护工作重视不够	政府长期关注经济发展，弱化了对农村环境的重视程度
		■ 农村资源和能源结构长期不合理	传统生产方式+自然消耗加剧+生物质能源多被遗弃
	基础性缺失	■ 农村环保投入不足，基础设施比较落后	政府提供环保设施的服务能力薄弱，农村环卫设施建设总体处于空白状态
		■ 基层环保机构缺失，管理体系不完善	基层环保机构不健全，村（街道）、社区环保办事机构空白环境立法缺位，现有法律的针对性、可操作性不强
		■ 资金、人力不足，环保宣传教育不够	基层环保宣传缺乏，农民知识水平较低，环保意识较为薄弱

原因类型	原因性质	形成农村环境问题的原因	问题形成机理
制度原因	土地现行制度	■ 农村土地产权不明确	土地产权主体认识模糊,集体组织对土地环境保护职责缺失
		■ 土地经营不够稳定	经营权不稳,农户未能达到预期收益,短期压榨土地资源行为普遍
		■ 土地零碎化管理	土地使用权缺乏流动性,制约农业规模经营,农民经营成本高,收益低
		■ 共有资源得不到保护	农村公共物品未得到有效界定,共有资源掠夺式使用严重
	乡镇企业管理	■ 乡镇企业缺乏统一管理,经营混乱	"部门掣肘"+地方性保护主义+很多企业未得到环保部门批准
	环境保护机构设置制度	■ 环保机构的设置与现实要求不一致	环保机构规模小,不能直接行使强制执行程序,生态环境部对地方环保局只有政策指导作用,不能很好地行使管理和监督职能
		■ 基层环保机构整体素质与能力不适应新形势需要	执法人员素质不高,不熟悉环境法律规定且缺乏必要的行政执法素养和能力,执法不当或行政不作为,降低了地方环境执法的效率
	环境问题的管理制度	■ 环境管理行政手段与当前环保要求不符	不能适应市场经济要求,人为因素影响大,行政主客体不对称
		■ 环境管理部门的权责不对等影响环境治理的效果	权力清晰化与责任模糊化错位,高位职级命令化与低位职级服从化错位权力占有与义务免赦型错位
根本原因		■ 襄阳当前经济发展（阶段）转型以及城乡二元结构性失衡	

9.2　模式与借鉴

9.2.1　美国农村环境污染防治的主要做法

世界上最先提出走可持续农业道路的国家是美国。为逐步走向可持续农业的发展道路，美国继"低投入持续农业"之后又描绘了"高效可持续农业"的蓝图，提出发展可持续农业应该以农场主为主，通过农业投入来改善环境质量并为其增加收入，以此来为农场主提供一个最适合的条件。这一模式是建立在遵循农业的生态原则下来对农业生产的各个环节进行科学管理，着重强调用科技进步来提高农业的生产效率，化学制品需通过严格地检验后才能投入使用，以此来降低环境污染，真正做到绿色环保，为发展可持续农业提供一个良好的物质基础。

（1）农药环境管理

在农药上，美国管理得十分严格，美国出台了《联邦杀虫剂、杀菌剂及杀鼠剂法》，在该法中，美国国家环保局有权根据该法案制定相关的行政制度和标准，来对农药进行严格把关。就此，美国国家环保局出台了一系列关于农药管理的法规，如《农产品农药残留量条例》《农药和农药器具标志条例》《农药登记标准》《农药登记和分类程序》等。美国在农药管理上还有一个很特别的地方，那就是美国国民极强的法律意识和环保意识，这不仅可以监督违法者，而且也监督着政府的行为。所以，美国在农药管理上繁而有序，农药的使用效率得以不断提升，农药对农业生产和环境的影响也比较低。

（2）污水处理

近几年，美国政府倡导国民开发研究经济、简便、有效的分散型的污水处理系统，以此来对农村和社区的水污染进行有效控制，改善周边的环境质量和卫生条件。当前，在农村的水污染控制上，分散型污水处理系统的地位日益重要。调查显示，美国郊区有近 1/4 的人口和 1/3 的新建社区在用分散型污水处理设施，这些地方装有近 2 500 万套的分散型污水处理系统，由这一系统处理的污水量每日可达 $1.7 \times 10^7 \, \mathrm{m}^3$。为引导群众和地方政府在合适的地方安装这一系统，美国国家环保局在 2002 年和 2005 年分别发布了《污水就地处理系统手册》和《分散式污水处理系统管理手册》。

（3）生活垃圾处理

美国农村的垃圾通常由规模较小的家庭公司来处理。公司的员工一般是工农一体，这些员工开着小垃圾车挨家挨户去回收垃圾，并收取相应的费用。尽管美国农民有些散居，但垃圾公司每天早晨都会派专车深入到农村的各个角落，将每家每户送到公路边的分类垃圾带走。

9.2.2　德国农村环境污染防治的主要做法

20 世纪 90 年代，德国将可持续发展理念融入农村建设中，在建设中开始注重农村的经济价值、休闲价值、旅游价值、文化价值以及生态价值。在对新农村环境污染的防治上，德国主要做了以下努力：

（1）国家政策支持

首先，政府通过财政补贴来扶持。德国各级政府农业部门的首要任务是通过分析研究农业技术对环境的影响来协调农业政策和环境保护政策之间的关系。在德国农业部官员看来，通过降低城镇建设与交通建设对农村地区的危害来保护农业生态环境将是他们的头等任务。所以，德国农业部的工作基本上都和环境保护相联系，主要是通过多方面的补贴与扶持来完善农村的基础设施建设，加快农业的发展。在政策的扶持下，德国多数的农村地区都建设了相应的污水、固体废物处理系统，以此来推动农业的高效快速发展。其次，进行科学规划。为推动农村建设的可持续发展进程，德国在土地整理与改革的工作中增加了村庄改造的任务，并将其逐步归入国家的整体规划体系中。为此，德国制订了一系列计划使各个项目得以落实，不仅改善了农村居民的居住和生活质量，还促进了村庄的发展和农村产业结构的优化，农村的文物古迹、人文环境以及自然环境也受到了一定程度的保护。以巴伐利亚州为例，该州政府在 20 世纪 50 年代就制定了"村镇整体发展规划"来控制村镇的发展，该计划涵盖了优化产业结构、完善基础设施、调整土地分布、修缮传统民居、修缮与保护古旧村落、保护传统文明等多个方面。再次，法律保障。德国先后颁布了《帝国土地改革法》与《土地整理法》，并且，联邦国土规划法、州国土规划法以及州发展规划都对农村的建设和发展有所说明。自法律施行以来，村庄的建设得到了规范，在建设中不仅注重保护村庄的原貌，还合理规划村庄内部道路的布局和对外交通，保护村庄的生态环境。最后，全民参与。对于德国新农村建设的完成，村民的积极参与将发挥着至关重要的作用。有了法律保障，德国村民参与新农村建设的积极性也会大大提高。在平等参与和协商中，村民与专业协会、专业机构、社区政府的距离缩短了，相互之间的交流和沟通增多了，提高了村民参加村庄建设的积极性。社区政府利用媒体、网络以及集会、讲座等方式向村民传递即时信息，广泛征询村民的意见与建议。

（2）生活污水处理

在德国，几乎所有的村镇都建立了排污系统，这一系统有混流式与分流式两种类型。分流式就是将工厂废水、生活污水与雨水等分管道汇集，单独处理。德国就偏远地区的污水处理问题进行了"分散市镇基础设施系统"的研究。"分散市镇基础设施系统"，即在那些没有连入排水网的偏远村镇里建立先进的膜生物反应器，平时分开收集污水和雨水，然后再用膜生物反应器来将污水净化。这一系统既使污水处理的成本得以减少，又在净化污水的过程中能够获得氮气，可谓"变废为宝""一举两得"。

（3）生活垃圾的管理与处置

由于城乡一体化进程，德国农村和城市的生活垃圾都由政府统一管理或者委托专门的企业进行管理，对城乡的生活垃圾进行统一立法、收运和处理，并且管理体制也已相对完善。在管理垃圾时，德国注意避免垃圾的产生和垃圾的循环利用。要想避免产生垃圾，第一，需要增强人们的环保意识，并且深入到日常的生活和工作中去；第二，需要用相应的政策和措施来管控，尤其是在产品的生产、使用以及消耗这三个方面应加大政策的管控。在德国，社区垃圾中有 60% 来自家庭，在减少垃圾产生上，社区的功劳很大。对于垃圾的再利用，可以将那些使用过的物品在"跳蚤市场"、二手商品市场上获得二次生命，建设维修点以供居民维修旧损家电，为居民讲解可以避免包装垃圾产生的办法。

考虑到环保问题，德国严格规定了垃圾处理的技术，垃圾应以污染源源削减＞回收利用（包括堆肥）＞焚烧，回收能源＞最终填埋处理为优先处理顺序。垃圾处理必须遵从这个技术优先顺序，也就是说只有当高层次的技术方案无法使用时，才可以采用低层次的技术方案。这一垃圾处理技术等级的建立，使垃圾的回收利用得到了强制实施，降低了垃圾对环境的影响，促进了资源的循环利用，并且也使垃圾处理技术得以不断发展。

9.2.3　日本农村环境污染防治的主要做法

自 20 世纪 50 年代以来，工业化发展比较迅速，日本在农业上投入大量的农药和化肥，促使农产品的产量大幅度提高，但是却引发了水质恶化、农药残留、农产品的品质降低等一系列问题，致使环境污染问题越发严峻；20 世纪 80 年代后，日本开始在农业中灌入可持续发展的理念，并在这一理念的指导下先后出台了相应的关于农业环境的保护政策，开始走农业的可持续发展之路。

（1）循环农业建设

在建设循环型社会中，日本十分注重资源循环型农业的发展，而在这一发展过程中主要运用了"循环农法"的模式。所谓循环农法，日本的做法就是把居民在消费过程中制造的有机垃圾发酵成能为农业生产所用的有机肥，这样及时地给土壤补充养料，让农业生产出的有机食品在安全的基础上更加美味。在日益改善的居民生活质量的情形下，各个消费环节产生的有机垃圾也在不断增多，而循环农法既能让这些垃圾得到适当有效的归属，成为农业的资源补给，又可以提升经济效益。所以，要想实现资源循环型农业，"循环农法"是一条重要的途径。

（2）生活污水处理

日本农村，在保护环境上，基础设施相对完善，污水和废物处理系统遍及 3 000 多个町村。对于生活污水的处理，有合并处理净化槽和农村村庄排水设施两种类型，二者分属不同的行政管理主管部门，在技术和标准上也不甚相同。所谓农村村庄排水设施，就是用管网把农村中那些分散居住的农户生活污水收集起来并进行集中处理，由于这种方式处理的水量没有城市的规模大，所以就需要设立更多的污水收集管网。在日本农村，分散式污水处理系统比较常见，这种模式基建投资少、运行费用低、管理简便。其中，在日本农村最受欢迎的则是净化槽和土壤污水处理技术。日本的新见正早在 20 世纪 60 年代初就着手于土壤净化污水处理技术的研究，他研发的土壤毛细管浸润沟污水净化技术是在遵循自然生态原理的前提下进行的人工强化污水生态处理工艺，利用土壤—植物—微生物系统的化学作用、生化作用以及物理作用来综合净化处理污水。这种土壤净化设施在日本已建有 25 000 多套。

（3）生活垃圾处理

由于城乡一体化进程，日本城市和农村的生活垃圾都由政府统一管理或者委托专门的企业进行管理，对城乡的生活垃圾进行统一立法、收运和处理，并且管理体制也已相对完善。日本逐渐建立起的垃圾分类制度严厉得可谓苛刻。在收运农村垃圾时，特别强调各种垃圾要分类回收。在垃圾分类上也十分细致，用多个分类箱来回收不同的垃圾，有些地区在不同的星期收集的垃圾类型也不同，这些垃圾有家电、玻璃制品、金属、皮革、橡胶、塑料等。那些严格分类过的垃圾由专用垃圾车来定期回收，送入处理厂后便可循环利用。这种分类回收为后期的垃圾处理工作提供了便利。垃圾收集车也进行了严格地区分，统一使用自动加压式和自动封闭式两种类型。自动加压式的垃圾收集车能够把易拉罐等废物压扁成片，减少垃圾的体积，提升收运效率；而自动封闭式则能够避免恶臭等二次污染。

9.2.4　发达国家农村污染防治的经验借鉴

（1）重视农村环境污染防治的资金投入

在整治农村环境问题上，发达国家投入了大量资金。所谓"兵马未动粮草先行"，要想整治环境污染问题，首先得有一定的资金作为保障，不然就无法继续下一步工作。但是农村的经济水平一般都比城市低，要想很好地改善农村环境，只有靠政府的资金支持。所以，欧美的发达国家都相继加大投入改善农村环境的基础设施建设力度，并且还附加许多补贴、税收减免等优惠政策。如美国政府每年都会拨出几十亿美元作为整治农村环境问题和保护环境的专项资金。

（2）环境经济政策推行保护性耕作方式

大多数发达国家都相继出台一系列的环境经济政策，倡导保护性耕作方式，推进农业的可持续发展。如 1999 年，法国政府出台并在全国范围内推行了农场土地合同管理政策。根据条例，农场主必须和政府签署一个环境目标合同，只要农场所有人达到了这一目标，政府就按合约给予一定的补贴，这一政策调动了农场所有人保护环境的积极性。除法国外，欧洲一些国家在约束化肥和农药的使用上也出台了相应的政策，并且还拨出专项资金来进行农村环境污染的整治工作，倡导农民去保护并改善自己的居住环境和农村的生态环境。

（3）注重农村环境监管与管理制度建设

在发达国家，农村的环境问题由环保部门直接管理，环保部门制定一定的法律法规来对农村环境进行整治和管理。许多发达国家都建有辐射全国的农村环境污染防治的监测管理体系，从中获知相应的环境指标，进而加大整治农村环境污染的力度。如美国国家环保局的环境警察只隶属于该执法机构，受命于国家环保局，统一进行环境执法行动。并且，由法律授权，美国国家环保局还可以管理农药等。

（4）发达国家注重农户参与和技术运用

在英国农村环境治理过程中，农民协会也发挥了重要作用。农民协会的主要任务是听取和向政府相关部门反映农民意见，游说政府机构了解农民现状，对其进行帮助，进行环境情况调研，为农民争取较大的利益。发达国家在环境污染的治理上，鼓励公民积极参与到环境保护的行列中来，从自身做起，尽量减少农药化肥的使用，改用天然无污染的农家肥或绿肥，不用或少用无机材质的制品，对垃圾进行分类收集和处理。同时对那些污染处理不达标、排放量大、高污染的企业进行举报，真实地做到全民参与环境保护。近50年来，发达国家一直致力于农村生态环境的治理与保护，采用了一系列措施来推进农村生态环境保护，日本很注意提高农业环境治理和改善方面的技术含量，始终将环保科技作为推动农村环保的重要动力，目前已经形成了诸如"土壤诊断技术""高效肥料实用化技术""残留农药简易诊断技术""无农药无化肥栽培技术""侧条施肥技术""边锁抑制氮肥向水系流失技术"等一大批先进的农村污染治理技术。这些环保技术的开发利用对于农村生态环境的治理已颇见成效，水体污染减少、土壤质量显著提高、有机农业得到大力发展。

9.3　重点任务

坚持"城乡联动，综合防控，分类实施，创新机制"的方针，以农村环境质量现状评价为基础，分析归纳农村环境保护问题及原因，以环境保护优化农村经济增长，把农村环境保护与改善农村人居环境、促进农业可持续发展、提高农民生活水平和保障农产品质量安全结合起来。在汲取国内外先进经验的基础上，健全农村环境保护制度、制定农村污染防治规划、管理能力建设规划等，推进农村环境污染的治理与修复，逐步改善农村环境质量。

9.3.1 农村生活环境提升

（1）制定村庄环境综合整治规划

合理划分村域功能布局，强化环境规划内容的前置约束作用，制定村庄污染治理和生态保护等具体实施方案。结合村庄的建设需求、人文特征、产业特点，提高村庄环境综合整治规划的针对性与可操作性。全面推进沿江区域村庄环境综合整治。

（2）强化农村生活污染治理

加强汉江干流饮用水水源地上游地区的农村生活污水的收集与处理。在人口集中、经济发达、排污量大、污染比较严重的村镇，应建设污水集中处理设施；位于城市污水处理厂合理范围内的村镇，污水可纳入城市污水收集管网，统一处理。对居住比较分散、经济条件较差村庄的生活污水，可采用低成本、易管理的方式进行分散处理，比如人工湿地、生物滤池等处理模式。应将农村净化沼气池建设与改厕、改厨、改圈相结合，逐步提高农村生活污水综合处理率。因地制宜处理农村生活垃圾，逐步提高垃圾无害化处理水平。加强对农村地区电子废弃物、有毒有害废弃物的分类、回收与处置。

（3）开展农村固体废物收集和处理

统筹城乡生活垃圾收集处理设施建设。按照人口规模、交通条件、垃圾产生量等因素，合理配置垃圾收集、转运、压缩和运输设施建设。充分考虑周边农村地区生活垃圾处理需求，加快完善乡镇垃圾无害化处理设施建设。加强农村医疗废物和危险废物收集与贮存体系建设。按照国家有关规定，规范农村医疗废物和危险废物管理，加快实行农村医疗废物专业化转运和集中处置。严格执行危险废物许可经营，完善农村危险废物专业回收站点，对危险废物实行产生、收集、贮存、运输、处理处置的全过程管理。加强废弃电器电子产品、废弃铅酸蓄电池、废弃节能灯等废弃物回收利用。

（4）推广农村清洁能源

因地制宜，建设不同类型的农村清洁能源工程，逐步改善农村能源结构。大力发展农村沼气，综合利用作物秸秆，推广能源生态模式。在农户分散养殖畜禽的区域，以村为实施单元，集中连片推广"一池三改"户用沼气工程；在靠近规模化畜禽养殖场，料源充足、交通方便的地区，推广应用以畜禽粪便为主的沼气工程；在秸秆资源较丰富的农村聚居区，推行秸秆机械化还田、秸秆气化集中供热或发电工程，积极扶持秸秆收购企业和综合利用产业发展。

9.3.2 农业生产污染减排与防控

（1）加强种植业面源污染防治

开展农村面源污染现状调查，明确不同区域产生面源污染的原因及危害特征。加强化肥、农药使用的环境安全管理。全面推进沿江区域"两减两清"项目工程。大力推广测土配方施肥技术，在粮食主产区和重点流域要尽快普及。优化肥料结构，加快发展适合不同土壤、不同作物的专用肥、缓释肥。引导和鼓励农民使用高效、低毒、低残留农药，推广病虫草害综合防治、生物防治和精准施药等技术。建立健全农药生产和使用的废弃物回收及无害化处置体系。

（2）治理畜禽和水产养殖污染

根据《畜禽养殖污染防治管理办法》及《畜禽养殖业污染防治技术规范》，对畜禽养殖业发展进行合理规划布局，科学划定畜禽养殖禁养区、限养区、宜养区。重点在畜禽养殖废弃物产生量较高的地区，加强畜禽养殖废弃物的综合利用。筛选推广一批适用的畜禽养殖污染防治和废弃物综合利用技术。把畜禽养殖业发展与绿色食品、有机食品生产基地建设结合起来，遵循"以地定畜、种养结合"的原则，形成生态养殖—沼气—有机肥料—种植的循环经济模式；开展水产养殖污染状况调查，根据水体承载能力，确定水产养殖方式，控制水库、湖泊网箱养殖规模；加强水产养殖污染的监管；积极推广生态水产养殖技术。

9.3.3　农村环保综合机制构建战略

（1）建立农村环保部门协调机制

国家发展和改革委员会、财政部等综合经济部门要抓紧制定实施有利于农村环境保护的政策措施，加大农村环境保护的资金支持。建设部门要指导制定镇村建设规划，指导并组织农村生活污水、垃圾的处理；农业部门要抓好化肥、农药、畜禽养殖等生产过程的污染防治，积极发展生态农业、资源综合利用；水利部门要抓好饮水工程和水土保持，合理调配水资源；卫生部门要抓好农村改水、改厕等卫生保健工作；科技、国土资源、林业等各有关部门也要做好相关工作。环保部门要加强指导协调，对农村环保工作统一监管，检查考核各项工作落实情况。

（2）完善农村环保目标考核机制

将农村环保任务完成情况和环境质量状况纳入各地经济社会发展综合评价体系，作为政府领导干部综合考核评价的重要内容。

（3）健全农村环保投入机制

实施"以奖代补、以奖促治"，解决危害农民群众健康的突出环境问题。积极拓展资金渠道，逐步建立政府、企业、社会多元化投入机制。将农村环境保护列入中央财政预算，设立专项户头。从排污费等专项资金中安排一定比例用于农村环境保护。地方各级政府应在本级预算中安排一定资金用于农村环境保护。加强投入资金的制度安排，引导和鼓励社会资金参与农村环境保护。各级地方政府应积极组织和引导当地群众，参与到农村环境保护项目的建设和实施中。

（4）建立农村环保科技创新机制

以科技创新推动农村污染防治工作，在充分整合和利用现有科技资源的基础上，尽快建立农村环保科技支撑体系。大力研究、开发和推广低成本、操作简便、高效的农村环保适用技术。加强农村环境污染治理技术的培训、指导和试点示范。建立农村环保适用技术发布制度。加强农村环境保护重大课题的研究与科技攻关，包括农村城镇化进程中的环境保护、农村区域水环境安全保障等，加快科研成果转化和实际应用。

9.3.4　实施农村环境综合整治工程

实施农村生活垃圾治理专项行动，推进行政村环境综合整治，实施农业废弃物资源化利用示范工程，建设污水垃圾收集处理利用设施，梯次推进农村生活污水治理。实施畜禽养殖废弃物污染治理与资源化利用，开展畜禽规模养殖场污染综合治理和固体废物与污水贮存处理设施的配套建设。

第 10 章

环境风险评估与防范体系研究

10.1 环境风险现状及形势分析

10.1.1 突发性环境风险趋势

（1）襄阳市突发性环境事件仍呈上升趋势

2011—2015 年 5 年间襄阳市共发生 23 起突发性环境污染事件，事件总数基本呈现逐渐递增趋势，见图 10-1。仅 2014 年就发生了 7 起环境污染事件，多于2006—2010 年 5 年间事故发生总和。

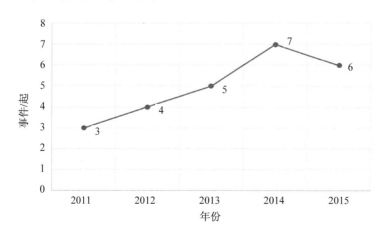

图 10-1 2011—2015 年襄阳市突发环境事件汇总

（2）危化品运输、污染企业违法排污环境风险事件频现

突发性环境污染事件类型呈多样化，主要包含水环境污染事件、大气环境污染事件、公路危化品运输突发环境事件等，见图10-2。襄阳市23起突发性环境污染事件中危化品运输车发生交通事故引起的环境污染事件共9起，占事件总数的39.1%，围绕汉江及其支流发生的死鱼事件、大量漂浮的油类、不明泡沫、絮状污染等事件有8起，占5年事件总数的34.8%，不明污染物倾倒及企业违法排污引起的环境污染及其他事件6起，占事件总数的26.1%。

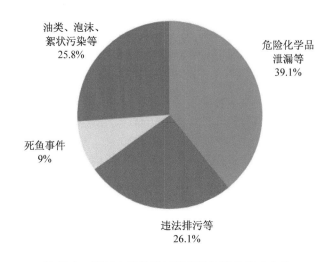

图 10-2　襄阳市突发性风险事故来源分类及占比

（3）汉江污染风险事件频现，水源地环境风险加剧

汉江污染环境事件频频发生并且污染种类日益增多（图10-3）。汉江作为襄阳市境内主要的饮用水水源地，环境十分敏感，境内316国道、207国道、二广高速、汉十高速作为襄阳市的主要交通干线都与汉江交错关联，随着化工产业迅速发展，基础化工原料需求量不断增加，运输方式又主要以公路运输为主，危化品运输车辆发生交通事故而导致的汉江水污染事件必然将呈现递增趋势。

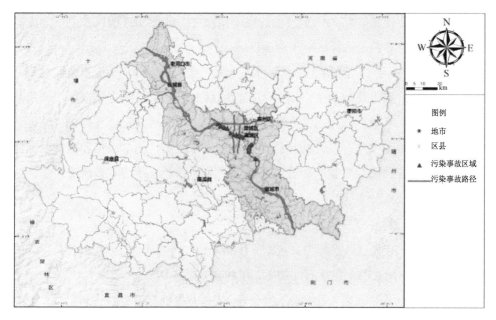

图 10-3　沿江区域已发生环境风险事故区域分布

10.1.2　环境风险源特征

（1）环境风险源数据库建立

环境风险源主要是指事故发生后对环境和人群产生影响的单元或对象。不仅包括污染事件对周边敏感受体所产生的危害性影响，还包括环境风险释放的不确定性。区域范围内的环境风险源主要是使用危险物质的企业、集中仓储仓库、储罐，危险物质的运输，毒害污染物的泄漏，废水废气事故性排放等。

襄阳市是湖北省省域副中心城市，地处湖北省西北部，汽车、纺织、化工、建材等是襄阳市的支柱产业。目前 4 个襄阳（产业襄阳、都市襄阳、文化襄阳、绿色襄阳）建设正如火如荼进行。作为支柱产业的化工产业也得到了空前发展，与此同时化工园区的规模也在不断扩大，目前襄阳市沿江区域内共有 4 大化工园区，主要包括以生物制药、磷化工、火电能源、建材为主的襄城余家湖工业园区（园区控制规划面积 31 km²），以精细化工、医药中间体、生物化工、日用化工为主的老河口科技产业园（园区控制规划面积 14.5 km²），位于宜城西南部以磷化工、汽车化工、医药化工、精细化工为主的襄阳精细化工产业园（园区控制规划面积15 km²）以及太平店镇化纤纺织工业园区。

因此，本章基于《危险化学品目录》《重大危险源辨识标准》筛选出危险物质，筛选涉及危险物质生产、加工、储存、运输的行业。同时，对近年来环境风险事件的发生行业、事故原因、事故发生后造成的损失及应急工作进行分析与整理，筛选涉及主要环境风险行业，初步确定石油化工和炼焦、化学原料和化学制品制造、医药制造业、危险货物运输业、金属采矿业等行业，作为重点研究对象，初步筛选风险企业共计 95 家。

（2）环境风险源分布特征

襄阳沿江区域环境风险源主要来源于化工企业。据统计，襄阳市环境风险源主要为涉危险化学品企业，包括石油加工、炼焦和核燃料加工业（2家）、化学原料和化学制品制造业（64家），医药制造业（5家），共有企业数71家，占风险行业总数74.7%。其次为涉重金属行业，包括：金属采矿业（1家），电器机械（3家），有色金属冶炼和压延加工业（4家），金属制品业（3家），制革业，共有企业数量11家，占风险行业总数11.6%；污水处理行业，共有企业数量5家，占风险行业总数5.3%。固体废物处置业，包括：垃圾填埋场（3家）、危险废物处理企业（1家），共有企业数量4家，占风险行业总数4.2%。电力热力生产供应业，共有企业数量2家，占风险行业总数2.1%，纺织行业，共有企业1家，占风险行业总数2.1%（图10-4）。

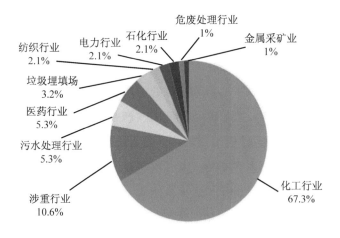

图 10-4　襄阳市沿江区域行业重点风险源分布

　　环境风险空间差异较大，环境风险区域特征显著。从地域分布来看，环境风险企业集中在雷河镇、余家湖街道办、谷城县城关镇及太平店镇等区域。其中，谷城县城关镇及老河口市循环产业园区内，电池行业、电器拆解行业较为集中，需重点防控重金属环境风险。余家湖街道办、太平店及雷河镇镇辖区内受到众多生物医药、化学制造企业集中分布的影响，成为襄阳市沿江区域化学品种类和数量高度集中的区域，企业平均生产和使用数量都比较大，生产集中度高，大多数企业涉及临界量较低的重点危险化学品，因此两区域主要防控工业园区危化学品环境风险（图 10-5,）。

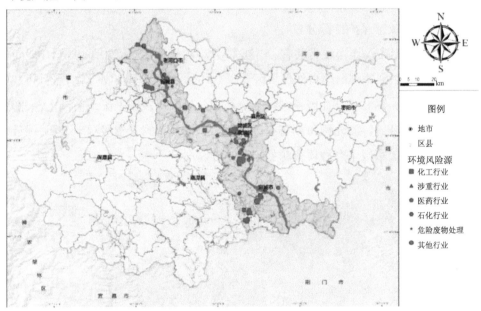

图 10-5　襄阳市沿江区域主要环境风险源空间分布

10.1.3　环境保护目标分布

　　根据建设项目环境影响评价、突发环境事件风险评估等相关技术文件以及国内外环境风险受体脆弱性评估理论模式，对襄阳市沿江区域聚集区、水库、河流以及保护区等，开展环境风险受体识别。

（1）人群分布特征

襄阳市 2016 年沿江区域常住人口 265.94 万人，主要集中在市区中心城区及沿江各区县城镇区域，其中襄城区及樊城区人口占沿江区域人口总数的一半以上，沿江带在各区县人口分布见表 10-1。

表 10-1　2016 年襄阳市沿江区域人口分布　　　　　　　单位：人

区域	襄城区	樊城区	襄州区	谷城县	老河口市	宜城市
常住人口	492 600	891 000	331 684	209 373	287 606	447 188

（2）生态敏感保护目标分布

目前，襄阳市汉江沿江带共有：沿江主要集中式饮用水水源地 13 处，涉水自然保护区 1 处，梨花湖湿地自然保护区（图 10-6）。湿地公园 6 处，湖北谷城汉江国家湿地公园、湖北长寿岛国家湿地公园、湖北襄阳汉江国家湿地公园、湖北万洋洲国家湿地公园、湖北鲤鱼湖省级湿地公园、湖北崔家营省级湿地公园；汉江襄阳段长春鳊国家级水产种质资源保护区 1 处。

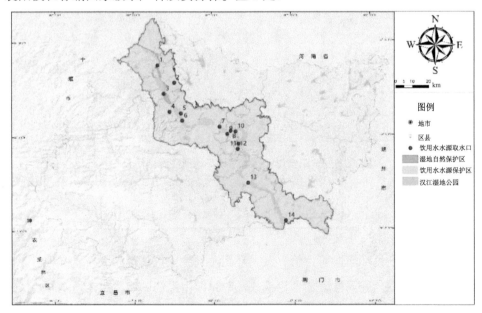

图 10-6　襄阳市沿江区域生态敏感保护目标分布

10.1.4 目前存在的主要问题

部分化工园区沿江布局，环境风险隐患较大。汉江是襄阳市重要的饮用水水源地，但重化工企业多沿江分布，布局总体呈现近水靠城的分布特征，区域性、布局性环境风险突出，保障饮用水安全压力大；如余家湖工业园临江布局，园区内化学原料及化学制品制造业企业多，工业生产总值比重大，环境风险单元数量多且风险多样化，生产的原辅材料和产品中包含大量危险化学品，距离汉江干流 2～3 km。谷城北河流域部分企业距离河岸不足 1 km，环境风险隐患较大。谷城再生资源产业园、老河口循环经济产业园和陈埠科技产业园等化工及涉重金属产业集中区，重污染企业的相对集中势必加大污染治理难度和环境风险隐患。

10.1.5 未来风险形势分析

基于襄阳沿江区域环境风险类型与由风险引发的环境污染事故特征分析，结合新时期经济、人口等演变形势，对新时期襄阳环境风险发展趋势做出以下判断。

（1）部分重点管控行业风险持续增加，环境风险压力不减

襄阳市沿江区域目前步入工业化发展中后期，今后一段时间内，工业仍然是全市经济增加的重要支撑点。依据《襄阳市国民经济和社会发展第十三个五年规划纲要》，预计"十三五"期间，全市规模以上工业总产值和增加值的年增速分别保持在 13%～16% 和 10%～12% 的合理区间，2020 年全市工业增加值达到 2 840 亿元。其中，规划提出以小河港煤炭储备基地为依托，充分利用蒙华重载铁路建设的战略机遇，大力引进煤化工龙头企业，打造中部重要的煤化工产业基地；医药化工产业作为襄阳市着力推进行业将实现快速发展，风险防控压力逐渐递增。

（2）环境污染事故防范风险能力与需求落差变大

襄阳市目前步入后工业化时代，今后一段时间内，基于人体健康和生态系统平衡的环境质量改善将是环境保护的首要重点和核心任务。治污减排以及伴随工业化进程的风险防范，将作为襄阳环境保护的两大抓手统筹安排，而更多考虑人体健康和生态系统平衡的环境质量改善是污染减排和风险防范的目标指向。群众对环境资源及风险管控的基线将大幅度提高。全过程风险管控、精细化、差异化

环境监管、应急等能力需求将进一步加强。当前，襄阳市沿江区域内环境风险管理刚刚步入正轨，系列对策措施还未正式出台或处于起步阶段，风险管理的成效还不能完全显现。因此，总体来说，未来一段时期，襄阳市实现与小康社会相适应的环境风险管控水平的难度加大。

10.2　环境风险分区管控体系

10.2.1　环境风险系统解析

环境风险因子来自环境风险源，它受风险初级控制机制控制；一旦初级控制机制由于自身故障或在外部风险触发机制作用下失效，环境风险因子释放于外部空间，受次级控制机制控制，并在环境风险场（即风险因子传输场）的作用下与风险受体接触，给受体带来严重损害，造成环境污染事故。环境风险系统中各要素具有同等重要性，即在一个特定的环境风险系统中，环境风险源、控制机制、环境风险场及受体的相互作用集中体现在环境风险源的危险性、控制机制有效性、环境风险场转运特征性和受体脆弱性方面。

（1）环境风险源

环境风险源主要指事故发生后对环境和人群产生影响的单元或对象。对于易燃易爆物，事故爆发后对环境影响不大，如环氧乙炔等，燃烧后不应急于灭火，而是采用燃烧法转化为二氧化碳，无大气污染问题，也无水污染问题；因此，环氧乙炔是易燃易爆物质，但不能算是环境风险物质。但由于火灾爆炸事故通常会引起有毒有害物质泄漏（如松花江污染事故），造成水污染或大气污染事故。因此本章将环境风险源的易燃易爆危险性作为环境风险因子释放的触发因子，环境风险源易燃易爆物质危险性能进一步加强环境风险源自身危险性。

（2）控制机制

初级控制机制是指环境风险源所固有的，控制环境风险因子释放的措施或设施，属于源控制。它可以表现为人的行为（包括机器操作行为、计划行为、决策管理行为等），也可以表现为设施运转行为。初级控制机制是指可起到控制环境风险因子释放到外空间的一切作用和因素，初级控制机制失效导致环境风险因子的释放。如在松花江水污染事故中，吉林化工厂为风险源，苯、硝基苯等有毒有害物质为风险源中的风险因子，错误的操作导致初级控制机制失效，造成环境风险因子的释放。次级控制机制属于过程控制，指环境风险因子进入转运介质场后，采取的将环境风险受体与风险场隔离，减缓污染事故的措施，如主动疏散周围人群，建立隔离屏障等应急措施。

（3）环境风险场

环境风险场是风险因子的传输介质，环境风险场特征反映环境风险因子在环境空间的迁移转化特征，它取决于介质密度、流速与化学性质及生态系统结构等，是自然生态环境的特征函数。环境风险场通俗理解为污染物的传输场，一般包括河流、大气、土壤等。突发环境污染事故风险场通常考虑传输比较快的介质，如大气和河流。环境风险场特征与风险源位置、风险因子释放强度、传输介质的参数有关。环境风险场的非均强特征性是风险区划和风险管理的基础。

（4）环境风险受体

环境风险受体是指突发环境污染事故风险的潜在承受体，它与环境灾害系统中的承灾体类似，指环境风险因子在通过环境场转运的过程中，可能受到影响的人群或生态系统，包括在区域内工作和生活的居民、敏感的物种和敏感环境要素，如自然保护区、水源地等。环境风险受体的脆弱性可反映环境风险场与受体叠加后，受体表现出的特征，是衡量环境风险受体对环境风险因子危害作用大小的指标，即一定单位暴露水平下，环境风险受体受损程度。同样，环境风险受体规模也是确定环境风险受体受损程度的指标。环境风险受体规模取决于环境风险场波及范围与该范围内环境风险受体密度。

10.2.2　环境风险区划方法

（1）国际经验借鉴

发达国家从 20 世纪 70 年代开始研究区域风险评价问题，并取得了良好的应用效果。最早关注区域性环境风险的报告是 1975 年美国核能管理委员会完成的《WASH-1400 报告》。20 世纪 80 年代，有关国际组织及相关政府提出区域环境系统总体风险分析的重要课题。1987 年，联合国环境规划署、联合国工业发展组织和国际原子能机构共同倡议在高度工业化区域内进行总体风险评估，并成立了该领域的国际协作机构。美国的拉姆逊教授采用基于风险的定量方法对民用核电站安全性作了区域性综合评价。英国 Convey Island 规划项目、荷兰 Rijnmond 区域规划项目以及意大利 Ravenna 公司区域风险研究计划中，都将定量风险评价方法应用于区域整体风险评估中。James 等探讨了区域环境风险系统研究的框架；Clark 将风险分析方法较好地运用在项目规划和选址过程中；Stein 探讨了 GIS 在环境风险评估中的应用，研究了印度尼西亚土壤污染风险分布，得到土壤风险分布等值线图，并结合 GIS 与决策模型得出土地利用方案；Marielle 运用环境和经济模型研究了区域层面养猪业的环境风险；Gheorghe 研究了能源和其他复杂工业系统的区域综合风险评估及安全管理，对区域环境风险的评估方法、技术导则、各种模型、专家支持系统（DSS）和地理信息系统（GIS）的发展进行了总结；Jay 对小区规划与小区居民环境风险的关系进行了研究，对比了规划社区和无规划社区两种不同类型社区居民室内环境风险。克拉克大学的危害评价小组曾建立了一个比较完整的 CENTED 模型。Stam 与 Bottelberghs 等则将针对工业活动中的水环境风险评价的两个软件模型（VERIS，RISAM）结合到了一起，通过分析工业原料、技术设计、管理系统、运营维护等因素来评估基本的风险，同时在物理/化学数据的支持下，对水环境中的环境风险进行模拟分析。由环境模型协会（TIEM）所开发的 SADA 软件囊括了各种环境分析的功能模块，例如 GIS、可视化、地理空间分析系统、统计分析、人体健康、生态风险评价等，不仅适用于风险评估，同时对修复设计也提供了决策支撑。

对于工业园区而言，由于风险源布局较为紧凑，各个危险设备的风险场叠加，多米诺效应风险较大。国外学者利用 1961—2010 年的统计数据对多米诺事故的时空演变、事故发生原因、结果以及涉及的危险化学品进行分析，分析二次、三次多米诺效应的事故情景，找出统计规律，为多米诺效应的防范提供科学依据。由于风险事件具有不确定性和发生机理复杂性，为了防止园区多米诺事件的发生，Reniers 等开发了操作简单、界面友好的多米诺事件风险管理系统，系统具有多米诺风险节点识别，风险管理等功能，通过对园区各企业中环境风险设备、危险物质，园区整体、各个危险设备的空间信息收集可以绘制出区域内多米诺事故高发区，为事故管理提供基础依据。Cozzani 等通过对比一些欧盟国家内不同的土地规划标准，以意大利某工业园区为案例，得出了规划标准与风险减免措施之间的定性关系。其中规划标准所涉及的方法主要分为以降低事后影响或是以降低风险为导向的，而后者对于各类风险减免措施更为敏感。这也从一定程度上为工业园区的土地规划标准制定与完善提供了一定的推动作用。

（2）国内经验借鉴

区域环境风险评价方法主要有"自上而下"和"自下而上"两种，"自上而下"是区域分割的过程，适用于大尺度的区划工作，能够对风险进行宏观、全局的把握，较多使用区域环境风险指数评估方法，这种方法将风险具化为风险源、风险受体、控制机制等指标，容易受主观因素的影响造成关键参数的缺失；"自下而上"是在底层区域，按照区划各要素属性特征的相似性，进行自下而上合并的过程，适用于中小尺度的环境风险评估，突破了行政界线的约束，能更好地反映区划对象的空间特征，聚类分析是此类区域风险评估的最常用方法。目前区域风险评估方法多以信息扩散法、灰色关联度法、模糊数学法等方法配合使用，以更加准确、客观地进行区域风险评估（表 10-2）。

表 10-2　环境风险评估方法比选

方法名称	数据需求	适用范围	优点	缺点
指标法	环境污染与破坏事故数量、单位面积 SO_2 负荷、COD 排放总量与环境容量之比；人口密度、经济密度、自然保护区比例	确定风险空间分布格局，解析风险特点，制定针对性的风险管理策略	方法简单易于理解，便于操作	具有一定的主观性，在指标体系构建方面可能缺失了关键信息
信息扩散法	环境风险源分布与强度	与层次分析法配合使用，在层次分析法构建指标体系的基础上，进一步优化评估方法、区域规划、风险分区等方面	针对实际评价中可能出现的信息不足，通过集值化和模糊数学处理的方法优化利用样本模糊信息	模型和计算过程较为复杂
证据理论证据推理	风险源强度、风险受体分布、历史统计数据		适合处理和综合存在未知信息或模糊信息等多属性的决策问题	数据处理与模型计算较为复杂

方法名称	数据需求	适用范围	优点	缺点
灰色关联度法	环境质量统计数据、风险源及风险受体数据	一定时期的环境状况评估	服务于环境风险管理多目标决策	数据处理与模型计算较为复杂
聚类分析法	规划定位、主要环境风险敏感目标、危险物质及其理化特性、毒性和燃烧爆炸性、主要企业行业类别及主要危险物质、敏感目标区域敏感性指数（基于人口和风向频率）	工业园区、工业集中区环境规划与风险分区		数据处理与模型计算较为复杂
遥感技术	卫星数据、企业数据、水利数据	城市层面环境应急预案编制	利用 GIS 系统、风险源强度和位置关系，进行风险量化预测，结果更为直观	专业技术要求较强
环境风险定量评价法	各个风险单元风险物质存量、LC50、环境敏感受体分布	基于概率评估、源强估算、后果评估，计算工业园区个人风险、社会风险评估、绘制概率分布曲线	评价结果可以与最大可接受风险水平比较，有实际意义	数据获取量与分析计算量较大

区域环境风险指数综合评估法。根据区域自然环境及社会环境的结构、功能及特点，划分成不同等级的地区，确定环境风险管理的优先顺序，针对不同风险区的特点提出减少风险的对策措施。包括区域环境风险评估指标体系构建、指标量化与综合评估等内容。基于环境风险场系统理论，围绕风险源、风险受体、控制水平等因素，构建指标体系，利用层级分析法、模糊数学、信息扩散等模型方法，进行单一指标量化与风险综合评估。区域风险评估运用到的主要技术方法有环境风险源及环境敏感受体的危险性和脆弱性评估方法、风险源和环境敏感受体等级划分方法、区域综合环境风险评估方法及重点污染源对环境敏感受体影响模拟等方法。

区域环境风险评估量化方法。区域环境风险定量评价的程序一般为风险源识别、源项分析、概率评估、后果估算。由于该方法能够量化多个风险源相互作用下的风险后果，因此更多地应用于工业园区或工业集聚区等高风险区域的环境风险评估中。区域风险源识别是对整个评价区域内所有潜在风险源进行识别和分析，以确定风险评价的必要性。源项分析是通过风险识别确定风险源可能发生的事故类型，例如火灾、爆炸、罐体破损等，这些事件均造成了有毒有害物的泄漏。源项分析是计算释放物质的种类、释放量、释放方式、释放时间，并应给出其发生的频率。源项分析的主要研究方法包括故障树分析法、事件树分析法等。风险后果估算是根据所选模型确定危险物质的风险浓度阈值，并估算风险源的影响半径。根据敏感地区的分布情况以及气候、地形等其他因素对风险危害性进行分析。由于区域内风险源众多，风险源半径会有所重叠，因此在考虑区域风险影响半径时还要考虑风险源的叠加影响。

10.2.3　环境风险区划方案

根据已有的风险源、风险受体识别结果，综合考虑各种方法在襄阳市的适用性，此次风险评估采用了网格指标法与信息扩散法相结合的方式，对各个网格进行环境风险量化，并利用 GIS 空间数据分析工具对整个襄阳市沿江区域的环境风险进行全面评估。

（1）风险评估单元

根据襄阳市沿江区域实际情况，从便于把握环境风险系统的持续性、认清环境风险特性以及襄阳市实施区域环境风险优化管理的角度考虑，本次规划选择以 1 km×1 km 网格为评价的基本单元，在开展区域环境风险分区和风险管理对策时将网格按照襄阳市各区县行政边界进行汇总，对区域环境风险等级进行表征。

（2）指标体系量化

根据提出的襄阳市沿江区域环境风险评估方法，并结合实际的数据可获取性，针对环境风险源、环境风险敏感受体、环境风险暴露途径提出了具体的评估因子与指标体系，见表 10-3。

襄阳市沿江区域环境风险系统由环境风险源、环境风险受体、环境风险暴露途径三部分组成，考虑到襄阳市区域环境风险的特点，本章依据系统性与主导性相结合原则、结合研究现状，征求环境风险分析、环境影响评价等领域专家建议，在系统模型框架内选取具体指标权重（表 10-4）。

表 10-3 评估因子与指标体系

目标层	系统层	准则层	指标层
区域环境风险等级划分指标体系	环境风险源	企业环境风险强度	网格内企业[①]数量
			网格内重点风险行业企业所占百分比
			网格周边 5 km 以内风险企业数量
	环境风险暴露途径	水环境风险场	网格内区域水覆盖面积
			网格人口数量
			网格环境敏感目标[②]数量
	环境风险受体	易损性	网格城镇及以上饮用水水源地数量
			网格生态保护区个数
			网格周边 5 km 以内敏感性保护目标数量

注：① 企业是指《企业突发环境事件风险评估指南（试行）》的评估对象。
② 环境敏感目标是指《企业突发环境事件风险评估指南（试行）》附录 A 中提及的环境风险受体。

表 10-4 襄阳市沿江区域环境风险评价指标体系

系统层	权重	准则层	权重	指标层	权重
环境风险源	0.4	企业环境风险强度	1	网格内企业数量	0.3
				网格内重点风险行业企业所占百分比	0.4
				网格周边 5 km 以内风险企业数量	0.3
环境风险暴露途径	0.2	水环境风险场	1	网格内区域水覆盖面积	1
环境风险受体	0.4	环境风险受体的易损	1	网格人口数量	0.2
				网格环境敏感目标数量	0.3
				网格城镇及以上饮用水水源地数量	0.2
				网格生态保护区个数	0.2
				网格周边 3 km 以内敏感性保护目标数量	0.2

（3）区域风险表征与分级

基于指标评价与信息扩散系统模型，根据模型各指标的相对权重，并将指标数值定量化、标准化处理，代入评价模型，得到区域环境风险综合指数值。

区域环境风险评价模型为：

$$R = \alpha S_i + \beta R_i + \gamma P_i \quad , \quad i = 1, 2, 3, \cdots, n \quad (10\text{-}1)$$

式中，R —— 网格环境风险综合指数；

S_i —— 风险源评价因子值；

R_i —— 受体脆弱性因子值；

i —— 网格序号；

α、β、γ —— 环境风险源、敏感受体脆弱性、暴露途径的指标权重。

通过评价所得的各网格 R 值，按照其四分位数划分为三级，从而得出各网格的 R 值及其所对应的环境风险等级。

（4）环境风险表征与地图绘制

完成所有分区单元格风险量化后，借助 GIS 的空间分析模块，得到该区域的环境风险度分布图。为便于风险管理需要将过于分散的小区域合并到相邻区域中，根据区域的具体特点，对分布图做出适当的合并与调整，得到完整、分明的环境风险分布图。

10.2.4　环境风险分区划定

（1）环境风险源危险性评价

根据风险源危险性评价方案，采用指标加权法得到襄阳市沿江区域风险源危险性空间分布，见图 10-7。

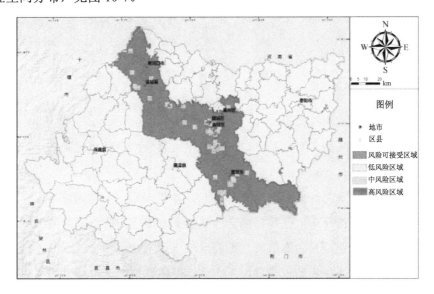

图 10-7　襄阳市沿江区域风险源危害性指数分布图

（2）环境风险传输性评价

汉江襄阳段自丹江口市黄家港入境，流经老河口市、谷城县、襄州区，横穿樊城区、襄城区，纵贯宜城市而出境入钟祥市，在襄阳市境流长 195 km，有 30 多条支流直接汇入汉江，流域面积 17 357.6 km²，占襄阳市总面积的 88%，占汉江流域总面积的 10.02%。汉江主要支流包括北河、南河、小清河、唐白河及蛮河等。根据环境风险区划方案，通过 ArcGIS 平台得到襄阳市水系风险场指数，水系风险场指数见图 10-8。

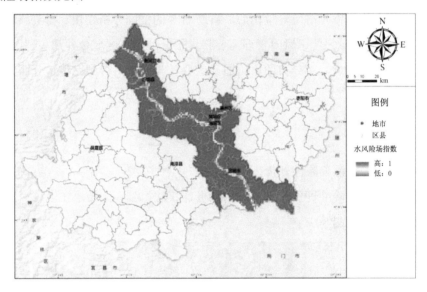

图 10-8　襄阳市沿江区域水系风险场指数分布图

（3）环境受体敏感性评价

按照环境风险区划方案，基于 ArcGIS 平台将襄阳市环境风险敏感目标分配到评价网格中。

由于缺少人口空间聚集数据，本章采用 2010 年襄阳市沿江区域人口空间分布数据，结合城镇现状分布，在数据融合的基础上人口空间分布图见图 10-9。

由于特殊保护地区与生态敏感与脆弱区域已纳入生态保护红线，本规划中直接采用生态保护红线相关划定成果，生态敏感受体易损性评价结果，见图 10-10。

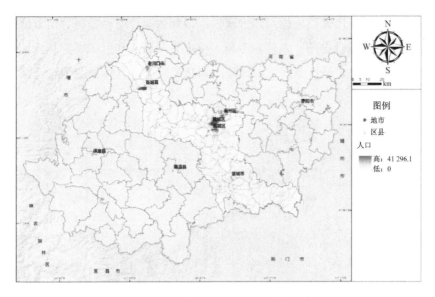

图 10-9　襄阳市沿江区域人口空间分布图

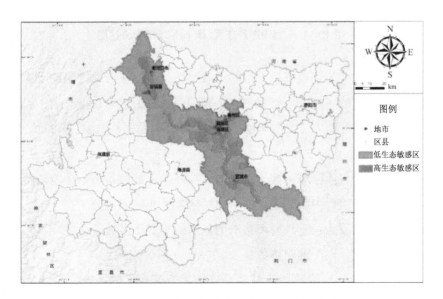

图 10-10　襄阳市生态敏感受体易损性指数分布图

（4）环境风险综合区域

基于指标评价与信息扩散系统模型，根据模型各指标的相对权重，并将指标数值定量化、标准化处理，代入评价模型，得到区域环境风险综合指数值。并利用 GIS 图形工具进行叠图、差值、渲染，得出襄阳市沿江区域四类环境风险管控区：风险可接受区、低风险区、中风险区和高风险区，具体见图 10-11。

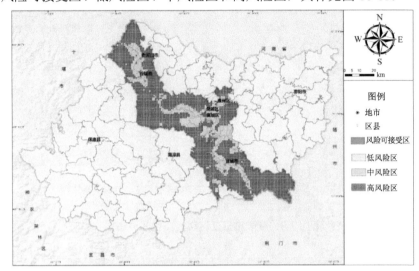

图 10-11   襄阳市沿江区域环境风险管控分区图

高风险区：主要为环境高风险源临近敏感受体，存在布局性问题或者突发性事故风险较为严重的区域。主要集中在余家湖、王寨街道办、雷河镇、老河口市仙人渡镇及谷城城管镇内工业与敏感受体交织区域；总网格数量为 73 个，占全部网格数量（4 748 个）的 1.54%。

中风险区：中风险区域主要为高风险区的外围区域，是防范环境风险的重要缓冲区域。总网格数量为 198 个，占全部网格数量（4 748 个）的 4.17%。

低风险区：主要为没有风险源影响的风险敏感受体区域或低风险源区域。总网格数量为 916 个，占全部网格数量（4 748 个）的 19.29%。

风险可接受区：风险源危险性及受体敏感性都较低的区域。总网格数量为 3 561 个，占全部网格数量（4 748 个）的 75%。

10.2.5   环境风险分区管控

根据环境风险综合区划结果，主要针对襄阳市高风险区、中风险区提出二级管控策略。

（1）高风险区防控要求

1）以余家湖、太平店镇和雷河化工园区等为重点，加强涉危险化学品制造、储运、使用的园区环境风险防控。太平店镇和雷河化工园区等园区落实安全防护要求，严格限制居住、商贸等人群密集功能组团设置，禁止建设学校、医院、商场等。余家湖、王寨街道办在沿江 1 km 范围内的企业应逐步减小规模，有序搬迁入园。化工企业及重点管控企业应与保护目标之间设置环境风险隔离区，在风险隔离区范围内应禁止新建居住区、学校等环境敏感目标。

2）中心城区、周边区（市）及建成区等人口聚集区内不再新建危险化学品生产储存企业，已有相关企业实施搬迁。加强涉危企业、加油（气）站环境风险管理，禁止在人口聚集区规划新建危险化学品输送管线。

3）严禁在饮用水水源地等环境敏感区内新建或扩建可能引发环境风险的项目。加强饮用水水源及鱼类产卵场等敏感水体周边移动型环境风险源防控。

（2）中风险区风险防控

当前，主要面临风险现状调查缺失、危化品应急能力薄弱、风险基础信息不足等问题。基于中风险区的主要风险成因，通过区域风险评估、应急演练、风险现状与基础信息收集等方面应对环境风险。

1）实行严格的环境准入和环境管理措施，禁止新建煤电、石化、化工、冶金等环境高风险项目。

2）完成环境风险企业的风险监控预警体系建设，实现突发水环境事件监控预警和有毒有害气体监控预警。

10.3 环境风险防范战略

10.3.1 开展环境健康风险调查

（1）开展区域环境与健康监测、调查和风险评估

重点针对高风险源集中区域（余家湖街道办、太平店镇、雷河镇、老河口市

及谷城循环产业园区）内环境风险源进行环境风险监控、评估，建立环境风险源数据库以及覆盖污染源监测、环境质量监测、人群暴露监测和健康效应监测的环境与健康综合监测网格。开展重点区域环境与健康影响调查，评估人群环境健康风险，识别健康风险较高区域、风险因子、风险类型、易感人群。2022年和2035年分别完成中心城区和沿江区域环境与健康监测、调查和风险评估。

（2）加强危险化学品、涉重金属等工业企业环境风险评估

依据《环境保护法》《突发环境事件应急管理办法》对企业环境风险防范的要求，结合《企业突发环境事件风险评估技术指南（试行）》等技术方法，重点针对优先风控企业名录开展工业企业环境风险评估工作。针对化学原料和化学制品制造业、金属采选业、金属冶炼和压延加工业等重点行业发布环境风险评估报告范例，提高环境风险评估的规范化和效率。将评估结果作为风险排查、隐患治理、监督检查以及预案编制与管理等重要依据。要求工业企业定期开展环境风险评估，将评估结果纳入环境风险源数据库，并作为项目审批、日常监管的重要依据。

10.3.2　重点风险源环境风险管控

（1）着力优先控制名录，优化环境风险布局

高风险区内及周边主要分布大量工业企业和工业园区，应急物资储备较为薄弱，且工业布局结构风险明显。针对风险源分布、开发区和工业园区分布位置，从风险评估、隐患排查整治、优化高风险产业布局、化工园区风险防控等方面管控环境风险。结合区域环境风险评估结果，引导产业布局。高风险防控区域严格高污染、高风险建设项目的审批，限制新建项目的准入，逐步清退污染物排放不达标、环境风险隐患排查治理不到位、环境应急预案编制不合格的企业。中风险地区原则上不再加大这些区域内高污染、高风险建设项目的新建，严格落实企业环境风险管理主体责任，加大区域内工业企业环境监管能力建设与环境敏感受体的保护工作。通过调整和优化沿江区域内产业布局，降低布局性环境风险。大力落实《危险化学品"十二五"发展布局规划》要求，规划期内产业布局更加合理、化工园区和集聚区更加规范，危险源多而散的局面明显改善，力争搬迁企业进园入区率达到100%，新建企业进园入区率达到100%。

（2）加强化工园区风险防范

积极开展沿江区域内各区县化工园区环境风险评价，在确定区域环境容量、产业规划后，科学合理地对园区进行规划和布局，从区域环境风险源强度、环境风险受体脆弱性、环境风险防控与应急能力水平等方面开展园区环境风险评价，识别环境风险热点，并对园区内事故发生频次高的水污染及大气污染事件进行风险量化分析，以判断现有园区环境风险防控与应急能力是否能够满足事件应急的需要。根据风险评估结果，加强对园区内环境风险热点的监管。加强化工园区监控预警平台建设。分别建立园区突发水环境事件监控预警平台和有毒有害气体泄漏监控预警平台。基于环境风险评价结果以及园区内存量较大的化学品，在重点环境风险源和环境敏感保护目标周边设置针对突发环境事件预测预警的监测点位，依托于网络实现监控数据的传输，通过平台进行预警信息的发布、事故影响后果的分析以及应急响应措施的制定。

10.3.3　重点风险领域管控

（1）强化核与辐射管理

加强放射源的安全监管。严格辐射安全许可证的审核换发工作，重点加强对辐照装置、工业探伤放射源和Ⅲ类以上放射源的安全监管。确保放射源应用单位辐射安全许可证持证率达到 100%，辐射建设项目的环境影响评价和"三同时"执行率达到 100%。

强化电磁辐射设施环境保护。健全和规范各级电磁设备设施监管，逐步建立完善电磁辐射环境管理体系。加强对输变电、广电通信、雷达、移动通信基站等设施电磁辐射安全监管，确保电磁辐射平均水平不超过国家限值。妥善处理辐射环境投诉，依法维护公众的环境权益。

提升辐射事故应急能力。按照市、县（市、区）《辐射事故应急预案》，开展辐射事故应急演练，加强核与辐射应急队伍建设。

综合解决历史遗留问题。实施历史遗留放射性污染防治行动计划，有效解决退役放射源污染。妥善处置无主放射源和产业结构调整中困难涉源单位的放射源。

（2）加强饮用水水源安全防护

完善从水源到水龙头全过程安全监管。加强地级及以上饮用水水源风险防控体系建设。各级政府及供水单位应定期监测、检测和评估本辖区内饮用水水源、供水厂出水和用户水龙头水质等饮水安全状况。环境保护主管部门应当加强饮用水水源地的水环境质量监测和监督检查，按月及时发布饮用水水源地水环境质量监测信息。供水单位应当建立健全水质检测制度，完善水质检测设施，按照国家规定的检测项目、频次，对原水、出厂水、管网末梢水等进行水质检测，建立检测档案，并每日向城镇供水、卫生主管部门报送水质检测资料。卫生主管部门应当加强饮用水的卫生监督检测，按日发布饮用水卫生检测信息。

推进城市备用饮用水水源建设。无备用水源的城市要加快备用水源、应急水源建设。2020 年年底前，中心城区应建成具备安全供水能力的备用水源；2025年年底前，全市单一水源供水的县级以上城市及有条件的乡镇应建设至少 1 个具备安全供水能力的备用水源。进一步优化沿江取水口和排污口布局。强化对水源周边可能影响水源安全的制药、化工、造纸、采选、制革、印染、电镀、农药等重点行业企业的执法监管。

（3）严防交通运输次生突发环境事件风险

强化船舶环境风险防范。船舶溢油风险防范，实施船舶环境风险全程跟踪监管，严厉打击未经许可擅自经营危化品水上运输等违法违规行为。加快推广应用低排放、高能效、标准化的节能环保型船舶，建立健全船舶环保标准，提升船舶污染物的接收处置能力。严禁单壳化学品船和 600 载重吨以上的单壳油船进入汉江干流航线。

强化道路运输风险防范。加强危化品道路运输风险管控及运输过程安全监管，推进危化品运输车辆加装全球定位系统（GPS）实时传输及危险快速报警系统，在集中式饮用水水源保护区、自然保护区等区域实施危化品禁运，同步加快制定并实施区域绕行运输方案。

（4）提升市政基础设施安全防护水平

提高危险废物安全处置水平。升级改造现有危险废物集中处置设施，进一步提升重点区域重金属固体废物安全处置能力。开展历史遗留危险废物排查和评估。

整顿危险废物产生单位自建贮存利用处置设施，鼓励大型危险废物产生单位和工业园区配套建设规范化的危险废物利用处置设施，推动区域合作建设危险废物利用处置设施。适当支持水泥回转窑等工业窑炉协同处置危险废物。

严格落实重大市政基础设施安全防护距离。强化变电站、高压电力线路走廊、长输管线、火电、供热站、轨道交通、城市快速路、高速公路、地下管廊、垃圾处理厂（含转运站）、污水处理厂（含泵站）等重大市政基础设施安全防护，严格落实安全防护距离。

增强港口码头环境风险防范能力。提高含油污水、洗舱水等接收处置能力及污染事故应急能力。港口、码头、装卸站的经营人应于 2017 年年底前制定防治船舶及其有关活动污染水环境的应急预案。到 2020 年年底前，全市所有港口、码头、装卸站及船舶修造厂达到建设要求，全面实现船舶污染物规范处置。

10.3.4　强化落实各类应急机制

严格环境风险预警预案管理。强化重污染天气、饮用水水源地、有毒有害气体、辐射等风险预警。推动建立环境应急与安全生产、消防安全预案一体化的管理机制，加强有毒有害化学物质、石油化工等行业应急预案管理。建立健全跨流域联合调水协调机制。

强化突发环境事件应急处置管理。深入推进区域、流域和部门突发环境事件应急联动机制建设，健全综合应急救援体系。实施环境应急分级响应，建立健全突发环境事件现场指挥与协调制度，完善突发环境事件信息报告和公开机制。

加强风险防控基础能力建设。健全环境风险源、敏感目标、环境应急能力及环境应急预案等数据库。构建生产、运输、储存、处置环节的环境风险监测预警网络。建立健全突发事件应急指挥政策支持系统，加强环境应急救援队伍建设。强化应急监测能力。建设环境应急物资储备库。加强有毒有害化学物质环境与健康风险评估能力建设。

第 11 章

工程项目库设计

11.1 项目库概况

11.1.1 总体情况

《汉江生态经济带襄阳沿江生态建设与环境保护规划（2018—2035 年）》遵循 "绿水青山就是金山银山" 理念，坚持生态优先、绿色发展，严守生态保护红线、环境质量底线、资源利用上线，统筹山水林田湖草系统治理，探索生态环境协同保护机制，围绕提升治理能力、维护环境安全、推动生态保护、强化风险防范等方面，进行规划项目的设计。

本规划共包括 6 大类项目，49 个小项目，总投资约 461.41 亿元。其中水环境整治工程项目 13 个，占总项目的 27%；生态保护与修复工程项目 24 个，占总项目的 49%；土壤环境质量改善工程项目 3 个，占总项目的 6%；环境基础设施建设工程项目 4 个，占总项目的 8%；农村农业环境整治工程项目 2 类，占总项目的 4%；环境风险防范工程项目 3 类，占总项目的 6%。主要包括以下 6 大类项目：

（1）水环境工程项目，围绕水环境污染减排、水生态修复增容，合理规划节水用水治水。

（2）生态保护与修复工程项目，主要是以生态环境基础调查与评估、汉江生态长廊建设、河流生态系统保护与修复、城市生态系统保护与修复、森林生态系统保护与修复、湿地生态系统保护与修复为路线，确保维护生态安全格局。

（3）土壤环境质量改善工程项目，主要为提高土壤污染详查基础能力，开展历史遗留污染源综合整治。

（4）环境基础设施建设工程项目，主要有新建污水处理厂，对已有污水处理厂提标改造，建设生活垃圾处置设施、危险废物处置设施等废物处置设施。

（5）农村农业环境整治工程项目，主要为加强农业生产区域 "两减两清"工程、沿江区域村庄的 "厕所革命"、环境连片整治，提高面源污染治理水平。

（6）环境风险防范工程项目，加大安全隐患排查力度、规范环境风险管理平台、提高环境应急能力建设。

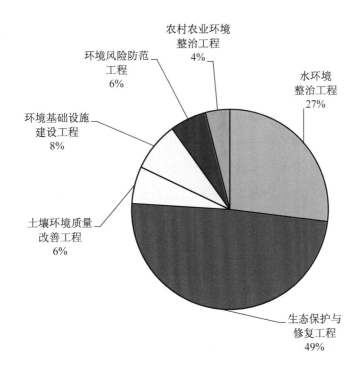

图 11-1　各规划项目数量占总项目的比例

11.1.2 分类情况

11.1.2.1 水环境整治工程

该类工程包括水环境污染减排、水生态修复增容 2 大类工程项目和 13 类小项目。

（1）水环境污染减排工程，估算总投资 28.49 亿元

工业源治理，重点是对省级以上工业园区及水承载超标区域建设、整治工业废水排污口、推进县市中心城区"退二进三"工程、加强对工业园区集中式污水和垃圾处理设施建设。

城镇生活污染治理，对汉江沿岸的老河口市、宜城市、襄城区、谷城县、东津镇排污口进行整治。

黑臭水体治理，重点综合整治中心城区的李沟、襄水河黑臭水体，老河口市区内黑臭水体，小张湾河、联山沟、伙牌沟、双沟河等。

（2）水生态修复增容工程，估算总投资 60.02 亿元

饮用水水源保护与修复，在沿江经济带水源地新建城区汉江、老河口汉江、谷城汉江、宜城汉江饮用水水源地保护项目，未来对区域乡镇饮用水水源地进行规范化建设。

河流水库生态修复，主要对沿江区域重点地段河流水库进行相关生态修复。

水生生物资源养护，在市区、谷城县及宜城市实施汉江渔业资源和水生动植物资源保护项目。

11.1.2.2 生态保护与修复工程

该工程包括 7 大类 22 小类项目。

（1）生态环境基础调查与评估工程，估算总投资 5 亿元

定期开展汉江干流生态状况调查评估，重点分析区域发展、梯级开发、南水北调对生态环境的影响，评估重大生态保护与建设实施成效。开展生物多样性调查、评估与监测。新建一批永久样地和野外观测台站。

（2）汉江生态长廊建设工程，估算总投资 85 亿元

在襄城区、樊城区、襄州区、高新区、东津新区、鱼梁洲、宜城市开展绿道建设工程、驳岸建设工程和江心洲滩的生态长廊建设工程。

（3）河流生态系统保护与修复工程，估算总投资 71.3 亿元

主要针对汉江隆中段、庞公段、南河、北河、唐白河、清河，控制面源污染和点源污染，开展生态涵养林、湿地建设以及排污口整治。采取清淤疏浚、岸坡生态整治等措施，实现河道生态化治理，建设人工湿地，净化水质。

（4）城市生态系统保护与修复工程，估算总投资 6 亿元

结合岛内现状水系和规划水系设置，配置具有观花、观叶价值的湿地植物；鱼梁洲污水处理厂南部设施净化湿地；营造常绿落叶阔叶混交林地。

（5）森林生态系统保护与建设工程，估算总投资 86 亿元

主要开展冷集西部国家储备林建设、庙滩—茨河国家储备林建设工程、雷河西部国家储备林建设工程、流水东部国家储备林建设工程、鹿门寺国家储备林建设工程和岘山森林公园林分抚育工程。

（6）湿地生态系统保护与修复工程，估算总投资 16 亿元

重点建设湖北谷城汉江国家湿地公园、湖北襄阳汉江国家湿地公园、湖北长寿岛国家湿地公园、湖北宜城万洋洲国家湿地公园、湖北宜城鲤鱼湖省级湿地公园、长春鳊国家级水产种质资源保护工程。

（7）沿江采砂治理工程，估算总投资 1.7 亿元

重点对沿江区域采砂中心进行集中规范整治，在汉江干流和唐白河新建 17 个砂石集并中心，主要包括新建封闭式砂石储备仓库、封闭式砂石传送带、进出道路。

11.1.2.3 土壤环境质量改善工程

该工程包括 2 大类 3 个小项目。

（1）土壤污染详查基础能力建设，估算总投资 1 亿元

土壤环境监测能力建设，在沿江经济带各县区开展土壤监测、监管能力建设项目，完成规划区土壤环境监察规范化建设，提升环境监察能力。

（2）污染地块风险管控和治理，估算总投资 11.2 亿元

历史遗留污染源综合整治项目，对老河口市、襄城区、谷城县等地区的化工企业及其周边场地进行污染土壤修复，对沿江经济带各区县的工业搬迁遗留污染场地利用治理修复，消除污染隐患。

11.1.2.4　环境基础设施建设工程

该工程包括 2 大类 4 个小项目。

（1）污水处理厂建设工程，估算总投资 16.3 亿元

在沿江区域新建 11 个污水处理厂，对已有的 7 个污水处理厂进行提标改造，确保出水标准达《城镇污水处理厂污染物排放标准》一级 A。

（2）固体废物建设工程，估算总投资 37.5 亿元

在牛首镇、太平店镇、东津新区、尹集乡、小河镇、雷河镇建设生活垃圾转运站，开展襄阳市区应急备用生活垃圾填埋场建设和襄阳市生活垃圾焚烧发电厂扩建。在宜城市建设危险废物处置设施，在襄州区建设危险废物处置中心。

11.1.2.5　农村农业环境整治工程

该工程包括 2 大类项目。

（1）农业环境整治工程，估算总投资 25 亿元

重点对引丹灌区、牛首镇周围区域、王集—南营周围区域、欧庙—卧龙周围区域、三道河灌区等区域开展农业面源"两清两减"行动。

（2）农村环境整治工程，估算总投资 4.5 亿元

优先针对龙潭水库、团湖水库、姚河水库、格垒嘴汉江水源地、狮子岩水库、迴龙河水库、石河畈水库、肖家爬水库、郝家冲水库、黑石沟水库、黄冲水库等重点区域开展农村环境整治工程，主要包括"厕所革命"、村庄环境连片整治等内容，后续沿江区域全部展开。

11.1.2.6　环境风险防范工程

该工程包括 3 类小项目。

（1）环境风险隐患排查项目，估算总投资 2 亿元

在余家湖街道办、太平店镇、雷河镇、老河口市及谷城循环产业园区等沿江经济带进行环境风险监控、评估，建立环境风险源数据库以及环境与健康综合监测网格。

（2）港口环境风险防范工程措施，估算总投资 2.2 亿元

加强小河港等港口规范化环保安全设施建设，提高对含油污水、洗舱水等接收处置能力，建设环境应急物资储备库，提升污染事故应急能力。

（3）环境应急能力建设，估算总投资 2.2 亿元

重点针对沿江区域开展环境风险应急监测仪器设备、应急监测车辆、规范化实验室建设等。

11.2　投融资分析

11.2.1　编制依据与方法

11.2.1.1　编制依据

（1）有关规程规范

①《水利工程设计概（估）算编制规定》（水总〔2014〕429 号）及配套的《水利建筑工程概算定额》等；

②《市政工程投资估算指标》（2007 年）；

③《市政工程投资估算编制办法》（建标〔2007〕164 号）；

④《水土保持工程概（估）算编制规定》（水利部水总〔2003〕67 号）；

⑤《防护林造林工程投资估算指标（试行）》（林规发〔2016〕58 号）；

⑥其他有关行业编制投资估算的规范及标准等。

（2）相关规划文件

①《长江经济带生态环境保护规划》；

②《湖北长江经济带生态保护和绿色发展总体规划》；

③《襄阳市国民经济和社会发展第十三个五年规划纲要》；

④《襄阳市创建国家生态文明建设示范市规划纲要（2017—2025 年）》；

⑤《襄阳市水利发展"十三五"规划》；

⑥《襄阳市环境保护"十三五"规划》；

⑦《襄阳市水污染防治行动计划工作方案》；

⑧具有代表性的已建、在建工程的设计概算等资料。

11.2.1.2 编制方法

本规划项目投资的主要编制方法是扩大指标估算法。依据相关部门标准、参考工程实例、有关已批规划中类似项目等，结合本规划项目地域、规模等特点，采用扩大指标估算法匡算投资。

11.2.2 项目投资

规划以工程项目规划为主，辅助考虑管理能力建设，共确定总投资达 461.41 亿元。其中包括水环境整治工程项目投资 88.51 亿元；生态保护与修复工程项目投资 271 亿元；土壤环境质量改善工程项目投资 12.2 亿元；环境基础设施建设工程项目投资 53.8 亿元；农村农业环境整治工程项目投资 29.5 亿元；环境风险防范工程项目投资 6.4 亿元。

表 11-1　投资总体情况表

序号	项目名称	投资总额/亿元
1	水环境整治工程项目	88.51
2	生态保护与修复工程项目	271
3	土壤环境质量改善工程项目	12.2
4	环境基础设施建设工程项目	53.8
5	农村农业环境整治工程项目	29.5
6	环境风险防范工程项目	6.4

11.2.3　投资结构

通过水环境污染减排、水生态修复增容工程等规划，进行水环境整治，其投资占规划总投资的 19%；通过建设汉江生态长廊，加强森林资源保护提升，湿地生态保护修复和饮用水水源地保护，进行生态保护与修复，其投资占规划总投资的 59%；通过土壤污染详查基础能力建设，污染地块风险管控和治理工程，进行土壤质量改善，其投资占规划总投资的 3%；通过新建、改扩建污水处理厂，新建生活垃圾转运站、建设危险废物处置设施，补齐环境基础设施短板，其投资占规划总投资的 12%；通过农业和农村面源污染整治，提升农村农业环境治理水平，其投资占规划总投资的 6%；通过排查环境风险隐患，建设危险废物无害化处置设施，提升环境应急能力与环境风险管理平台，进行环境风险防范，其投资占规划总投资的 1%。

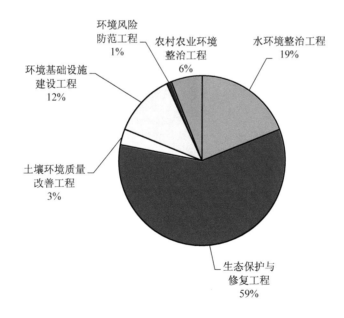

图 11-2　各规划项目投资占总投资百分比

11.2.4 资金筹措

积极争取中央环保专项资金、集约化畜禽养殖污染防治专项资金、江河湖泊生态环境保护专项资金、林业生态工程建设资金、南水北调中线工程建设生态补偿资金、水污染防治行动专项资金、土壤环境污染防治专项资金等国家资金和政策支持。加大各级政府财政预算对重点工程投资计划，做好相关经费保障。督促落实企业大气污染防治、生态修复等资金投入。运用"以奖代补""以奖促治"等方式，引导社会资本参与。

11.3 效益分析

汉江是襄阳的"母亲河"和"生命线"，是湖北省"四屏两带一区"生态安全战略格局中汉江流域水土保持带的重要组成部分，同时也是汉江流域生产要素较为密集和最具经济活力的地区之一。襄阳沿江生态建设与环境保护规划项目是汉江生态经济带襄阳沿江发展战略实施的重要组成部分，对进一步强化襄阳沿江区域生态环境保护、促进社会经济绿色发展、进一步缓解南水北调中线调水的影响具有重要意义。对促进襄阳区域人水和谐、维系优良生态，为经济社会的可持续发展提供有力支撑。

11.3.1 生态效益

山水林田湖草得到进一步保护与修复。项目实施后，将建设汉江生态景观带698亩、沿江绿化带3.5万亩，天然林禁伐97亩，管护森林157.46万亩，公益林建设13.9万亩，中幼林抚育17.5万亩，完成珍稀树种培育与保护2万亩，完成退化防护林治理20万亩。恢复和保护湿地40.8645万亩，提高生物净化水质能力，保护生物多样性，营造原生态湿地景观。通过营造灌区林带、人工湿地，建设生态的、绿色的河湖滨水带，消除水利工程"白化"对区域环境的负面影响。通过项目的实施，能够修复与保护规划区绝大部分湿地生态系统、森林生态系统，保护了6个省级及以上湿地公园，4个省级及以上森林公园，1个国家级水产种质资源保护区，建设鱼类增殖放流繁育基地和水生动植物繁育基地，保护了长春鳊、胭脂鱼、鳗鲡、长颌鲚等珍稀洄游鱼类生物。通过开展新集枢纽水资源优化配置工程和雅口枢纽水资源优化配置工程，提高了生态流量。

环境质量进一步改善。汉江干流水质稳定保持在 II 类，支流维持在III类，饮用水水源水质满足功能要求，安全得到保障。环境空气质量良好，远期达到二级标准。按照禁养区要求全面取缔禁区内网箱养殖，建立建成循环水养殖核心示范区，实施水产养殖通过增氧等标准化建设、底泥清淤等生态化建设全部实现标准化、生态化生产，全面并全部实现循环水养殖通过无公害产地认证、60%通过有机产品或绿色产品认证。

11.3.2　社会效益

城乡环境得到明显改善。汉江沿岸 13 个主要生活排污口将进行城镇污水处理与提升、城镇污水配套管网建设、截污及排污泵站设置等综合治理工程。新建 11 处城镇污水处理厂，改扩建 7 处城镇污水处理厂。综合治理全长 3.62 km 的襄水河和全长 6.43 km 的七里河黑臭水体。在老河口市建设截污管 24.6 km，在樊城区、襄城区、襄州区、高新区新建污水管网 413.5 km，覆盖高新技术产业开发区、樊城西片、襄州片、襄阳云湾片、樊西示范区、檀溪片、庞公片、余家湖和东津新区。建设 1.9 万 t/a 的危险废物处置设施，新建 7 座生活垃圾转运站。

重点通过对余家湖街道办、太平店镇、雷河镇、老河口市及谷城循环产业园区、小河港化工码头沿江区域风险源排查，建立环境风险源数据库以及覆盖污染源监测、环境质量监测、人群暴露监测和健康效应监测的环境与健康综合监测网格。通过开展备用饮用水水源建设项目、港口环境风险防范工程措施、环境应急监测能力建设项目、化工园区监控预警平台建设，能够有效防范区域环境风险，确保了区域内环境安全和社会稳定。

国土空间进一步优化。通过严格落实生态保护红线，严格保护森林、湿地、耕地、自然岸线，建立健全自然资源资产用途管制制度，建立国土空间开发保护制度，国土空间将进一步优化，城市生态空间将进一步夯实，为城市可持续发展和生态空间奠定坚实的基础。

提升城市竞争力,增强社会凝聚力。通过项目的实施,襄阳沿江区域将塑造良好的城市生态环境形象和风貌,城市综合实力会日益增强,城市品位得到提升,城市综合竞争力不断提升。市民对政府和城市环境状况的满意率将大幅度提高,形成强烈的自豪感和归属感,增强社会凝聚力。

11.3.3　经济效益

经济发展质量更加高效。通过农业高效节水和灌区现代化建设,将进一步扩大水稻灌溉和城郊农业圈喷、滴、灌范围。在襄城区、樊城区、老河口市及谷城县推进节水示范企业建设,促进了产业结构调整,大力发展和推广工业用水重复利用技术,提高了水的重复利用率。通过对襄阳火电厂、热电厂的热水利用技术改造,宜城生物质电厂及襄阳垃圾电厂的余热利用配套设施建设,在深圳工业园、襄城经济技术开发区、太平店镇工业园、雷河经济技术开发区等工业园区开展中水利用,提高了非常规水资源利用效率。到 2022 年,沿江区域农田灌溉水有效利用系数提高到 0.62 以上,万元 GDP 用水量、万元工业增加值用水量分别比 2013 年下降 40%以上,管道漏水率控制在 12%以内,节水器具普及率达到 85%以上。到 2035 年,沿江区域农田灌溉水有效利用系数提高到 0.70 以上,万元 GDP 用水量、万元工业增加值用水量分别达到国内先进水平,管道漏水率控制在 10%,节水器具普及率达到 100%。

11.4　保障措施

（1）加强统一领导,落实目标责任

规划批准后,实行行政领导负责制。地方人民政府是项目实施的责任主体,对辖区的项目建设任务负责。各级政府要根据承担的项目目标和任务,结合本辖区的实际,制定项目实施方案,并充分论证项目建设的必要性和可行性。地方政府除申报中央资金外,要确保落实地方配套资金,保障规划项目的实施。编制区域统一的年度建设计划,做到全域一盘棋,形成宏观上的战略发展规划、中观上的近期建设规划和微观上的执行规划相结合的多层体系,统筹协调项目建设关系。

（2）加大资金投入，拓宽投资渠道

地方各级政府要坚持政府引导、市场为主、公众参与的原则，拓宽融资渠道。积极争取中央环保专项资金、集约化畜禽养殖污染防治专项资金、江河湖泊生态环境保护专项资金、南水北调中线工程补偿资金、林业生态工程建设资金等国家资金和政策支持。加大各级政府财政预算对重点工程投资计划，做好相关经费保障。督促落实企业大气污染防治、矿山生态修复等资金投入。运用"以奖代补""以奖促治"等方式，引导社会资本参与。建立政府、企业、社会多元化投入机制。地方政府积极探索符合市场规律的项目建设和运营管理模式，在投资、价格、土地和税收等方面予以支持。建立健全政府和社会资本合作（PPP）机制。推广政府和社会资本合作（PPP）模式，健全 PPP 模式的法规体系，完善财政补贴制度，控制和防范财政风险。建立独立、透明、可问责、专业化的 PPP 项目监管体系，保障项目顺利运行。

（3）强化项目管理，实施严格考核

规范项目全过程管理。建立健全项目建设全过程监管与评估机制，事前坚持以计划定项目；事中加强项目投资、进度和质量控制；事后做好项目后评价工作，分析总结经验与教训。各级地方政府按照国家关于工程建设质量管理的各项规定，做好项目的前期工作，科学合理论证建设内容、规模、工艺和标准的论证，严格按规范设计，确保项目工程质量。避免不切实际地扩大建设规模或提高建设标准，造成项目设计能力闲置或建成后无法正常运行。对于项目内容，相关部门应首先制定项目实施分解方案，明确各子项目的投资和建设规模，再按照分解方案逐步推进子项目实施。

参考文献

[1] 习近平. 决胜全面建成小康社会　夺取新时代中国特色社会主义伟大胜利——在中国共产党第十九次全国代表大会上的报告[R]. 北京，2017.

[2] 中华人民共和国国务院. 2010-12-21. 关于印发全国主体功能区规划的通知[EB/OL]. http：//www. gov. cn/zwgk/2011-06/08/content_1879180. htm.

[3] 中华人民共和国环境保护部. 2008-07-18. 全国生态功能区划[EB/OL]. http：//www. xjepb. gov. cn/xjepb/_639/_3042/_3046/130053/index. html.

[4] 中华人民共和国国务院. 2016-11-24. "十三五"生态环境保护规划[EB/OL]. http：//www. gov. cn/ zhengce/content/2016-12/05/content_5143290. htm.

[5] 中华人民共和国环境保护部，国家发展和改革委员会，水利部. 2017-07-13. 长江经济带生态环境保护规划[EB/OL]. http：//www. mee. gov. cn/ gkml/hbb/bwj/201707/t20170718_418053. htm.

[6] 中华人民共和国国务院. 2015-04. 长江中游城市群发展规划[EB/OL]. http：//www. chinagrain. org/sjkgx/fzghshjk/201703/t20170316_4839. html.

[7] 水利部　国土资源部. 2016-09-14. 长江岸线保护和开发利用总体规划[EB/OL]. http：//www. cjw. gov. cn/hdpt/zjjd/jdsy/zhls/25716. html.

[8] 国家环境保护总局. 1995. 南水北调中线一期工程环境影响复核报告书[EB/OL]. http：//www. cnki. com. cn/Article/CJFDTotal-RIVE511. 017. htm.

[9] 湖北省人民政府. 2017-06-21. 湖北长江经济带生态保护和绿色发展总体规划[EB/OL]. https：//www. rmzxb. com. cn/c/2017-11-23/1877722. shtml.

[10]　湖北省人民政府. 2015-06-08. 湖北省汉江生态经济带开放开发总体规划（2014—2025 年）[EB/OL] . http：//www. hbjhyh. com/content-997. html.

[11]　湖北省人民政府. 2000-01-25. 湖北省地表水环境功能类别[EB/OL]. https：//wenku. baidu. com/view/ afe9eb4ae45c3b3567ec8b83. html.

[12]　襄阳市人民政府. 2017-12-26. 襄阳市环境保护"十三五"规划[EB/OL]. http：//www. tanpaifang. com/ zhengcefagui/2017/122861226. html.

[13]　襄阳市环境保护局. 2017. 襄阳市环境状况公报[EB/OL]. http：//sthjj. xiangyang. gov. cn/hjxx/tjsj/hjzkgb/

[14]　襄阳市人民政府. 2017-07-04. 襄阳市水利发展"十三五"规划[EB/OL]. http：//slj. xiangyang. gov. cn/zwgk/gkml/ghjh/201711/t20171116_492951. shtml.

[15]　中华人民共和国国务院. 2013-01-07. 襄阳市城市总体规划（2011—2020 年）[EB/OL]. http：// zrzygh. xiangyang. gov. cn/ghcg/csztgh/.

[16]　襄阳市人民政府. 2016-01-06. 襄阳市国民经济和社会发展第十三个五年规划[EB/OL]. http：//news. cnhubei. com/xw/hb/xy/201601/t3511689. shtml.

[17]　湖北省交通规划设计院. 2014-05. 襄阳市汉江（干流）岸线利用控制性规划[EB/OL]. http：//news. hexun. com/2013-12-31/161061282. html.

[18]　襄阳市交通运输局. 2013-08. 襄阳港总体规划（修编稿）[EB/OL]. http：//zizhan. mot. gov. cn/ xinxilb/xxlb_fabu/fbpd_hubei/201310/t20131009_1493292. html.

[19]　襄阳市城乡规划局. 襄阳市中心城区海绵城市专项规划（2016—2030）[EB/OL]. http：// www. chinapipe. net/news/1544764206/65560. html.

[20]　襄阳市人民政府. 2017-06. 襄阳市创建国家生态文明建设示范市规划（2016—2025 年）[EB/OL]. http：//www. xfsrd. gov. cn/lzzd/jyjd/201712/t20171222_1089325. shtml.

[21]　襄阳市人民政府. 2016-06-03. 襄阳市水污染防治行动计划工作方案[EB/OL]. http：//www. pkulaw. cn/fulltext_form. aspx？Db=lar&Gid=e4683e64b148ccee0b38c8986d9d07bebdfb.

[22]　襄阳市人民政府. 2017-02. 襄阳市水生态文明建设规划[EB/OL]. http：//slj. xiangyang. gov. cn/zwgk/ gkml/tzgg/201805/t20180530_993549. shtml.

[23]　湖北省襄阳市水文水资源勘测局. 2015-12. 襄阳市水资源保护规划报告[EB/OL]. http：// slj. xiangyang. gov. cn/zwgk/gkml/？itemid=3239.

[24]   襄阳市城市管理局，襄阳市城乡规划局. 2014-12. 襄阳市城市绿地系统规划（2012—2020年）[EB/OL]. http：//www. xf. gov. cn/zxzx/jrgz/201306/t20130621_1155991. shtml.

[25]   万军，王倩，李新，等. 基于美丽中国的生态环境保护战略初步研究[J]. 环境保护，2018，46（22）：7-11.

[26]   黄贤金. 美丽中国与国土空间用途管制[J]. 中国地质大学学报（社会科学版），2018，18（6）：1.

[27]   陆大道. 关于国土（整治）规划的类型及基本职能[J]. 经济地理，1984（41）：3-9.

[28]   樊杰. 主体功能区战略与优化国土空间开发格局[J]. 中国科学院院刊，2013（2）：193-206.

[29]   焦思颖. 国土空间规划体系"四梁八柱"基本形成——《中共中央　国务院关于建立国土空间规划体系并监督实施的若干意见》解读[N]. 中国自然资源报，2019-05-29.

[30]   林坚，吴宇翔，吴佳雨，等. 论空间规划体系的构建——兼析空间规划、国土空间用途管制与自然资源监管的关系[J]. 城市规划，2018（5）：9-17.

[31]   祁帆，高延利，贾克敬. 浅析国土空间的用途管制制度改革[J]. 中国土地，2018（2）：30-32.

[32]   《党的十九大报告辅导读本》编写组. 党的十九大报告辅导读本[M]. 北京：人民出版社，2017.

[33]   新华社. 2019-05-23. 中共中央　国务院关于建立国土空间规划体系并监督实施的若干意见[EB/OL]. http：//www. gov. cn/zhengce/2019-05/23/content_5394187. htm？trs=1.

[34]   国家发展改革委，国土资源部，环境保护部，住房城乡建设部. 关于开展市县"多规合一"试点工作的通知[Z]. 2014.

[35]   新华社. 2017-01-09. 中共中央办公厅　国务院办公厅印发《省级空间规划试点方案》[EB/OL]. http：//www. gov. cn/zhengce/2017-01/09/content_5158211. htm.

[36]   高国力. 我国市县开展"多规合一"试点的成效、制约及对策[J]. 经济纵横，2017（10）：41-46.

[37]   环境保护部环境规划院. 市县"多规合一"试点经验研究报告[R]. 北京，2016.

[38]   郝庆，封志明，邓玲. 基于人文——经济地理学视角的空间规划理论体系[J]. 经济地理，2018，38（8）：6-10.

[39]   袁媛，何冬华. 国土空间规划编制内容的"取"与"舍"——基于国家、部委对市县空

间规划编制要求的分析[J]. 规划师，2019，35（13）：14-20.

[40]　翁诗发，祝昌健. 广州市大气环境功能区的划分[J]. 广州环境科学，1995，10（3）：5-8.

[41]　李志艺，温晴，陈然，等. 南京市土壤环境功能区划研究[J]. 水土保持报，2011，31（4）：160-162.

[42]　杨伟民. 推进形成主体功能区　优化国土开发格局[J]. 经济纵横，2008（5）：17-21.

[43]　王金南，许开鹏，迟妍妍，等. 我国环境功能评价与区划方案[J]. 生态学报，2014，34（1）：129-135.

[44]　吴舜泽，王金南，邹首民，等. 珠江三角洲环境保护战略研究[M]. 北京：中国环境科学出版社，2006.

[45]　万军，于雷，吴舜泽，等. 城镇化：要速度更要健康——建立城市生态环境保护总体规划制度探究[J]. 环境保护，2012（11）：29-31.

[46]　万军，秦昌波，于雷，等. 关于加快建立"三线一单"的构想与建议[J]. 环境保护，2017，45（20）：7-9.

[47]　杨保军，陈鹏，董珂，等. 2019-08-18. 生态文明背景下的国土空间规划体系构建[EB/OL]. http：//www. sohu. com/a/334529987_365037.

[48]　关于新时代中国特色社会主义生态文明建设：建设美丽中国[EB/OL]. 2019-08-08. http：//news. sina. com. cn/gov/xlxw/2019-08-08/doc-ihytcitm7715042. shtml.

[49]　自然资源部国土空间规划局. 资源环境承载能力和国土空间开发适宜性评价技术指南（试行）[R]. 北京，2019.

[50]　张南南，万军，苑魁魁，等. 空气资源评估方法及其在城市环境总体规划中的应用[J]. 环境科学学报，2014，34（6）：1572-1578.

[51]　王泳璇，赵玉强，张南南，等. 空间视角下基于模型的城市大气环境分区研究——以沈阳市为例[J]. 生态经济，2018，34（12）：142-147.

[52]　熊善高，秦昌波，于雷，等. 基于生态系统服务功能和生态敏感性的生态空间划定研究——以南宁市为例[J]. 生态学报，2018，38（22）：7899-7911.

[53]　习近平. 2019-01-31. 推动我国生态文明建设迈上新台阶[EB/OL]. http：//www. qstheory. cn/dukan/qs/ 2019/01/31/c_1124054331. htm.

[54]　吕红迪，万军，秦昌波，等. 环境保护系统参与空间规划的思考与建议[J]. 环境保护科

学，2017，43（1）：6-8.

[55] 朱坦，吴婧. 当前规划环境影响评价遇到的问题和几点建议[J]. 环境保护，2005（4）：50-54.

[56] 吴次芳. 国土空间规划"破"与"立"[N]. 中国自然资源报，2019-08-07（005）.

[57] 环境保护部环境规划院. 宜昌市城市环境总体规划[R]. 北京，2015.

[58] 新华社. 2016-02-23. 三问北京打造五条城市通风廊道[EB/OL]. http：//www. xinhuanet. com//politics/2016- 02/23/c_1118133617. htm.

[59] 王伟，芮元鹏，江河. 国家治理体系现代化中生态环境保护规划的使命与定位[J]. 环境保护，2019，47（13）：37-43.

[60] 纪涛，杜雯翠，江河. 推进城镇、农业、生态空间的科学分区和管治的思考[J]. 环境保护，2017，45（21）：70-71.

[61] 陈永林，谢炳庚，钟典，等. 基于微粒群-马尔科夫复合模型的生态空间预测模拟——以长株潭城市群为例[J]. 生态学报，2018，38（1）：55-64.

[62] 王夏晖. 我国土壤环境风险管控制度体系构建路径[J]. 环境保护，2017，45（10）：9-11.

[63] 陈樯. 双线共举 管控并重——中国土壤环境质量标准解读[J]. 中国生态文明，2019（1）：43-44.

[64] 刘贵利，郭健，江河. 国土空间规划体系中的生态环境保护规划研究[J]. 环境保护，2019，47（10）：33-38.

[65] 蒋洪强，刘年磊，胡溪，等. 我国生态环境空间管控制度研究与实践进展[J]. 环境保护，2019，47（13）：33-36.

[66] 赵翔. 襄阳市农田土壤重金属污染调查及评价[J]. 绿色科技，2014（2）：207-209.

[67] 刘秀帆，常华进，孙小舟，等. 襄阳古城表层土壤重金属污染特征研究[J]. 土壤通报，2017，48（3）：724-729.

附　表

生态环境保护与建设工程项目库

序号	项目名称	建设性质	建设规模及主要建设内容	建设起止年限	总投资/亿元	备注
一	水环境工程					
（一）	工业源治理					
	近期（2018—2022）					
1	工业污染综合整治工程	新建	推进县市中心城区"退二进三"（缩小第二产业，发展第三产业）工程，积极落实襄阳市中心城区222家工业企业搬迁工程；加强对襄阳新四五印染、华中药业、金源化工、华新水泥等重点污染企业在线实时监控与治理；加强宜城市经济开发区、雷河工业园等园区集中式污水、垃圾处理设施建设	2018—2022	7.58	
（二）	排污口综合治理工程					
	近期（2018—2022）					
1	排污口规范化建设	新建	针对沿江区域规模以上7个污水排污口实施规范化建设，竖立排污口标志牌、公告牌，设置缓冲堰板等。对老河口市、宜城市、襄城区、谷城县、东津镇排污口进行整治合并工程	2018—2022	4	

序号	项目名称	建设性质	建设规模及主要建设内容	建设起止年限	总投资/亿元	备注
（三）	黑臭水体治理工程					
	近期（2018—2022）					
1	七里河、襄水河黑臭水体综合整治	续建	综合治理襄水河603桥至汉江入口处，全长3.62 km，黑臭等级轻度；七里河，起点为中航大道七里河桥，终点为小清河入口，全长6.43 km	2018—2022	3.3	
2	老河口市区内黑臭水体综合整治	新建	杜槽河建设2.5 km截污管；苏家河建设2.9 km截污管；干沟河至城北污水预处理厂建设8.5 km污水管；桑树沟铺设2.9 km支管网；铁锁堰沟铺设2 km截污管；铁锁堰污水提升泵站建设10万t/d污水提升泵站，铺设进出水管2 km；凉水泉至机场沟引水渠道6.6 km；机场沟北延（李家沟至机场泵站）引水渠道4.6 km；机场路清水管1.8 km；护城河综合治理工程（秋丰路至大桥路）2.1 km，修建排水明渠、截污管；龙虎沟综合治理工程（汉江大道至环一路）1.8 km，新建浆砌片石渠道和截污主管1.8 km；大明渠综合治理（环一路至环四路），新建浆砌片石渠道和截污主管2 km	2018—2022	2.66	
3	月亮湾公园东的排水闸口黑臭水体治理	新建	月亮湾公园东的排水闸口黑臭水体治理，包括截污、引水等内容	2018—2022	1	
4	小张湾河综合治理	新建	综合治理小张湾河，起点高新区三董水库，终点唐白河入口，全长6.2 km	2018—2022	2	
5	联山沟综合治理	新建	综合治理联山沟，起点联山水库，终点唐白河入口，全长2.8 km	2018—2022	1	
6	伙牌沟综合治理	新建	综合治理火牌沟，起点引丹五干渠，终点清河入口，全长5 km	2018—2022	1.65	
7	双沟河综合治理	新建	综合治理双沟河，起点双南水库，终点唐河入口，全长16.3 km	2018—2022	5.3	

序号	项目名称	建设性质	建设规模及主要建设内容	建设起止年限	总投资/亿元	备注
（四）	饮用水水源保护与修复工程					
	近期（2018—2022）					
1	沿江区域市区饮用水水源规范化建设	新建	城区汉江饮用水水源地保护项目：水源保护区长度27 km，取水口设置防护栏5.3 km，修建氧化塘16处，整治入河排污口3个等。老河口汉江饮用水水源地保护项目：水源保护区长度2.5 km，设防护栏2.5 km，整治排污口2个等；谷城汉江饮用水水源地保护项目：水源保护区长度2.5 km，设防护栏2.5 km，修建氧化塘2处等。宜城汉江饮用水水源地保护项目：水源保护区长度2.5 km，设防护栏2.5 km，整治排污口2个，修建氧化塘2处等	2018—2022	14	
	远期（2022—2035）					
1	乡镇饮用水水源规范化建设	新建	针对区域乡镇饮用水水源地进行规范化建设	2022—2035	18	
（五）	水库保护与修复工程					
	远期（2022—2035）					
1	水库生态修复	新建	针对沿江区域所有在册的水库采取前置塘、底泥清淤、库周生态隔离网构建等措施进行生态修复	2022—2035	24.56	
（六）	水生生物资源养护工程					
	远期（2022—2035）					

序号	项目名称	建设性质	建设规模及主要建设内容	建设起止年限	总投资/亿元	备注
1	沿江区域水生生物资源养护工程	新建	实施4个汉江渔业资源、水生动植物资源保护项目，其中在市区、宜城和谷城分别建设鱼类增殖放流繁育基地和水生动植物繁育基地	2022—2035	3.46	《湖北长江经济带生态保护和绿色发展总体规划》
二	生态保护与修复工程					
（一）	基础调查与评估工程					
	中远期（2023—2035）					
1	生态环境基础调查与评估		每隔5年开展一次汉江干流及主要支流的生态状况定期调查评估，重点分析区域发展、梯级开发、南水北调对生态环境的影响，评估重大生态保护与建设实施成效。开展生物多样性调查、评估与监测。新建一批永久样地和野外观测台站	2018—2035	5	《长江经济带生态环境保护规划》
（二）	绿道建设工程					
	近期（2018—2022）					
1	交通绿道建设工程	续建	依托二广、福银高速公路、303国道和焦柳铁路等国道、省道、县道公路两侧不同的自然景观，以轨道交通为重点，实施绿色通道建设工程，打造骨干交通路网景观绿化带。总长度约900 km	2018—2022	45	《湖北长江经济带生态保护和绿色发展总体规划》
（三）	驳岸建设工程					
	近期（2018—2022）					

序号	项目名称	建设性质	建设规模及主要建设内容	建设起止年限	总投资/亿元	备注
1	河流岸边带保护与修复	续建	汉江干流两侧硬质驳岸（总长度约160 km）与自然驳岸（总长度约280 km）生态修复工程	2018—2022	20	《湖北长江经济带生态保护和绿色发展总体规划》
（四）	洲滩生态长廊建设工程					
	中远期（2023—2035年）					
1	湿地洲滩生态保护修复	新建	汉江干流28个江心洲滩生态保护与修复工程，种植乔灌草组合生态保护带，恢复湿地多样性生境	2022—2035	20	
（五）	河流生态整治与修复					
	近期（2018—2022）					
1	汉江干流隆中段—庞公段生态缓冲带及湿地建设项目		开展生态湿地、生态涵养林以及界牌、界桩、宣传牌、标牌等辅助工程。在汉江隆中段与庞公段的孙家巷堤段堤内、叫驴子滩堤内、杨家河堤段内和观音阁堤段内的沙滩地，分别种植675亩的草本植物牛毛毡、泽兰、香蒲等的湿地植物与547亩的垂柳、乌桕等乔灌结合的生态缓冲带和生态涵养林	2018—2022	1	
2	南河生态整治与修复	新建	采取清淤疏浚、排污口整治、建设人工湿地、岸坡生态整治等措施，实现河道生态化治理，减少流域水土流失，净化水质，增加生物多样性，建设水土流失退化生态系统恢复示范点	2018—2022	15	《长江经济带生态环境保护规划》

序号	项目名称	建设性质	建设规模及主要建设内容	建设起止年限	总投资/亿元	备注
3	北河生态整治与修复	新建	采取清淤疏浚、排污口整治、建设人工湿地、岸坡生态整治等措施,实现河道生态化治理,减少流域水土流失,净化水质,增加生物多样性,建设水土流失退化生态系统恢复示范点	2018—2022	15	《长江经济带生态环境保护规划》
4	清河生态整治与修复	新建	控制面源污染和点源污染,开展排污口整治。采取清淤疏浚、岸坡生态整治等措施,实现河道生态化治理,建设人工湿地,净化水质	2018—2022	15	
5	唐白河生态整治与修复	新建	控制面源污染和点源污染,开展排污口整治。采取清淤疏浚、岸坡生态整治等措施,实现河道生态化治理,建设人工湿地,净化水质	2018—2022	20	
6	汉江西湾段生态整治与修复	新建	控制面源污染和点源污染,开展排污口整治。采取清淤疏浚、岸坡生态整治、沿河绿化带等措施建设,实现河道生态化治理,建设人工湿地,净化水质等	2018—2022	5.3	
(六)	鱼梁洲生态保护与修复 近期 (2018—2022)					
1	鱼梁洲生态保护与修复	新建	结合岛内现状水系和规划水系设置,发挥洲岛"水"特色,配置具有观花、观叶价值的湿地植物,创造良好的湿地景观效果。鱼梁洲污水处理厂南部设施净化湿地。对现有林地改造形成,营造常绿落叶阔叶混交林地,建设鱼梁洲储备林 500 hm²	2018—2022	6	
(七)	国家储备林建设 近期 (2018—2022)					

序号	项目名称	建设性质	建设规模及主要建设内容	建设起止年限	总投资/亿元	备注
1	冷集西部国家储备林建设	新建	进行透光抚育、林分改造，建设国家储备林，面积约 100 km²	2018—2022	15	《长江经济带生态环境保护规划》
2	庙滩—茨河国家储备林建设工程	新建	进行透光抚育、林分改造，建设国家储备林，面积约 280 km²	2018—2022	30	《长江经济带生态环境保护规划》
3	雷河西部国家储备林建设工程	新建	进行透光抚育，建设生态公益林，面积约为 60 km²	2018—2022	10	《长江经济带生态环境保护规划》
4	流水东部国家储备林建设工程	新建	进行透光抚育、林分改造，建设国家储备林，面积约 100 km²	2018—2022	15	《长江经济带生态环境保护规划》
5	鹿门寺储备林建设		鹿门寺储备林 2 337 hm²	2019—2020	8	
（八）	林分抚育工程					
	近期（2018—2019）					
1	岘山森林公园林分抚育工程	新建	进行林分改造、透光抚育、森林管理，面积约 40 km²，建设岘山南部储备林 2 163 hm²	2018—2019	8	

序号	项目名称	建设性质	建设规模及主要建设内容	建设起止年限	总投资/亿元	备注
（九）	湿地公园保护建设工程					
	近期（2018—2022）					
1	湖北谷城汉江国家湿地公园保护与建设工程	续建	实施湿地植被恢复 300 hm²；挖沙治理、滨岸湿地修复 100 hm²；栖息地恢复 70 hm²；生态补水 60 万 m³；水通道疏浚 7 km；水质恢复 105 hm²。完成 5 500 亩退耕还湿任务；兴建占地 500 亩的湿地植物园项目，在此基础上，完成生态恢复区破损植被恢复任务；在湿地生态恢复区建设 3 个人工生态岛	2018—2022	3	《长江经济带生态环境保护规划》
2	湖北长寿岛国家湿地公园保护与建设工程	续建	重点针对长寿岛东侧和西侧的岛屿鸟类的栖息地、繁殖地和鱼类产卵场的保护与建设。开展长寿岛河岸带的退耕还湿和湿地恢复重建工作	2018—2022	3	《长江经济带生态环境保护规划》
3	湖北襄阳汉江国家湿地公园保护与建设工程	续建	继续开展区域内江心洲洲尾水体修复工程、老龙洲退耕还林工程、谢家台草滩地、草本沼泽类、森林沼泽类鸟类生境栖息地恢复、老龙洲洲尾鱼类栖息地恢复。开展湿地生态监测，基础设施建设，配套设施设备建设，科研监测工程，宣传及人力资源培训等。恢复与保护湿地面积 3 894.25 hm²	2018—2022	3	《长江经济带生态环境保护规划》
5	湖北宜城万洋洲国家湿地公园保护与建设工程	续建	继续对区域内重点保育区和恢复重建区进行湿地生态恢复与修复工作，包括动植物生境栖息地恢复等	2018—2022	3	《长江经济带生态环境保护规划》
6	湖北宜城鲤鱼湖省级湿地公园	新建	控制湿地面源污染和点源污染。继续实施湿地植被恢复，挖沙治理、滨岸湿地修复，栖息地恢复	2018—2022	2	

序号	项目名称	建设性质	建设规模及主要建设内容	建设起止年限	总投资/亿元	备注
（十）	水产种质资源保护工程					
	近期（2018—2022）					
1	长春鳊国家级水产种质资源保护工程	新建	对长春鳊国家级水产种质资源保护区实施生态保护与修复，包括水库消落带及水库污染治理	2018—2022	2	《长江经济带生态环境保护规划》
（十一）	沿江采砂治理工程					
	近期（2018—2022）					
1	砂石集并中心建设工程	新建	归并整治沿江采砂活动，在汉江干流和唐白河新建17个砂石集并中心，主要包括新建封闭式砂石储备仓库、封闭式砂石传送带、进出道路	2018—2022	1.7	
三	土壤环境质量改善工程					
（一）	土壤环境监测能力建设工程					
	近期（2018—2022）					
1	沿江区域土壤监测监管能力建设	新建	以土壤污染风险重点管控区域为重点，完成规划区内土壤环境质量国控、省控及部门行业监测点位设置，监测网络与监察规范化建设，提升环境监测监察能力。进行实验室、实验设备标准化改造，人员培训等	2018—2022	1	《湖北省土壤污染防治行动计划工作方案》
（二）	污染地块风险管控和治理工程					

序号	项目名称	建设性质	建设规模及主要建设内容	建设起止年限	总投资/亿元	备注
	近期（2018—2022）					
1	历史遗留污染场地修复试点示范工程	新建	老河口市：融晟外滩项目化工企业生产场地污染土壤修复工程：对受污染场地约为 58 400 m²、73 736 m³ 土壤；原老河口市化工总厂老河口市林产化工总厂及周边场地污染土壤修复工程：对受污染场地约为 5 300.49 m²、18 831.01 m³ 土壤；襄城区：襄阳泽东化工集团有限公司原厂址场地土壤修复工程：修复作业范围（Ⅰ、Ⅱ区）的污染面积约为 2 786 m²，修复土壤体积量为 10 544 m³；谷城县：对骆驼集团、金洋公司石花厂区污染土壤进行修复	2018—2022	1.2	
	远期（2022—2035）					
1	历史遗留污染源综合整治项目	新建	以化工、有色冶炼搬迁污染场地为重点，进行修复治理，对中度污染根底实施种植结构调整或退耕还林	2022—2035	10	
四	环境基础设施建设工程					
（一）	污水处理厂建设工程					
	近期（2018—2022）					
1	污水处理厂提标改造工程	改扩建	老河口市城市污水处理厂、谷城银泰达水务有限公司、襄阳市印染污水净化站、鱼梁洲污水处理厂、襄阳桑德汉水水务有限公司、襄阳桑德汉清水务有限公司、宜城三达水务有限公司、襄州区碧清源污水处理厂提标改造，出水标准为《城镇污水处理厂污染物排放标准》一级 A，配套建设污水提升泵站与管网建设工程	2018	3.3	

序号	项目名称	建设性质	建设规模及主要建设内容	建设起止年限	总投资/亿元	备注
2	沿江区域污水处理厂建设工程	新建	洪山嘴镇（处理规模 1.4 万 t/d）、老河口市城北（处理规模 1.5 万 t/d）、仙人渡镇（处理规模 1 600 m³/d）、太平店镇（处理规模 3.54 万 t/d）、牛首镇（处理规模 2.6 万 t/d）、东津新区（处理规模 10 万 t/d）、尹集乡（处理规模 2.34 万 t/d）、崔家营（处理规模 1.2 万 t/d）、小河镇（处理规模 1.8 万 t/d）、宜城城区（处理规模 2 万 t/d）和雷河镇（处理规模 2.26 万 t/d）新建污水处理厂，出水排放标准全部达到《城镇污水处理厂污染物排放标准》一级 A，具备脱氮除磷能力。配套建设污水提升泵站与管网建设工程。宜城经济开发区建 5 000 t/d 的工业污水处理厂，并配套完善污水收集管网	2018—2020	13	
（二）	固体废物处置工程					
	近期（2018—2022）					
1	生活垃圾环境基础建设工程	新建	牛首镇生活垃圾转运站、太平店镇生活垃圾转运站、襄阳市区应急备用生活垃圾填埋场、东津生活垃圾转运站、尹集乡生活垃圾转运站、襄阳市生活垃圾焚烧发电厂扩建工程、小河镇生活垃圾转运站、宜城生活垃圾预处理厂、雷河镇生活垃圾转运站建设工程，配套建设环卫车辆	2018—2022	26.2	《湖北省长江经济带生态保护和绿色发展总体规划》
	远期（2023—2035）					
1	危险废物处置建设工程	新建	在宜城市建设年处置 1.9 万 t 危险废物处置设施，在襄州区建设危险废物处置中心	2018—2025	11.3	

序号	项目名称	建设性质	建设规模及主要建设内容	建设起止年限	总投资/亿元	备注
五	农村农业环境整治工程					
(一)	农村面源污染治理工程 近期（2018—2022）					
1	沿江区域农村环境整治工程	续建	优先在龙潭水库、团湖水库、姚家河水库、格垒嘴汉江水源地、狮子岩水库、迴龙河水库、石河畈水库、肖家爬水库、黑石沟水库、黄冲水库周边区域开展"厕所革命"、村庄环境连片整治工程。后期逐步在沿江全区域开展	2018—2020	4.5	《长江经济带生态环境保护规划》
(二)	农业面源污染治理工程 近期（2018—2022）					
1	重要灌区的农业面源污染治理工程	续建	在引丹灌区、牛首镇周围区域、王集—南营周围区域、欧庙—卧龙周围区域、三道河灌区继续开展有机肥替减化肥，推广农作物秸秆还田，继续实施化肥零增长行动。持续开展农作物农药减量控害行动，实施农药使用量零增长行动。推广渠道防渗、低压管灌、喷灌、微润灌溉等高效节水技术	2018—2020	25	
六	环境风险监控能力建设工程					
(一)	环境风险监测预警工程 近期（2018—2022）					
1	沿江区域重点风险源环境风险预警体系建设	新建	以余家湖街道办、太平店镇、雷河镇、老河口市及谷城循环产业园区、小河港化工码头为重点，进一步开展高风险源集中区域内环境风险源进行环境风险监控、评估、预警，建立环境风险源数据库以及覆盖污染源监测、环境质量监测、人群暴露监测和健康效应监测的环境与健康综合监测网格，建立环境风险预警体系	2018—2022	2	《长江经济带生态环境保护规划》

序号	项目名称	建设性质	建设规模及主要建设内容	建设起止年限	总投资/亿元	备注
（二）	港口环境风险防范工程					
	近期（2018—2022）					
1	港口、码头环保安全设施建设	新建	以小河港等港口为重点，提高含油污水等接收处置能力；建设环境应急物资储备库，提升污染事故应急能力	2018—2022	2.2	
（三）	环境应急能力建设工程					
	近期（2018—2022）					
1	环境风险防控与应急能力建设	新建	建立区域环境应急中心，规范重点风险源区环境风险预案编制，加强应急监测仪器设备、应急监测车辆、规范化实验室建设等，提升风险应急预案管理能力	2018—2022	2.2	《湖北长江经济带生态保护和绿色发展总体规划》

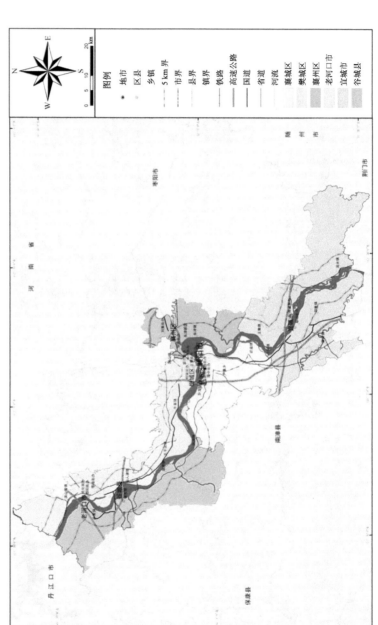

图 1　研究区域行政区划现状图

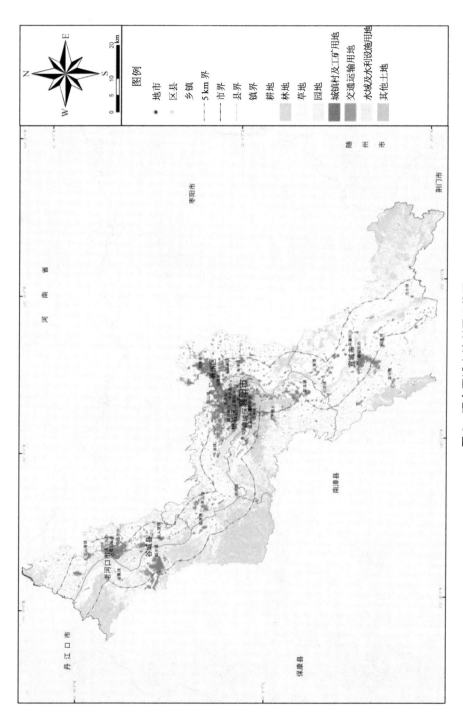

图 2　研究区域土地利用现状图

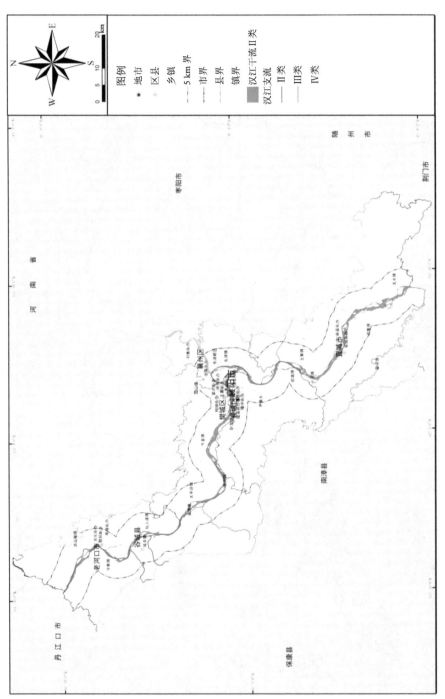

图 3　研究区域地表水水质现状图

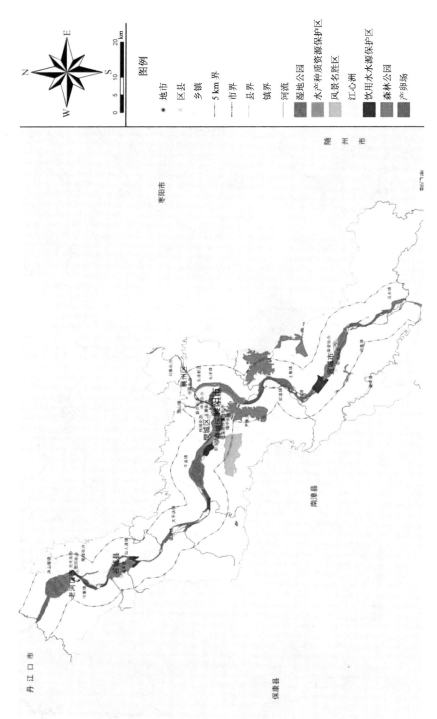

图 4　研究区域自然保护地分布图

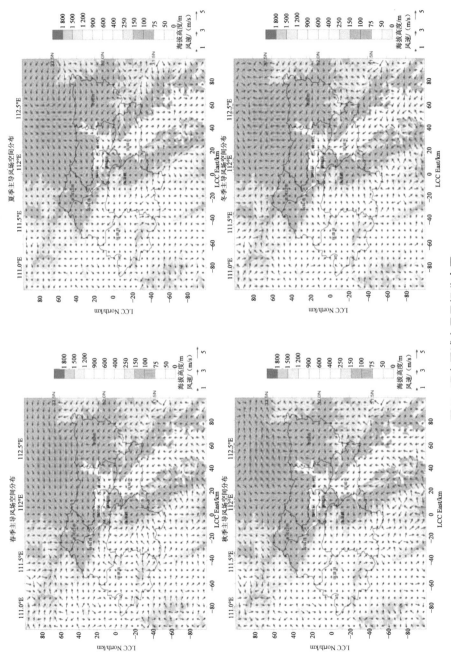

图 5 研究区域主导风场分布图

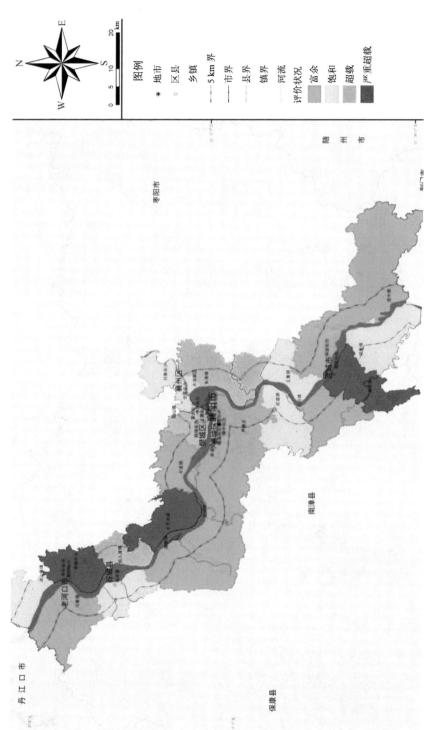

图 6　研究区域化学需氧量承载图

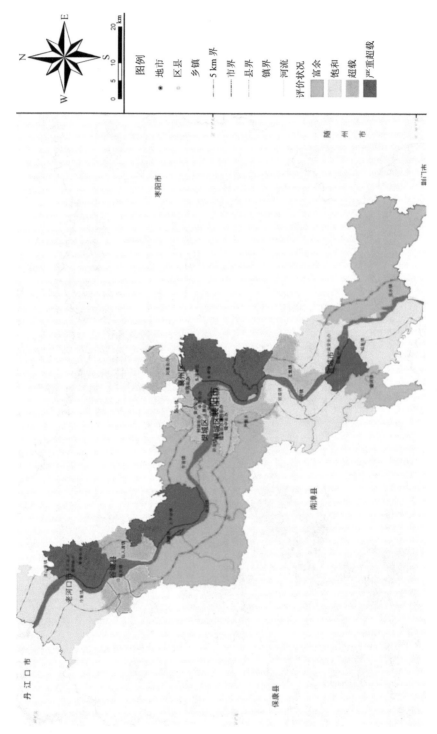

图 7 研究区域氨氮承载图

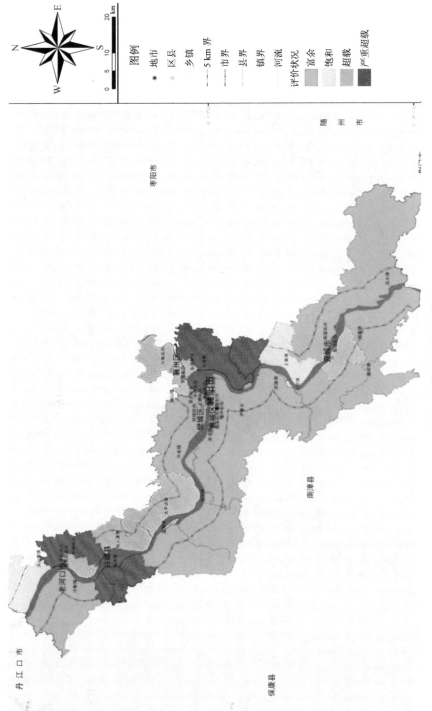

图 8　研究区域总磷承载图

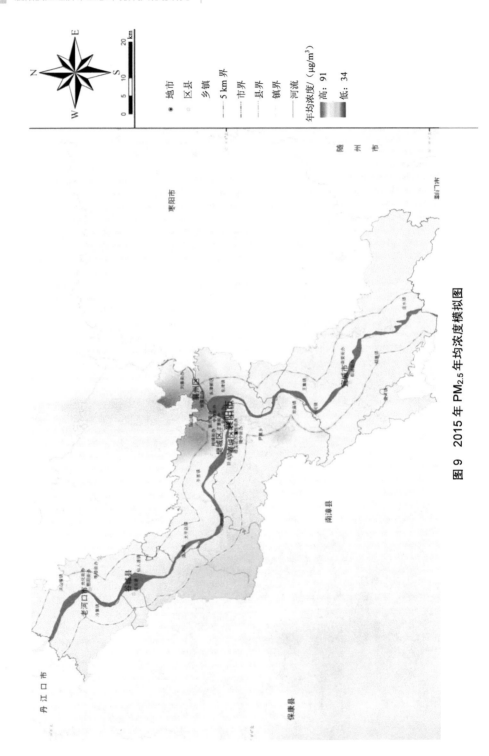

图 9　2015 年 PM$_{2.5}$ 年均浓度模拟图

图 10　水源涵养功能重要性评价图

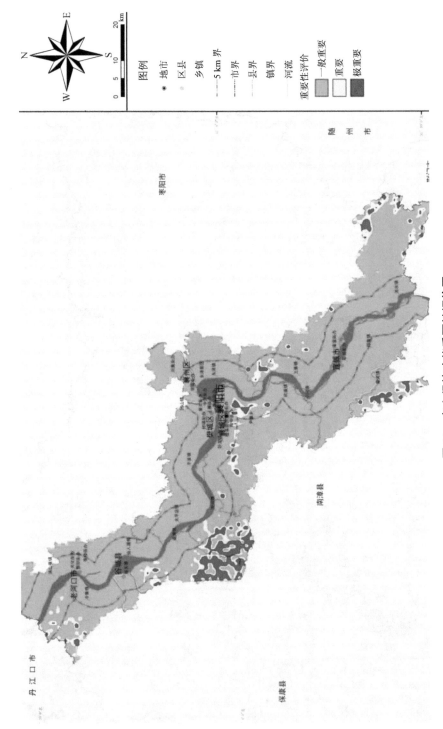

图 11　水土保持功能重要性评价图

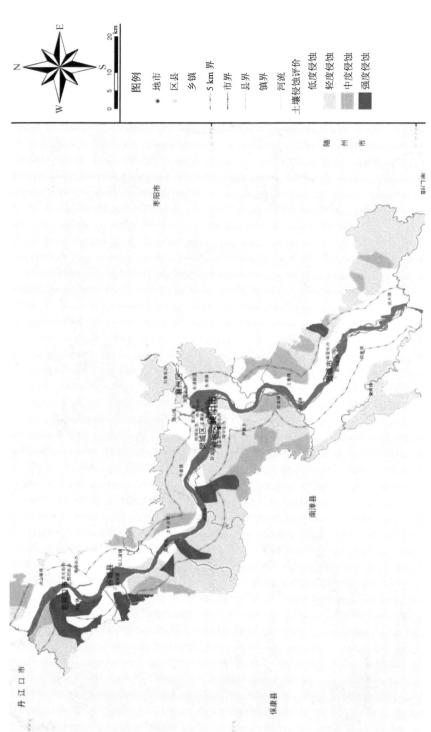

图 12　土壤侵蚀敏感性评价图

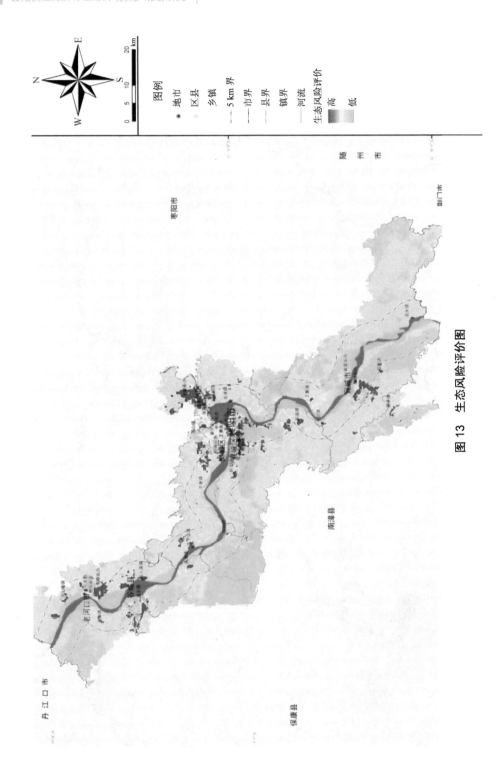

图 13　生态风险评价图

图 14　沿江区域水污染排放格局图

图 15 汉江干流襄阳段岸线功能区分布图

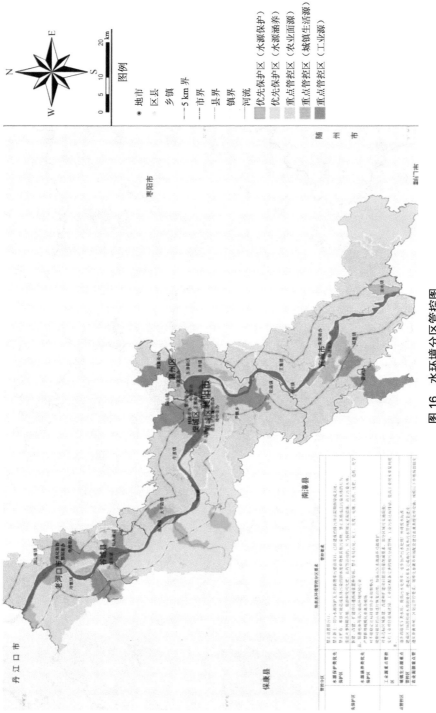

图 16　水环境分区管控图

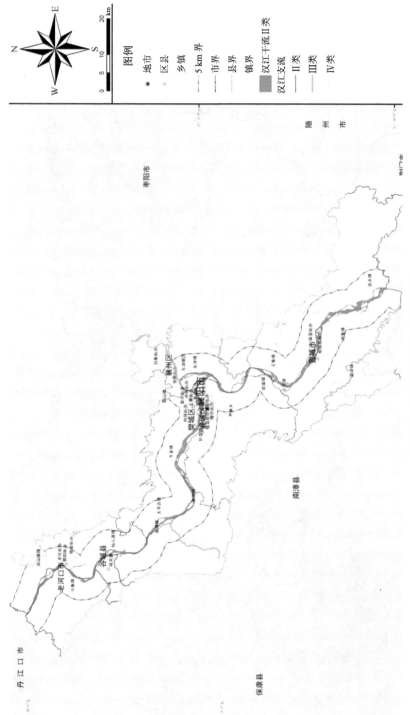

图 17　2022 年地表水水质目标图

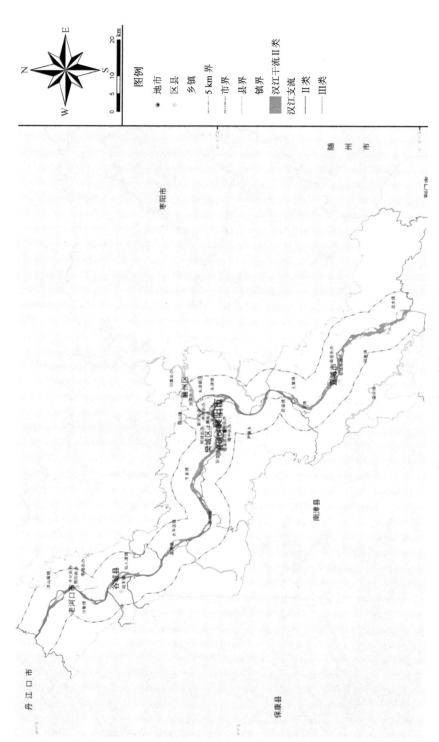

图 18　2035 年地表水水质目标图

图 19　土壤环境分区管控图

图 20　环境风险分区管控图

图 21 汉江生态长廊建设图

图 22　重点区域生态保护与修复图

图 23 水环境污染减排工程图

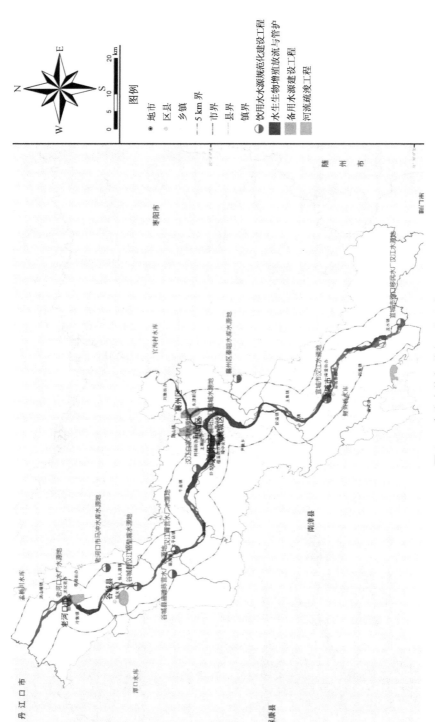

图 24　水生态修复增容工程分布图

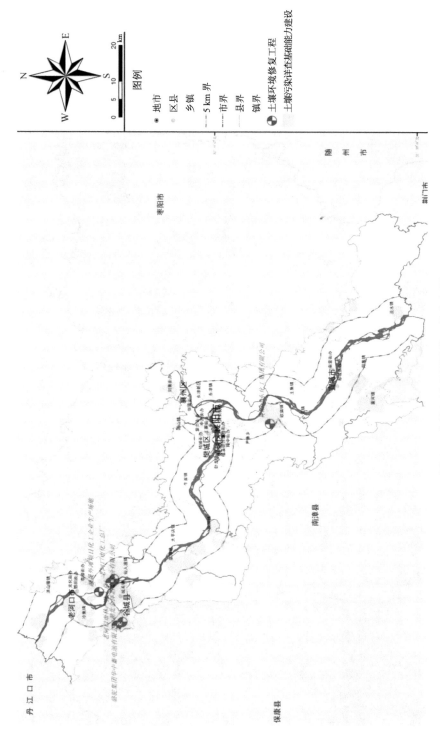

图 25　土壤环境质量改善工程分布图

图 26　农业农村环境整治工程分布图

图 27 环境基础设施建设工程分布图